U0267194

资助项目

贵州省科技计划项目

（黔科合服企［2019］4007、［2018］4002）

（黔科合支撑［2019］2451-5）

（黔科合重大专项字 ZWCQ［2019］3013-6 号）

（黔科合基础 -ZK［2022］一般 283）

贵州省第五批"千人创新创业人才"

菌物医学丛书

救命的蘑菇

菌物营养与慢病防治

杨彝华　陈增华　著

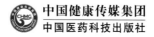

中国健康传媒集团

中国医药科技出版社

内 容 提 要

　　本书将疾病科普与菌物健康应用紧密联系在一起，以菌物健康应用为主题，以人体系统为主线，以代表性菌物为切入点，详细介绍了疾病通识、针对该疾病的菌物治疗前沿成果、代表性菌物、生化药理汇总、相关文化溯源等。本书可为相关产业提供开发依据和创新视角，为菌物爱好者提供学习素材，也可为大众养生保健提供新选择。

图书在版编目（CIP）数据

　　救命的蘑菇：菌物营养与慢病防治 / 杨彝华，陈增华著 . — 北京：中国医药科技出版社，2022.5

　　（菌物医学丛书）

　　ISBN 978-7-5214-3259-6

　　Ⅰ . ①救… Ⅱ . ①杨… ②陈… Ⅲ . ①食用菌—普及读物 ②药用菌类—普及读物 Ⅳ . ① S646-49 ② S567.3-49

　　中国版本图书馆 CIP 数据核字（2022）第 091150 号

美术编辑　陈君杞

版式设计　也　在

出版　**中国健康传媒集团** | 中国医药科技出版社

地址　北京市海淀区文慧园北路甲 22 号

邮编　100082

电话　发行：010-62227427　邮购：010-62236938

网址　www.cmstp.com

规格　787×1092 mm $\frac{1}{16}$

印张　22 $\frac{1}{4}$

字数　488 千字

版次　2022 年 5 月第 1 版

印次　2022 年 5 月第 1 次印刷

印刷　三河市万龙印装有限公司

经销　全国各地新华书店

书号　ISBN 978-7-5214-3259-6

定价　**168.00 元**

获取新书信息、投稿、为图书纠错，请扫码联系我们。

丛书编委会

总 主 编 杨彝华　陈增华

副总主编 王　晶　张　明　蒋　影　康　超　程春燕

编　　委 任　昂　杨　冰　谢毓丹　舒忠权　李　挺
　　　　　　邓旺秋　曾维军　路　瑶　谢　锋　刘忠玄
　　　　　　杨　玲　余　伟　刘　杨　罗丽平　郑　旋
　　　　　　马　丁

摄　　影 王　晶　张　明　杨彝华　邓旺秋　李　挺
　　　　　　康　超

作　　图 任　昂　蒋　影　王　晶　杨彝华　张　明
　　　　　　谢毓丹　杨　冰　曾维军

作者简介

杨彝华

白族，贵州科学院、贵州省生物研究所三级研究员，享受国务院政府特殊津贴、云南省政府特殊津贴。

中国食用菌协会第七届理事会理事

中国菌物学会菌物多样性及系统学专业委员会委员

中国林学会林下经济分会第二届委员会委员

贵州省食用菌标准化技术委员会副主任委员

贵州省菌物学会专家委员会委员

贵州省非主要农作物和食用菌品种认定专家委员会委员

云南省食用菌标准化技术委员会委员

云南省食用菌协会专业技术委员会委员

云南省生态经济学会理事

研究方向是以野生食药用菌资源培育、开发利用为主的食用菌产业生态化发展。主持或承担国家、省、州级项目 37 项，发表论文 41 篇，出版专著 9 部，编制省级地方标准 4 个，获授权软著作权 2 项，授权实用新型专利 2 个；荣获国家、省、州各级各类奖励 19 项。获贵州省第五批"千人创新创业人才""云南省技术创新人才""西部之光"访问学者、"楚雄州有突出贡献的优秀专业技术人才""楚雄州第九届先进工作者"等称号。

目前，担任贵州科学院食用菌团队领衔人，配合贵州科学院因人施策，根据学科优势和省内产业发展需求，快速组建团队、搭建平台。为守住生态和发展底线，以"封山育菌"开展野生食药用菌资源保育，以"植树种菌"布局野生食用菌产业，以"良种良法适生地"进行食用菌林下仿野生生态栽培。同时在以野生食药用菌资源培育、开发利用及产业化发展为主开展研究并积累经验，新增从食用菌营养成分提取、活性成分功能着手开展深加工研究；组织进行跨界融合，开发了"大型真菌资源调查"手机应用软件实时实地采集第一手调查数据，建立贵州野生菌物资源数据库，创建了"贵州菌物云平台"，在"大数据+"的时代背景下围绕生态建设、大健康做实"一山一线一朵云"建设，服务"黔菌"产业发展。

陈增华

中医师、中药师

千菌方创始人

菌物医学奠基人

北京千菌方菌物科学研究院院长

贵州中医药大学客座教授

贵州科学院客座研究员

中国生命关怀协会副理事长

中国生命关怀协会健康中国行动工作委员会主任委员

中国保健协会菌物产业分会创会会长

中国中药协会药用菌物专业委员会副主任委员

中国国土经济学会乡村振兴委员会副会长

传承、研究、抢救、挖掘中医药文化中的菌物药部分，开创性地提出了"菌物医学"概念，并在该理论框架下，明确 100 多种完整新增菌物药药性，300 多种部分新增菌物药药性，临床 20 多年获得复方验方 280 多个，基本覆盖了人体各类疾病。为推进菌物健康应用，带领团队经过近 3 年艰苦的过程申请审批获得 57 个单方标准和 22 个复方标准，填补了我国野生菌物健康应用标准空白。师从我国著名菌物学家卯晓岚，并完善卯先生提出的"一荤一素一菌菇"科学饮食结构理论体系。联合卯晓岚、雷志勇等出版《中国食药用菌物——千菌方备药》《菌物药治肿瘤》等专业著作及科普著作。在中国中药协会框架下主编《中国菌物药》杂志。被美国《美南日报》评价为"中国菌物健康应用标准制定者"、《科学中国人》评价为"第三医学（菌物医学）概念奠基人"，被业界誉为中国菌物药临床应用研究第一人。

王晶

　　硕士研究生，贵州省生物研究所助理研究员，现担任贵州科学院食用菌团队"资源培育及产业化"学科负责人。毕业于吉林农业大学菌类作物专业，目前主要从事大型真菌资源多样性及分类学研究，菌种分类及菌根苗培育等相关研究，发表论文8篇，参与编写专著1部。共同主持贵州省科技重大专项项目子课题1项，主持贵州科学院青年基金1项和贵州省生物研究所基金项目1项。

张明

　　微生物学博士，广东省科学院微生物研究所助理研究员。自2009年至今，一直从事大型真菌资源与应用、系统发育与进化及生态学相关研究。主持和参加国家和省部级项目10余项，发表研究论文42篇，合作出版著作4部。研究方向主要为华南热带亚热带地区的大型真菌物种多样性与应用，发现并命名大型真菌新属3个，新种40余个。

蒋影

　　苗族，农学硕士研究生，贵州省植物园高级工程师，主要研究方向为中药材、民族药材资源开发与创新利用。获国家发明专利2项，主持省级项目2项，获国家行业协会科学技术一等奖1项，省科技进步二等奖1项，发表SCI论文1篇。

康超

　　硕士研究生，高级工程师，贵州省生物研究所微生物室副主任，现担任贵州科学院食用菌团队"菌物种质资源研究"学科负责人。毕业于贵州大学生命科学院微生物学专业，目前主要从事大型真菌种质资源收集、菌种选育及保藏、珍稀食用菌栽培技术推广。获国家授权发明专利2项，主持贵州省科技计划项目4项和贵州科学院青年基金1项，主要参与省级项目3项，发表论文15篇，其中以第一作者或通讯作者发表论文8篇。

程春燕

　　中国保健协会菌物产业分会秘书长，北京千菌方菌物科学研究院副院长。从事健康产业开发管理20余年，系统自学中西医学及菌物分类学，擅长用现代医学理论和语言解构深奥中医药概念体系，是北京千菌方菌物科学研究院开展的"菌物医学""一荤一素一菌菇"等理论建构和众多药性辨别研究以及承接国家、地方委托科研项目的主要研究力量之一。

序　一

　　当翻开《神农本草经》《本草纲目》等经典药物著作时，您会发现先贤们为了大众的健康对许多具有保健或治疗功效的植物、动物和菌物等有所记载；当了解到那些经典而实用的著作都是在信息交流甚为不便、现代科学尚未兴起的年代里完成时，您就会感叹古人为此而做出的巨大努力与非凡贡献。尽管这些药物著作并非完美，但它们的积极作用一直都受到高度肯定！

　　这些著作中对菌物就已经有所记载，但种类很少。实际上，科学家估算真菌界物种有 220 万 ~380 万种，人类发现且已科学描述过的有 10 多万种，其中大型真菌 2 万余种，不少种类是具有营养与健康价值的。我国的野生食药用菌资源非常丰富，已知种类多达 1000 多种，但大众对它们的认知仍十分有限。从这一点来看，深入的基础科学研究是必不可少的，但相关科学知识的普及工作同样十分重要。

　　随着科学的发展，菌物营养与慢病防治方面的研究已取得了许多重要的成果，出版了一批与此有关的书籍。然而，除了个别专业性较强的大型著作外，大多数科普书籍在介绍各种食药用菌时所涵盖的内容往往比较单一或简短。《救命的蘑菇——菌物营养与慢病防治》这本书则有着相当明显的特色，它并非只是把各菌类营养与健康知识写成简单的备注或条目，而是抓住人们对健康知识渴求的心理，结合时代的发展，归纳古今的知识，先综合国内外对各种疾病的科学认识，再重点介绍菌物营养与慢病防治方面的科普知识，有通识、有专业、有文化、有溯源、有应用等各方面的信息，别出心裁，全面细致，是一本值得阅读与收藏的优秀科普作品。

食用大型真菌是菌物利用最常见的方式，多数食用菌都具有美味、高蛋白、高维生素、低脂肪、低碳水化合物等特点，是一类营养丰富且有益健康的理想食品。近年来，药用大型真菌成为大众关注的热点，不少药用菌分别具有降血糖、降血压、降血脂、抗衰老、抗辐射、消炎、杀菌、补肾、益肺、护肝、提高免疫力等作用。更令人值得高兴的是，大部分药用菌是安全性颇高的食用菌，是进行食疗或慢病防治的理想食品。随着时代与科学的发展，药用菌的应用越来越广，作用越来越大，使菌物药在现代医学中占有越来越重要的地位。

党和政府十分重视人民生命安全和健康，近年来，大众的健康意识也得到了极大的加强。作者紧扣时代脉搏，旁搜远绍，撰写出本书以飨读者，良工苦心尽在字里行间，实为难得的菌物科普作品，非常值得推荐。虽然不少读者对菌物的营养与功效早已有所了解，但恐怕很少有人知道的像本书中讲得这样全面系统，相信读者阅读此书后一定会有新的体验与收获。

理论知识必须结合实际分析才能更好地应用于生活，特别是书中有关菌物药用功效方面的知识，关系到人们的生命安全和健康，更不可儿戏！因此，本人提出如下建议供读者参考。

首先，必须根据各人不同的身体状况选用食药用菌。尽管许多食药用菌都是很安全的，但也不能忽视个别人会对某些菌类产生不良反应。例如，对于绝大多数人来说，香菇营养丰富且有多种功效，是优质食品；但对香菇过敏者来说，食用香菇会产生不良反应，对身体产生不同程度的伤害。又如茯苓是著名的菌物药，十分常用，但它对津伤口渴的人并不适用，药物（包括药用菌）应该在医生的指导下使用。

其次，使用药用菌治病时必须在医学专业人士的指导下使用。书中提到的许多菌类的药用功效，大多数都是经过科学实验证明的，或者是历代医学专家经验的总结，这些知识十分宝贵。但是，蘑菇（或菌物）能否救命，关键还是要看对疾病的诊断是否准确和是否有真正对症的特效药用菌物。所以，在利用它们治病的时候，我们必须到医院进行精准的诊断，要配合医生的治疗方案。譬如，当我们了解到某种药用菌有抗肿瘤作用的时候，也不能指望它能治疗所有的肿瘤而不采取其他的治疗措施，只是幻想有一种或几种"抗肿瘤"的药用菌能治愈数百种类型的肿瘤是不现实的。其他疾病同样也有不同的分类、不同的病因与相应的科学治疗方法，在使用药用菌治疗时同样需要听从医生的意见。

最后，我还想借此机会提醒大家：不要轻易采食不熟悉的野生食药用菌！如果您在野外见到"有点像食药用菌的蘑菇"时，没有100%的把握千万不要冒险采食。我国已知的野生毒蘑菇多达500余种，采食不熟悉的野生菌是很容易误食到毒蘑菇的，这相当危险！在我国，误食毒蘑菇比误食有毒植物或误食有毒动物引起的死亡人数都要多！

神奇的菌物您应该了解，健康的生命您需要珍惜，优秀的作品您值得拥有。

祝您健康！

中国菌物学会菌物多样性及系统学专业委员会主任委员
中国科学院研究生院教授，博士生导师
广东省科学院微生物研究所研究员
华南应用微生物国家重点实验室副主任
2022 年 4 月于广州

序　二

2015 年，屠呦呦先生凭借发现青蒿素的成果一举获得诺贝尔生理学或医学奖，《人民日报》第一时间予以报道，确定为中国医学界成果、中医药成果。青蒿素的问世实际上是中西医结合的产物，为现代中医药的研究提供了思路，也成为未来中医药发展的方向之一。

追溯中医药的发展历史可以看到，中医药从不抱残守缺，历朝历代的理论创新、新药发现、旧论纠错才是常态。到了新时代，在历史车轮的推动下，中医药现代化只是又一轮的中医药蓬勃发展的过程而已。

在这个过程中，有"浊毒理论""心—肾轴心系统学说""中医体质学""菌物医学"等理论创新，也有一些传统中药药性的纠错，更有一个大品类新中药——菌物药的发现和开发以及大量基于新理论及新发现的中药成药的出现等。

人类对菌物的认识是一个渐进的过程。瑞典生物学家林奈（Carl Linnaeus）于 1753 年，提出两界分类系统，即植物界和动物界，菌物属于植物界藻菌植物门，该分类系统一直沿用至 20 世纪 50 年代。1969 年，魏特克（Whittaker R.H.）根据真菌与植物在营养方式和结构上的差异，提出生物五界分类系统，即原核生物界、原生生物界、真菌界、植物界和动物界五界，正式将菌物独立成界。

早在人类起源之前，菌类就已经在地球上存在。2000 多年前的古籍中已有记载。真菌入药可追溯到公元 1 世纪。《神农本草经》中已有茯苓、灵芝、僵蚕的记载，茯苓至今仍是复方中最常用的一味真菌，菌物药一直属于中药的范畴。

随着科技的发展，尤其是栽培技术的更新，很多食药用菌的栽培已经有了重大突破，如灵芝、茯苓、猪苓、羊肚菌、金针菇、杏鲍菇、海鲜菇、灰树花等。尤其是食用菌工厂化的兴起，使食用菌的规模扩大、应用有了广泛的市场，使过去的山珍海味走入寻常百姓家。食药用菌的研究日益引起国内外的重视，其代谢产物的化学结构多样，种类丰富，具有广泛的生物活性，已成为提高人民健康水平值得关注的重要领域。

食用菌已经成为我国重要的经济作物，我国是世界食用菌第一生产大国，占全球总产量的 75% 以上，是我国新兴的国民经济支柱产业之一。《救命的蘑菇——菌物营养与慢病防治》这本书就是在这个基础上进行编著的代表性作品。之所以用"代表性"一词，是因为这本书不落俗套具有一定的首创性。该书与其他菌物类众多学术及科普著作相比，在主要疾病的中西医病理学前沿成果介绍方面颇费笔墨、引人入胜；与健康类学术及科普著作相比，则又专注于菌物的健康价值描述，旁征博引、精彩纷呈；不仅让人耳目一新，而且专业与科普并行，既适合学界参考，又适合一般读者探宝寻幽。

更值得一提的是，很多大型真菌都具有食药两用特性，营养丰富、性质平和、味道鲜美，不仅能够开发成药品用于临床，而且在提高人体免疫力、治未病及制作营养品、保健品、食品、饮料等方面也应该有更广泛的研究和应用。

愿读者能够从中寻找到自己想要的答案。

中国医学科学院、北京协和医学院药物研究所研究员
国家食药用菌产业技术创新战略联盟专家委员会委员
中国食用菌协会药用真菌委员会理事
2022 年 4 月于北京

前　言

天生万物以养人！

在不起眼的霉菌中，人类发现了青霉素，演绎了西医神话；小小一株灵芝，成为了中华传统文化的代表；乍生乍死的雨后蘑菇，成为无数人为之追逐的美食；一颗其貌不扬的松露，在拍卖场动辄可拍出不菲的价格；随处可买到的香菇，竟会是医生手中的抗癌利器；颤颤巍巍的虫草，撬动着青藏高原演绎财富神话……

这些故事背后，无不代表着一个人类健康的密钥——菌物。但相对于人类复杂多变的疾病谱而言，菌物的作用及价值"才露尖尖角"，大部分还不为人所知。

菌，微小的菌，浩瀚的菌！据推测，菌物仅物种就多达 220 万 ~380 万种，如若不论物种且看数量，菌更堪比恒河沙数，这是一个无比庞大的世界，可用无量来形容。菌，无时不在，无处不在。人类被菌的世界所包围，我们生活在这个世界上，又怎能不受其影响？在菌的世界里，近 79 亿的人口总数反而显得苍白弱小。从 1969 年开始，世界在科学家的眼中已经发生了翻天覆地的变化，菌从植物和微生物中脱离而出，从此菌物界与植物界、动物界并驾齐驱。

随着地球环境的剧变、全球化的深入、世界人口老龄化的凸显，人类疾病谱也随之快速演变。人体的奥秘至今仍未完全揭开，各类疾病发生的机制也是医学界永恒的话题和难题。无论是中医还是西医，人类一直在为各种健康问题寻找解决的路径和方法，主流和前沿的认识也在不断地迭代和更新，精准用药、靶向医疗也渐渐走入大众视野，对药源生物的研究要求会越来越高。

现代化的健康离不开现代化的医药，而新药开发是一项庞大的工程，从自然界中，特别是菌物界中寻找药的"答案"便成了一条具有吸引力的途径。菌物中的诸多营养成分，会与人体发生怎样奇妙的反应？在未来的大健康环境里，菌物会扮演着怎样的角色？本书将用通俗易懂的语言讲述一些菌与健康的故事。

我们紧跟国际科研前沿，首次将疾病科普与菌物健康应用紧密联系在一起，以菌物健康应用为主题，以人体系统为主线，以代表性菌物为切入点，各部分的每一章节都融入了各系统代表性疾病的科普知识、针对该疾病医疗保健的菌物前沿研究成果综述、代表性菌物基本介绍、全球视野下的相关文化溯源、中西医学既有结论及应用示例、生化药理汇总、相似物种简介等内容。值得一提的是，我们另辟蹊径，基于部分菌物活性成分的深度研究成果，突破物种原有的常规用途，跨越多个领域，对其进行了令人耳目一新的介绍。

书中相关统计数据来源于权威机构的报告和官方网站，为中医药以及菌物产业从业者提供产品开发依据、为科研工作者提供科研创新视角、为菌物爱好者提供学习素材、为大众养生保健医疗提供新选择，力争让每一位读者都能从中有所收获。

本书由贵州科学院组织直属的贵州省生物研究所、贵州省植物园、贵州省分析测试研究院、贵州贵科大数据研究院，以及合作单位北京千菌方菌物科学研究院、广东省科学院微生物研究所等机构依托贵州省主要食药用菌资源编目和评估（黔科合服企〔2019〕4007-4）、功能性产品研发及产业化示范（黔科合重大专项字 ZWCQ〔2019〕3013-6）、贵州菌物资源经济价值和优先保护物种评价（黔科合支撑〔2019〕2451-5）、贵州主要野生食用菌产业化技术集成及示范推广（黔科合服企〔2018〕4002）、基于大数据的食药用菌资源智能共享平台建设及应用（黔科合服企〔2019〕4007-6）、贵州省食药用菌分类研究（黔科合服企〔2019〕4007-2）、贵州省主要食药用菌资源信息化智能平台建设及应用（黔科合服企〔2019〕4007）、基于代谢组学榛子与块菌共生机理的研究（黔科合基础 -ZK〔2022〕一般 283）、贵州省第五批"千人创新创业人才"等项目开展研究。本书的物种介绍既有野生的物种，又涵盖了一些已经大量栽培的物种，以贵州采集的物种为主，本书收录的物种大部分标本保存在贵州省生物研究所真菌标本馆（标本馆代码 HGAS），部分保存于广东省科学院微生物研究所真菌标本馆（标本馆代码 GDGM）。每一个物种都有一个独一无二的二维码，与数字标本馆的介绍对应，这个二维码既是识别物种的身份证，也是打开数字标本馆的钥匙，随着数字标本馆内容的更新，通过手机微信扫二维码可以阅读到更多丰富而有趣的内容。本书由杨彝华和陈增华统筹组建整理委员会并主笔写作完成，作者们对研究结果进行融合、凝练，把菌物与疾病、文化、饮食、医学等融为一体。书中营养成分检测、分析、撰写主要由杨彝华、蒋影、杨冰、谢毓丹、路遥、谢锋、任昂、康超、杨玲、刘杨、罗丽平、郑旋完成；物种鉴定、DNA 检测、物种形态描述主要由王晶、张明、杨彝华、李挺、邓旺秋、谢毓丹、舒忠权、马丁完成；疾病成因、菌物营养与健康关系主要由陈增华、程春燕、杨彝华、王晶、谢毓丹完成；历史文化渊源主要由程春燕、张明、谢毓丹、王晶、曾维军、刘忠玄、余伟完成；历时将近四年的研究，一年多的撰写，最后由杨彝华、陈增华全面统筹主笔完成。

  本书凝集了全体作者的智慧与心血，全体项目成员前期研究积累的大量数据为本书的撰写奠定了坚实的基础。本书在撰写过程中得到了广东省科学院微生物研究所李泰辉研究员、中国医学科学院药物研究所陈若芸研究员悉心指导，还倾情为本书作序。在此对各位老师的指导、各项目承担机构领导的支持和关怀、各位同仁的支持和帮助表示衷心的感谢！本书是一本将疾病科普和菌物专述进行紧密结合的专著，鉴于内容跨度大，作者水平有限，难免有疏漏和不当之处，还望读者及相关专业科研同仁多提宝贵意见，以便今后更精准、更通俗地进行修订、完善。

杨彝华　陈增华

2022 年 2 月 15 日于北京

目　录

2 第二部分
免疫系统

3 第三部分
呼吸系统

6 第六部分
内分泌系统

7 第七部分
泌尿生殖系统

8 第八部分
其他系统

绪　论

一切改变都来自认知。

人类将部分菌物作为食物和药物来源已有悠久的历史，但为了探寻更多人类健康真相，为各种健康问题提供更好的解决方案，科学家们以菌物药为对象，将菌物生物学和菌物药学进行了一定程度的结合，对菌物药的来源及各种性质进行深入研究，就此诞生菌物生药学。

菌物生药学是一门新兴的边缘学科，在现代菌物学研究中发展相对缓慢，认知限制是原因之一，与菌物相关的文章非常少，而菌物药用、食用及其科普方面的文章则更少。

认识疾病：关键词是进化

如果没有疾病的提示，我们会有一种错觉，仿佛我们的思维、视觉、味觉、痛觉、感觉，我们的免疫系统，我们的五脏六腑，我们的肌肤骨骼血液，我们的细胞以及 DNA 等都在证明，人类是大自然的宠儿乃至是地球的统治者。但正是因为有了疾病，我们知道人类距离完美还很遥远，而引起疾病的原因不只有外界的因素，如无数虎视眈眈的病毒，还有我们人类自身的因素，如千差万别的体质、过于享乐的生活方式、七情六欲的影响、不良的饮食习惯等，这些因素会导致我们疾病丛生，甚至死亡。

在人类长时间的进化历程中，菌物以腐生、共生及寄生等形式与环境发生广泛的联系，广泛分布于地球上，影响着自然生态系统的产生、稳定和持续演化，并与人类的生产和生活十分密切。在长期的协同发展中，有益菌物直接或间接地为人类提供极其丰富的物质和财富，有害菌物又是引起人类疾病的罪魁祸首，在复杂多变的环境中形成"相爱相杀"的复杂关系，核心还是"适者生存"推动下的进化。

进化论是自然科学的核心理论之一。从进化的角度看人类的疾病，就需要追溯生命起源、演化以及生态平衡。再按照问题导向、目标导向的科学逻辑，从食物、药物等方面入手，以能解决威胁人类生命安全的健康问题为目标，尝试对每个疾病的本质进行分析并寻找更好的方法。那么，我们要寻求的桥梁是什么？又会在哪里？

生命起源：关键词是细胞膜

人类因好奇而进步，正是这种好奇为科学界带来了三大终极难题：一黑两暗三起源。一黑指的是黑洞；两暗指的是暗物质和暗能量；三起源指的是宇宙起源、生命起源、意识起源。在生命起源方面，科学家循着目标做了大量研究，基本已经梳理出了地球生命的起源与发展脉络，"宇宙大爆炸"学说被广泛接受。当然这并不是真正的"爆炸"，而是基于物理定律的普适性和宇宙学原理两个基本假设建立了"大爆炸理论"。早期的宇宙是一大片由微观粒子构成的均匀气体，这些体积无限小、密度无限大、温度无限高、时空曲率无限大的微粒被称为"奇点"。约 150 亿年前，这些处于混沌态的奇点瞬间爆炸，爆炸之初一切物质以基本粒子形态存在，也就是中子、质子、电子、光子和中微子等。这些基本粒子在宇宙爆炸之后以非常大的速率向各个方向膨胀着，使温度和密度快速下降。随着温度的降低、冷却，逐步形成不同分子，在引力的作用下逐渐凝聚成不同的天体，最终形成我们如今所看到的宇宙。

地球上的生命何时何地如何产生的，这是一个亘古未解之谜。在众多的生命起源学说中，接受度较高的是"化学起源说"。"大爆炸"后的碳、氢、氧、氮、磷、硫等元素是构成生命的基础元素。生命起源于热泉，是迄今为止最科学的有关生命起源的假说。地球形成无数年后初步冷却，形成了由甲烷、氨气等组成的大气层，且地球表面满满地覆盖了一层浑浊的大海。此时的大海温度非常高，但是其中并没有有机物，显得死气沉沉。

之后，在热量的催化下，无机物发生了无数化学反应，就像战场上射出的无数子弹，总会有一颗击中敌人一样，由无机分子合成的有机小分子通过聚合反应，形成了生物的大分子。这些有机物又在部分环境帮助下进行自我复制，自我选择，进而通过分子的自我组织、复制和变异，其中一部分就形成了氨基酸、类脂等有机物，进而形成核酸和活性蛋白质，就有了细胞膜，形成生物膜系统。最后在基因控制下进行代谢反应来为基因的复制和蛋白质的合成提供能量，这样地球上就产生了一个由生物膜包裹着的具有复制功能的原始细胞。

细胞膜的出现是生命诞生的标志。因为有了细胞膜，细胞膜内的有机物才有了稳定的内环境。有了稳定的内环境，部分细胞才会逐渐地形成细胞核、细胞质、细胞器等。稳定的内环境产生了 DNA 或 RNA 等遗传物质，细胞才会有了一代一代的繁衍。有了细胞的繁衍，就促使细胞膜上逐步诞生了细胞与细胞之间交流的细胞膜多糖体。有了细胞膜多糖体，细胞与细胞之间有了交流合作，才有了多细胞生物。有了多细胞生物，才有了丰富多样的物种出现在地球之上。细胞膜是细胞这个基本生命系统的边界，一旦损伤就会导致细胞内稳态的失衡甚至毁坏。

那么，我们需要进一步思索，细胞膜的损伤一般又会发生在哪里？

物竞天择：关键词是细胞膜多糖体

地球上最初的生命如古细菌等都是厌氧的，来适应最初的无氧环境。但蓝藻改变了这一切，这些原始生命遍布海洋，尽管没有细胞核，却可通过新发展出的能力光合作用，把二氧化碳和水转化为氧气。

后来，太阳越来越炙热，氧气越来越充分，大量单细胞生物逐渐脱离通过分解岩石、土壤等获取能量的低效方式，开始向氧化反应这种最高效的能量运用方向进化，由此诞生了单鞭毛单细胞生物和双鞭毛单细胞生物。这些生命一诞生，就有了多样性，具备了两种生活方式，一种是自己养活自己，即自养型；一种是不能自行制造有机营养物质，只能依赖现成的有机营养物质而养活自己，即异养型。

在宏观的可见生物界里，首先，从自养功能加强而运动功能退化的方向上来看，双鞭毛单细胞生物逐步发展成为单细胞绿藻，其光合作用能力更加强大，最终进化成为多细胞植物；其次，从异养功能及运动功能同时加强的方向上来看，单鞭毛单细胞生物则发展成为原生的水生多细胞生物，最终进化成为动物；最后，从异养功能加强而运动功能退化的方向上来看，单鞭毛生物进化成为壶菌、卵菌、水菌等，壶菌又逐步进化为接合菌，再进化为半子囊菌，再进化为我们肉眼可见的地衣及担子菌（如灵芝、蘑菇）、异担子菌（如金耳）等。地球生命的发展经历了从非生命到简单生命，从原核到真核，从单细胞到多细胞，从无组织器官到有组织、有器官，从水生到陆生等系列进化过程。

多细胞生物从此遍布地球。单细胞生物和多细胞生物最主要的区别就在于多细胞生物的细胞与细胞之间形成了一个分工明确的系统。这些细胞与细胞之间的分工、联系，主要依赖细胞膜上的多糖体。这些多糖体一方面赋予了不同细胞不同的身份，如同辨别陆军、海军、空军靠不同衣服来辨别一样，不同细胞靠的则是它们的细胞膜多糖体；另一方面，这些多糖体还是细胞接收以及反馈调控信息的信号塔。多细胞生命的整体功能就是靠无数细胞通过多糖体发出以及接收无数调控信号而完成的，只要有部分信号无法发出或接收，系统就会出现局部故障。这就是为什么有科学家将引起人体绝大多数慢性疾病的原因归于人体细胞膜多糖体损伤的原因所在。

那么，细胞膜多糖体的损伤需要怎么做才能避免或修复？

生态平衡：关键词是菌物界

生态平衡是指"生态系统发展到一定阶段，系统内的生物和环境之间、生物各个类群之间通过能量流动、物质循环和信息传递，使它们相互之间达到高度适应、协调和统一的状态。具体而言是指生产者、消费者、分解者较长时间地保持着一种动态平衡。生态是生物的生理特性和生活习性。

在很长一段时间里，人们眼中的生物界是由植物界、动物界和微生物界组成的。直到1969年，美国科学家魏泰克提出生物界可分为原生生物界、原核生物界、动物界、植物界和菌物界，正式将菌物独立出来，自成一界。众所周知，在这样的世界中，植物被称为生产者，植物能进行光合作用将太阳能转变为化学能，将无机物转化为有机物，既满足自身生长发育的需要，也为其他生物类群提供食物和能源。消费者是指那些直接或间接利用生产者所制造的有机物质为食物和能量来源的生物，主要指动物。分解者是指生态系统中具有分解能力，能把动植物残体中复杂的有机物分解成简单的无机物，释放到环境中，供生产者再一次利用的生物，包括细菌、真菌和放线菌等。菌物则最为特殊，既是生产者、消费者更是分解者。如硝化细菌、光合细菌等极少数菌类是自养型的，是生产者；寄生性菌类则是消费者；腐生性菌物是分解者。按照生态平衡的定义，菌物因同时具备了生产、消费和分解的功能，可谓是维持生态平衡不可替代的存在。

人类是灵长类动物，是生态系统的重要组成部分，人类活动与菌物之间的物质能量平衡也是生态平衡的主要内容之一，了解人类和菌物之间的关系成为了科学界的重要研究内容之一。

菌物约有220万~380万种，比植物界和动物界物种总数之和还要多。通常狭义的菌物多特指类似于灵芝、虫草、茯苓、木耳、香菇等，肉眼可见、双手可采的大型真菌，也多被称为蕈菌、菌菇、食用菌、蘑菇等，含有蛋白质、多糖、维生素、微量元素，营养丰富。其中，真菌多糖是一类重要的活性物质，具有抗肿瘤、增强人体免疫力、降糖、降血脂、抗氧化、抗辐射等的生物活性功能，是天然的食药资源。这些菌物因外形酷似植物而在很长一段时间里都被当作植物看待，也像植物一样有种子、营养体、繁殖体，即孢子、菌丝和子实体。孢子类似于植物的种子，是真菌的繁殖体。孢子很小，通常需要借助显微镜才能看清楚。菌丝是由孢子萌发或子实体组织分离得到的单条管状细丝，为大多数真菌的结构单位，很多菌丝聚集在一起组成真菌的营养体，即菌丝体。菌丝还是吸收营养的结构单位，像植物的根系一样获取生长所需的营养物质。子实体是高等真菌产生孢子的生殖体，由已组织化了的菌丝体组成。菌物物种、形态、营养成分都非常丰富，不同菌物的营养、功效都不尽相同，即使是同一菌物不同的部位其成分、含量和功效也存在差异，在科技飞速发展的今天，为满足健康问题靶向性调理对菌物进行精准利用提供更丰富的资源，成为具有巨大潜力的现代科学膳食资源和维护生命健康的医药宝库。

菌物对人类健康有着举足轻重的作用，其在人类社会发展中与不同文化融合形成不同的菌物文化，如我国的灵芝文化、欧洲的松露文化等。尤其在我国，中华九大仙草中，菌类就占据了三个位置：灵芝、冬虫夏草、茯苓。灵芝化身如意等符号，更是扎根戏曲、小说、绘画、建筑、诗词、传说、医药等各个领域，成为中华传统文化不可分割的一部分。我国最早的一部词典《尔雅》曾释义"菌,芝也"。也就是说,在我国传统文化中,所谓灵芝实际上代指的就是我们现代词语中的菌菇,但现代我们所称的灵芝已经狭义为"赤芝"或"紫芝"。

那么,食用菌文化影响着膳食结构的形成,其微观层面的成分又有怎样的价值呢?

生命健康:关键词是小分子菌糖肽

21世纪初美国食品药品管理局研究结果显示,21世纪是真菌多糖世纪。多糖是食药用真菌最主要的生物活性成分之一,食用菌多糖作为真菌多糖的代表被深入研究,而植物和动物都不含有,其广泛存在于菌物体内,化学结构和人体细胞膜多糖体中的多糖结构非常类似,可以被人体直接利用来修复细胞膜多糖体的损伤。

在化学领域,真菌多糖是碳水化合物,但在营养学领域,真菌多糖的功能及代谢路径独特,故与碳水化合物营养作用不同。碳水化合物在营养学中对人体最主要的作用是被分解为葡萄糖再被细胞氧化转化为能量,但淀粉酶对真菌多糖却无能为力。真菌多糖在体内不会被酶降解,并能被吞噬细胞等免疫细胞表面的受体识别结合,发挥免疫活性,因此又被科学家称为生物修饰剂或"生物反应调节物(BRM)"。

有学者曾依据人体不能像吸收淀粉一样吸收真菌多糖而将其归属到纤维素中,但通过科学研究发现了人体吸收真菌多糖的机制,证明真菌多糖可以被吸收代谢,是不同于纤维素的。因此,可以说真菌多糖不同于学界传统界定的七大传统营养素中的任何一个,应该是一种单独的营养素,具有控制人体细胞分裂分化,并修复人体细胞膜多糖体损伤的作用,是人体细胞的营养剂、修复剂、激活剂、再生剂。真菌多糖能影响免疫系统,相当于是人体免疫细胞的专属营养物质,因此具有一定的抗肿瘤作用。

在细胞层面,由于人体细胞膜多糖体的化学本质是糖蛋白,是人体多糖和蛋白共价形成的聚合物,因此真菌多糖在修复其损伤时,更高效的途径是先和蛋白结合形成糖肽(糖蛋白的更小单位),通过与免疫细胞表面受体识别后发挥作用,激活下游通路,起到修复细胞的效果。

在提取工艺上,真菌多糖和菌糖肽的获取路径并不相同。二者在通过破壁水提工艺后,依据乙醇可使蛋白质变性的原理,真菌多糖需要通过醇沉工艺去除蛋白,而菌糖肽则需要保留糖蛋白在生物体内的天然聚合形态,再通过酶解工艺使蛋白质分子链断开成为肽分子,每个肽分子上都保留有共价真菌多糖。为了使菌糖肽这种活性物质更易吸收,还可以进一步通过小分子筛等工艺获取小分子菌糖肽。

那么,可以初步认为食用菌很可能是人体进化与环境相适要求之间可以依赖的又一座桥梁?这座桥梁又应该怎样搭建?

科学膳食：关键词是一荤一素一菌菇

从全球范围看，全世界著名的膳食结构模式有三种：西方模式、东方模式、地中海模式。因为西方国家对此研究较多，使得地中海模式成为评价最高的膳食模式。在2011年，地中海模式成为联合国粮食及农业组织（FAO）和国际地中海高级农艺研究中心（CIHEAM）联合确定的表征和评估饮食模式可持续性的案例，并认为该模式有四大好处：健康且营养充足的、可持续的、文化上可接受的、可获得且负担得起的。但是，酒在传统的地中海饮食中很常见，而新证据表明，即使饮酒量控制在建议的范围内，也可能会引起各种原因增加总体死亡风险，应建议饮酒量适度，并谨慎行事。由此可以看出地中海模式并不完美。

世界各国构建了近百种膳食指南，这些指南的依据不仅是现代科学研究的既有结论和最新进展，还遵循了本国的文化传统。但随着全球化的发展，膳食结构又具有了一定的趋同性，无论膳食模式的名称是什么，大都强调营养丰富的高质量饮食能与健康更好地相关联。无论是哪一种膳食模式，营养考量是基本要素。过去的营养研究是针对单一营养素或特定食物的研究，而最新的营养流行病研究已经转向描述整体饮食的膳食模式分析：包括食物、食物组别和营养素以及它们的组合、多样性和习惯性消费的频率、数量等。无论采用什么样的评估方法，结果都具有一致性，如"蔬菜、水果、全谷物、低脂或脱脂乳制品、海鲜、豆类和坚果的含量更高，红肉和加工肉类含量较低，含糖食品和饮料以及精制谷物的含量更低，尽可能多样化等"。作为膳食模式共同属性的蔬菜类食物，包含了被称之为"白色蔬菜"的蘑菇。

传统的食物组合，可大致分为植物性和动物性两类。日常饮食中食用菌可以被任意一种其他植物性蔬菜替代，即食用菌在膳食模式中常被忽略。在绝大多数膳食指南共同要素中，植物性和动物性食物是不可互相替代的。但是，菌菇不仅能够提供蔬菜、肉类和谷物中的营养成分，还具有独特的营养成分，应该具备与植物性、动物性食物相同的不可替代的属性，因此，"一荤一素一菌菇"的宏观膳食结构正成为最科学的膳食模式。

这种膳食模式也是中医"负阴抱阳"思想的具体反映。不同的食物搭配在一起，与中药类似，具有气的相合、相反等作用。阴阳二气如果不加调和，则意味着阴阳二气的博弈和对冲，导致两败俱伤。动物属阳，植物属阴，而菌菇最神奇的地方在于其位置静止如植物属阴，其异养形式与动物相同，故又属阳，呈负阴抱阳之相，使阴阳之气既能保持各自的本源力量，又可互相补益，是一种天然的阴阳平衡调节剂。

菌物医药：关键词是认知

世界卫生组织统计显示，在亚洲和非洲的许多国家中有80%的人口依赖传统医学提供初级卫生保健，世界上有57个国家建立了国家传统或类似的医药专家委员会，37个国家有传统医学研究所，100多个国家制定了草药（草药是传统医学的共同特征之一）管制条例。

在所有医学体系的药物当中，菌物药都是重要组成部分，如西药中的抗生素家族，中药中的灵芝、茯苓、冬虫夏草等，为人类健康做出了巨大贡献。但鉴于历史分类原因，至今依然有一些非菌物学科的研究人员并不知道菌物已单独成界，仍然把这些药用菌物或衍生物归属为植物药或化学药，对其特性的重视和定向研究的程度并不高。

人们对大自然以及周边一切的认知首先都是建立在分类基础之上的，无论是中国宏观层面的"一生二，二生三，三生万物"，还是科学的分科。分类不仅满足人类对大自然认知的需要，还更多地服务于人类对大自然的利用。因此，从食到药，菌物都在展示其不同于荤食、素食以及植物药、动物药、矿物药、化学药的魅力。尤其是化学药，本身就是基于对生物所含活性成分药理研究而分离或人工合成或再次开发后所得。科学家因为菌物丰富的活性成分，而将其称为是人类又一个医药资源库，中西医都不约而同地将各种疾病和菌物药进行了联系，将菌物药作为众多疾病防治的一条重要路径。

有科学家进行过统计，按照现代只有很少数科学家在研究菌物健康应用的情况下，已经发现具有药用功能的菌物达500多种，包括但不限于抗肿瘤、免疫调节、抗氧化、清除自由基、保肝、降血糖、降血压、降血脂、抗病毒、抗菌、抗寄生虫等作用。

基于菌物在大自然中的地位及其强大的防治疾病的能力，一门立足于突破中医看人、西医看病界限，看人和环境的菌物医学的概念及体系已被建立并日趋完善，且已被众多院士、国医大师以及相关学科的专家高度认可并推广。在临床中，借鉴中医"天人合一"医学理念，以菌物、人、环境为对象，系统研究三者之间协调关系而形成了一门学科，即菌物医学。菌物医学认为：天人合一中的天，指的就是人类生存的基本外环境；而人，则指的是人类内环境；合一，指的是人类内外环境的协调目标。菌物医学是在人与环境关系辨证的基础上，以菌物在自然界的地位、表现和参与物质、信息、能量循环的规律，研究菌物及其活性成分与人类及其疾病的关系。即以菌物为主要载体，以中西医药理论和实践经验为参考，研究人类生命活动中、医学实践中菌物如何参与健康与疾病转化过程的规律及其在疾病预防、诊断、治疗、康复和保健过程中的作用，并融合健康管理理念和方法，借鉴环境医学研究方法的综合性科学。菌物医学脱胎于中医学，借鉴了西医学的理论和方法，博采世界范围内有成熟体系的民族医学精华，综合解决人类健康问题。

◆ **张大宁　国医大师**

"菌物医学我理解既是一门前沿的学科，更是一门古老的学科。从菌物的药物，到菌物的药学，到现在菌物医学，这是一个发展。从单味药到复方到数以千计的方剂，从一些药物的搜集、研究到一门药学这是一个发展；到一门医学，这是一门学科体系，更是一个发展。这个医学既能说是中医学的分支，又可以说不同于中医学。它脱胎于中医学，又吸取了现代医学和一些民族医学的精华，它上升为一个和中医学、西医学并列的另外一个医学科学体系。广义的临床疗效（包括防病、治病、康复、养生、延年益寿五个方面），是任何一门医学的根本宗旨与归宿，离开这个疗效，医学是不存在的。菌物医学，我相信在疗效这个问题上，一定能取得更大的成绩。"

◆ **金世元　国医大师**

"菌物医学，取得了很大的成绩。这很不容易，这菌类药它治病可特殊了，能治疗大病。"

◆ **李佃贵　国医大师**

"中医中的每一个新理论的提出，无不经历了数十年如一日的锤炼而成就。菌物医学的理论立足点是'人与环境'，是中医'天人合一'思想的具体化应用，是中医学的科学扩展，恰恰符合现代社会人们生存环境的复杂性、多变性和剧烈性特征，是水到渠成之创新，值得研究。"

◆ **石学敏　国医大师**

"中医药的发展必须创新，要源于古典医籍，又超越其范畴，在继承的基础上创新，要有根有据，用科学依据来奠定中医药创新。菌物医学就是榜样。菌物医学不仅已经初步开创了理论和临床体系，而且已经进入一些大学，成为了一门显学，其思其想其作为均难能可贵。"

◆ **李连达　中国工程院院士**

"我的理解是，它用一种符合中医理论的方法，将治病救人、菌物药、健康管理这三个要素结合了起来，并起了一个叫做'菌物医学'的名字。它的创造性在于，将原先只是枝节相交而主干平行的菌物和医疗，通过菌物医学使其主干交汇在了一起。这就是应用，而且是一种非凡的创新式应用。"

◆ **曹荣桂　原卫生部副部长**

"菌物医学，就是一门全新的健康科学，说它是中医，没有任何问题，说它是西医，好像也不为过。无论是中医医院还是西医医院，都应该将视野放得更开一些，应适应全民创新时代的特点，要明白中医药国际化必须要走创新的路，更要知道未来的医学发展不进则退的道理，所以，对于创新和新生事物，要有一个虚心学习的心态，要勇于尝试，不要害怕失败，要勇于创新，不要害怕争议，要勇于接纳，不要害怕问题的存在。"

◆ 王大仟　北京中医医院副院长

"菌物药正是从中西两个医学体系着手，开始进行临床研究，他们遵从了中医的理论，在菌物药研究方面，遵从了四气五味、升降沉浮、性味归经等等这些中医的理论，同时他们在实验室对菌物药的成分、植物化学以及分子生物学方面，开展了大量的研究，因此，要从这两个方面，找出菌物药治疗疾病的机制，所以，我想，菌物医学这个学科创新的地方非常多，让我们这样的中医专家也大大开阔了眼界，也给我们提供了一个创新的平台。"

◆ 郑守曾　北京中医药大学原校长

"中医药发展的根本就是要首先增强我们对中医药的信心，然后坚持在传承的基础上去创新。中国是最早使用菌物药的国家。用中医理论，指导菌物药的应用，为维护、提升、恢复健康服务已经有几千年的历史。菌物医学应该是中医药重要组成部分。过去菌物药与植物药、动物药、矿物药一样是中医药的重要组成部分，但是相对植物药和动物药，我们的菌物药、菌物医学是一个创新的领域。同时又是一个薄弱的领域。通过推动菌物医药的创新补齐中医药发展的短板，促进中医药供给侧结构的改革，为中医药发展开创一个全新的理论，对中医药的发展意义重大，影响深远。菌物医学开创的是一个全新的医学，希望有更多的中医药人、相关学科的人才，支持菌物医学的发展，支持中医药的创新，并能够积极主动地参与其中，形成传承与创新双开花的美好发展态势。"

◆ 陈士林　中国中医科学院中药研究所所长

"菌物是一种国际研究热点，菌物医学通过现代技术方法对其做出了初步的完善和进一步探索，其未来的应用将有广阔前景。"

蘑菇计划：关键词是菌菇和改变

根据自身健康问题及体质特征，为自己制定一份科学利用菌菇的健康计划，将菌菇要素融合进入我们的日常健康生活中，就是蘑菇计划。菌菇的健康应用文字记录最早可追溯到 2000 多年前的《神农本草经》。这部中药奠基著作影响深远，绝大多数药物在现在的《中国药典》中，依然是基础药物。菌物药就是其中重要组成部分，其记载的六芝、茯苓、木耳、雷丸、僵蚕、桑耳等，都被现代药物研究证明对人类健康有着重要作用。

之后，所有中药典籍都不断地增添菌物药品种和临床研究新的应用内容。仅集中医药数千年之大成的《中华本草》中记载的菌物药有 134 种。到了现代，菌物药已经成为中药独立的一个分支，与植物药、动物药、矿物药并列。无疑，在人类健康问题中使用菌物取得了良好的效果，已经成为医学研究和应用领域的重要组成部分。同时，各类研究证明，菌菇所含的营养成分种类在某种意义上超过了植物和动物，是营养均衡、功能齐全的食物、药物及有机分子库。

这些都启示我们，在人类的食谱亦或药谱上，菌菇的内容都过于单薄，相比其在大自然中的地位、其营养生化药理研究成果等相差甚远，对人类健康实际起到的作用还远未达到人类对各类植物、动物和矿物、化学药物的应用水平。

将菌菇科学适当地应用到健康生活当中，还有非常多的问题需要解决，但并不妨碍我们去认知并改变。

这个改变就从阅读本书并利用菌菇为自己制定一份健康计划开始吧！

1

第一部分
消化系统

猴头菇——养胃圣品

Hericium erinaceus（Bull）Pers.

分类地位 担子菌门 Basidiomycota，蘑菇纲 Agaricomycetes，红菇目 Russulales，猴头菇科 Hericiaceae，猴头菌属 *Hericium*。

别　名 猴头菌、刺猬菌、针猴头菇、猴蘑、花菜菌、猴头、对脸蘑、羊毛菌。

形态特征 子实体一年生，倒卵状、似猴头状至近球形，直径 4~18cm，密被长齿或针状长刺，幼时表面呈雪白至乳白色，逐渐老熟后期呈浅乳黄色或浅褐色。菌刺从基部向顶部渐细，长 0.5~4.3cm，初期刚直，后期柔韧下垂。菌肉软木栓质，呈淡黄色至乳黄色。无柄或具白色或乳白色的短柄。担孢子（5.5~7）μm×（4.5~6）μm，近球形，厚壁透明，表面有淀粉质的细小疣突。

图 1-1　猴头菇 *Hericium erinaceus*（Bull）Pers.

经济价值 食用、药用。已经工厂化栽培，现在市场上销售的基本都是人工栽培的。

生　境 夏秋季于阔叶、针叶或阔叶混交林中，单生。

标　本 2021-06-08，采于贵州省贵阳市花溪区龙江巷 1 号靠近贵阳职业技术学院装备制造分院，标本号 HGASMF01-13960，存于贵州省生物研究所真菌标本馆。DNA 序列编号：ON557676。

图 1-2　猴头菇 *Hericium erinaceus*（Bull）Pers. 二维码

纵论胃疾

胃病的种类很多，包括各种胃炎、胃溃疡、胃癌、胃出血等。目前在民间还有"老胃病"的说法，是指不易康复、反复发作的胃病。

为什么会有"老胃病"这种常见情况出现？这和下面这些我们对胃病的错误认知有关。

🍄 胃病是由饮食导致的？但实际上大多数临床胃病案例的致病因素和饮食关系不大。这并不是说不当饮食不会导致胃病，也不是说胃病治疗调理的过程中饮食控制不重要，而是说胃病的主要致病因素并不是饮食不当。致病因素是否明确，决定了应该怎样选择对症治疗调理方案，否则就会事倍功半。

🍄 胃病和心理压力有关？二者不仅有关，甚至超过了饮食不规律等因素的关系。因此，如果在胃病治疗过程中不重视心理压力的调节，事倍功半，就会迁延成了"老胃病"。

🍄 很多人不知道，得了萎缩性胃炎的人很难吸收到维生素 B_{12} 等营养素，而胃的恢复却离不开这些营养素，因此往往会造成恶性循环。

胃病的患者分布广、患病率高、对日常生活影响大。常见的胃病如慢性胃炎等，和不健康的生活方式有关，包括心理压力大、饮食长期不规律，还有暴饮暴食、酗酒、常吃某种刺激性食物等。

随着科研人员的不断深入研究，人们也认识到幽门螺杆菌感染是胃炎产生的重要因素。幽门螺杆菌的外形非常像一把拧在一起的整齐线团，尾部还有很多"线头"飘在后面。它之所以能从无数细菌中脱颖而出，悠然地生活在胃酸环境里，是因为它能够穿透胃表面的黏液层，在胃上皮细胞的表面存活。胃的保护层是一层薄的表面黏液层，覆盖在胃的黏膜上。如果没有了这个保护层，胃会被自己分泌的盐酸消化掉。这层黏膜就像下水道内侧涂抹的防渗涂料，也可以比作是常年行走在大海上的船体所涂的防腐蚀涂料。而幽门螺杆菌就拥有穿透这层屏障的本领。为了穿透这层屏障并定居在胃上皮细胞，幽门螺杆菌会分泌出毒素。感染后若置之不理，幽门螺杆菌会逐步潜伏，导致慢性胃炎，其主要症状是反酸、烧心以及胃痛、口臭。很多人忽视这些问题，有胃部不适时，就服用一些抑酸药物，这种不规范的治疗反而会使疾病迁延深化，导致胃溃疡，甚至有可能导致胃癌。

有些胃病如萎缩性胃炎可由自身免疫性因素引起，与缺乏铁、维生素 B_{12}、叶酸等营养物质密切相关。这些营养物质的不足，会使分泌盐酸和内因子的胃细胞受损，胃蛋白酶活性降低和胃酸分泌不足，还可能会引起严重的缺铁性贫血，最终导致萎缩性胃炎。值得注意的是，这类胃炎还会进一步阻止人体对维生素 B_{12} 等营养素的吸收，使胃炎进一步恶化，恶性循环由此形成。

还有值得重视的一种致病因素是心理压力。胃酸的主要成分是 HCl，由氢离子和氯离子合成，其中的氢离子由胃壁细胞分泌，而胃壁细胞只有在受到神经递质乙酰胆碱（以下简称 ACH）的刺激后才分泌氢离子。而 ACH 来源自迷走神经，迷走神经和人的情绪、注意力密切相关。当心理压力过大、情绪不佳时迷走神经低迷，ACH 分泌减少，胃壁细胞分泌的氢离子不足，胃酸分泌减少，最终导致胃病产生。

◎生化药理

随着科学家对胃病产生机制的研究不断深入，新发现和命名了淋巴细胞性胃炎、肉芽肿性胃炎、嗜酸性胃炎、血管性胃炎和胶原性胃炎等。但目前药物研发相对落后于机理研究，不能满足疾病治疗需求，这促使科学家将目光转向一些天然植物或菌物，希望能够寻求到更有针对性的药物及疗法。被誉为山珍之王的猴头菇就是主要研究对象之一。

世界各地科学家对猴头菇的生化药理进行研究发现：猴头菇在胃病防治方面，兼具了抗幽门螺杆菌、抗抑郁和焦虑、保护胃黏膜、促胃溃疡恢复、抗胃肠癌、提高免疫、促有益菌群壮大等非常全面的作用，可以参与到几乎所有胃病的治疗、调理、康复之中。另外，猴头菇还具有抗氧化、抗肿瘤、保护神经、抗血栓、抗凝血、抗疲劳、抗菌、抗病毒、降血脂、降血糖、美容养颜、促伤口愈合等作用。

🥣 中药药性

鉴于猴头菇不仅具有丰富的营养，而且还是一味临床效果确切的中药，所以其作为一种药食两用的菌物得到了广泛的应用。目前我国可查到的含有猴头菇或者是猴头菇提取物的获批保健食品有 40 种。经动物实验评价，这些猴头菇制品具有增强免疫力、改善睡眠、促进消化、保护胃黏膜、保护化学性肝损伤等保健功能。猴头菇提取物具有抗幽门螺杆菌的功效，治疗胃黏膜损伤和慢性萎缩性胃炎的效果不错，提高幽门螺杆菌的根除率及溃疡愈合率效果显著。因此，通过随机双盲对照研究开展猴头菇抗幽门螺杆菌的功效测试成为热点。

在中医药相关文献中，对猴头菇早有记载。《中华本草》记载"猴头菇味甘性平，入脾胃经，可健脾、养胃、安神、抗癌，可治疗体虚乏力、消化不良、失眠、胃与十二指肠溃疡、慢性胃炎、消化道肿瘤"等。《新华本草纲要》认为猴头菇还有"利五脏、助消化、滋补"等功效。早在 20 世纪 80 年代初的上海市和江苏省，猴头菇就被用于治疗消化系统疾病并取得了较好的临床效果，特别在治疗十二指肠溃疡、胃窦炎、慢性胃炎以及萎缩性胃炎、胃癌、食管癌等疾病时效果突出。

此后，以猴头菇为主要成分的猴菇片、猴头菌片等新药通过临床试验经审批后正式上市，已经成为慢性胃病治疗的常用药物。

🍄 文化溯源

猴头菇因外形酷似猕猴的头，在我国常被称为猴头菌，是我国最早发现和食用的菌物之一。据说早在 3000 多年前的商朝，就有人采食猴头菇了，最早的文字记载也可追溯到隋代。《隋书·经籍志》中的《临海水土异物志》卷说："民皆好啖猴头羹，虽五肉臛不能及之，其俗言：宁负千石之粟，不愿负猴头羹。"唐代的《名食掌故》也记载有士兵在山林里采食猴头菇。明代徐光启在其《农政全书》一书中也对猴头菇进行了具体记载。清代皇家郡主德龄所著的《御香缥缈录》中不仅盛赞其味鲜美，还详细记述了炖、炒猴头菇的两种烹制方法。由此可见，猴头菇在清朝时期就是清皇室御用山珍之一，乾隆、慈禧太后等都非常偏爱猴头菇，有"山中猴头，海味燕窝"之说，与鱼翅、熊掌、燕窝并称为四大名菜，是中国各大菜系的必备食材。尤其是乾隆皇帝和猴头菇的故事，在民间流传甚广。《乾隆四十四年五月节次照常膳底档》就详细记载了乾隆一日三餐的菜谱，从品类看，满汉兼有、南北皆具，而猴头菇是食用率最高的一

图 1-3 猴头菇 *Hericium erinaceus*（Bull）Pers.

味。乾隆基本上是每天必食，甚至在巡行天下时，也要带着御厨，以便能够随时吃到猴头菇所做菜肴。据传乾隆还曾点评说："猴头殊可口，胜燕窝熊掌万万矣，长食轻身延年。"有关资料显示，仅乾隆二十五年这一年，他和他的阿哥们在53天中，每天平均吃掉28千克猴头菇。另外，他还喜欢在筵席的时候把猴头菇赏给外国使节或蒙古王公。民国年间，山西曲沃县"五福园"饭庄就很擅长烹饪猴头菇，全国闻名。即便是今天，海烩猴头和红焖猴头，仍然是山西高档筵席必不可少的硬菜。20世纪30年代，鲁迅在其《鲁迅日记》里提到，在吃了好友曹景华赠送的猴头菇后称赞其"味道真好"。

在日本，猴头菇则被称为yamabushitake，意思是"苦行僧的食物"。yamabushi是"苦行僧""圣人""山隐士"的意思，take是采食的意思，显然这个名称反映了日本人对猴头菇拥有一种神秘感知和崇拜。猴头菇在欧美被称为lion's mane，即狮鬃的意思。

在欧洲，猴头菇由瑞典科学家卡尔·林奈（Carl Linnaeus）于1753年最早发现并记录下来。1780年，法国植物学家兼真菌学家让·巴蒂斯特·弗朗索瓦·皮埃尔·布利亚德（Jean Baptiste Francois Pierre Bulliard）发现并描述了猴头菇，并命名 *Hydnum erinaceus*。1797年，德国真菌学家克里斯蒂安·亨德里克·佩尔松（Christiaan Hendrik Persoon）将猴头菇从齿菌属转移到现在的猴头菇属，因此它的学名变成了 *Hericium erinaceus*（Bull.）Pers.。猴头菇在法国、意大利、加拿大、西班牙、澳大利亚、墨西哥等国家的市场均有销售。在法国，猴头菇是被官方明确认可的食用真菌物种之一，也是法餐中一种名贵食材。

图1-4 猴头菇 *Hericium erinaceus*（Bull）Pers.

营养成分

猴头菇烹饪难度很大，处理火候不够易发苦，但又被当作一种宫廷美食，主要原因还在于它的营养和养生医疗价值，其基本营养成分占比如图 1-5 所示。

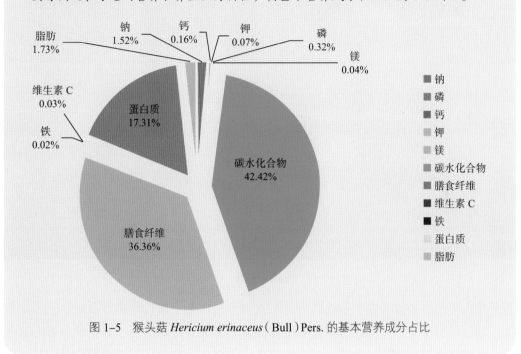

图 1-5 猴头菇 *Hericium erinaceus*（Bull）Pers. 的基本营养成分占比

食药应用

以因情绪、压力等造成的慢性胃炎在中医基本辨证属于肝胃不和。肝郁气滞，肝失疏泄由七情所伤导致，此类病会横逆犯胃导致胃气阻滞，因此会出现腹痛、嗳气反酸等症状。对于此类胃炎，单纯地服用猴菇片等中成药有一定效果，但不够理想。按中医的理法方药规则来看，此类胃炎需要疏肝理气、和胃降逆。因此，可以取 30g 猴头菇为君；以 20g 香菇疏肝理气，15g 虎奶菇行气和胃，二者相合为臣，助猴头菇疏解行散肝经郁气；以 6g 陈皮相佐助力理气功能，6g 红菇养血柔肝化瘀，形成一个小复方，煎煮饮服效果更佳。

顽固性便秘是一种常见胃肠健康问题。中医认为顽固性便秘可采用健脾养胃、补肝养肾、润肺消炎、滋补强身、宁心安神、止痢降逆、消食化滞等方法来综合调理。配方以猴头菇为君，主健脾养胃、安神、消炎、滋补、安神、消食等起到全方位作用。以桦褐孔菌、茯苓、黑木耳等为臣，其中桦褐孔菌可补猴头菇不入肝经之缺，还可疏肝解郁，解决肝胃不和导致的肠胃问题；茯苓补猴头菇健脾功能不入肺肾之缺；黑木

图 1-6 猴头菇 *Hericium erinaceus*（Bull）Pers.

耳主补气养血，补猴头菇的合法以补法。以姬松茸、裂褶菌、榆黄蘑、砂仁、干姜为佐。姬松茸主补虚并清热，裂褶菌配合姬松茸不能入脾之缺，榆黄蘑佐猴头菇入肺肝肾以润肺、补肝、益肾，并有止痢之能，使方可便秘、便溏双向调节；砂仁辅助茯苓化湿、行气并开胃宽中；干姜主治冷秘，散寒降逆。

陈士瑜、陈海英主编的《蕈菌医方集成》就记载了"30g 猴头菇，6g 红花，20g 海带，10g 当归，15g 熟地"是治血瘀内结型食道癌的方子。

猴头菇作用非常广泛，尤其是很多消化道癌症患者，猴头菇是名副其实的养胃圣品，对胃病有治疗、调理、康复作用。

在实际应用中，还可以用近似种珊瑚状猴头菇代替。

📖 阅读拓展

珊瑚状猴头菇

Hericium coralloides (Scop.) Pers.

　　子实体一年生，具短粗柄，上部珊瑚状分枝，丛枝再生小枝，小枝下生密集刺。新鲜时子实体白色至淡黄色，肉质，外伸可达8cm，宽可达10cm，高可达5cm，珊瑚状分枝弯曲，直径1~3mm，横切面呈多边形，干后通常皱缩。菌齿分布较密，暗黄色至棕黄色，老后变褐，锥形，顶端锐，不分枝，长1.5~4mm，每毫米3~4个。菌肉不分层，呈奶油色，软木栓质，厚可达3mm。孢子（4~4.5）μm×（3.0~4.0）μm，近球形，无色厚壁，表面刺柔软，淀粉质，嗜蓝。

图1-7　珊瑚状猴头菇 *Hericium coralloides* (Scop.) Pers.

生　　境　夏、秋季常生于阔叶树干上，分布于东北和青藏地区。

经济价值　食药兼用。

图1-8　珊瑚状猴头菇 *Hericium coralloides* (Scop.) Pers.

红托竹荪——瘦身界的真菌霸王花

Phallus rubrovolvatus（M. Zang，D.G. Ji & X.X. Liu）Kreisel

分类地位 担子菌门 Basidiomycota，蘑菇纲 Agaricomycetes，鬼笔目 Phallales，鬼笔科 Phallaceae，鬼笔属 *Phallus*。

别　名 雪裙仙姑、小仙菌、竹参、清香竹荪等。

形态特征 菌蕾直径 4~5cm，近球形或卵圆形，污红褐色至深紫褐色，成熟的子实体高 15~20cm。菌盖高 2~4cm，宽 3.5~4cm，钟形，顶端具穿孔，表面呈显著网格状，被黏液状臭而青褐色或橄榄绿色的孢体；菌裙白色，呈网状，从菌盖下垂达菌柄中部或中下部。网眼直径 0.6~1.5cm，边缘的网眼较小，不规则多边形。菌柄长 10~20cm，直径 2~5cm，长圆柱形，白色，中空，海绵质。菌托紫红褐色，近球形至卵形。孢子（3.0~4.2）μm ×（1.7~2.5）μm，椭圆形，光滑，无色，薄壁，非淀粉质。

图 2-1　红托竹荪 *Phallus rubrovolvatus*（M. Zang，D.G. Ji & X.X. Liu）Kreisel

经济价值 食药用菌，可大规模栽培。

生　境 夏秋季生于林中，特别是有大量竹子残体和腐殖质的竹林地，单生或群生。

标　本 2020-09-09，采于贵州省黔西南布依族苗族自治州贞丰县靠近烟灯坡，标本号 HGASMF01-10503；2021-07-13，采于贵州省贵阳市白云区产业大道 1 号蓬莱仙大酒店培训中心附近，标本号 HGASMF01-104529，存于贵州省生物研究所真菌标本馆。DNA 序列编号：ON557677。

图 2-2　红托竹荪 *Phallus rubrovolvatus*（M. Zang，D.G. Ji & X.X. Liu）Kreisel 二维码

纵论肥胖

肥胖已经成为世纪难题。国务院新闻办发布的《中国居民营养与慢性病状况报告（2020 年）》显示："我国成年居民超重率为 34.3%，肥胖率为 16.4%。而由于肥胖引起的代谢综合征人群：糖尿病人群达 1.53 亿、高血压人群达 1.6 亿~1.7 亿、高血脂人群达 1 亿多"。

关于肥胖，很多人并不十分清楚下面这些引起肥胖发生的机制。

🍄 肥胖是健康问题，其不仅是营养过剩，通常伴随缺乏微量营养素。

🍄 肥胖是人体很多慢性疾病的起因，如以高血糖、高血脂、高尿酸等指标为代表的一些疾病，统称代谢综合征。

🍄 肥胖人群通过节食等措施瘦身后之所以容易反弹，根源在于胰岛素抵抗等。

针对肥胖问题，全世界有 100 多个国家制定了相关饮食结构的膳食指南。全球科学家也纷纷对饮食和健康的关系进行了各种各样的调查、研究。

研究发现，肥胖产生的原因和一般人所认知的"吃得多、动得少"有非常大的差别。在科学家的眼里，肥胖已经成为一种疾病，而且是威胁性相当大的疾病，而不是我们一般理解中的只是身材走形问题。肥胖的成因在客观上包括饮食因素、经济因素、遗传因素、疾病因素、药物因素，还有比较主观的心理因素。

在饮食方面，肥胖不仅与暴饮暴食直接相关，而且和饮食结构相关。起初人们都将肥胖的罪魁祸首归咎于脂肪，但随着科研的进步，人们发现脂肪原来一直在替碳水化合物背着黑锅。因此，碳水摄入控制成为减肥的第一要素。再进一步，科研又发现，肥胖人群竟普遍存在微量元素摄入不足问题，营养均衡成为了减肥的第二大要素。科学研究还在继续前进，随着代谢综合征和肥胖问题进行捆绑研究后，胰岛素抵抗等分泌紊乱一系列问题逐步暴露。现有的七大营养素结构已经不足以解释人类生存和健康的一些问题，于是新的营养素——真菌多糖，进入了科学家视野并受到越来越多的关注和推崇。各国陆续出台了以饮食品类（如蔬菜类、肉食类等类别）为主要内容而非以营养为主要内容的膳食结构指南。社会科学的主要研究方法之一"微观＋中观＋宏观"协调融合法就此引入到了饮食科研工作中，"一荤一素一菌菇"的科学膳食结构也逐渐被人们接受。

营养缺乏也是肥胖产生的主要原因之一，科学家在全世界不同年龄组的肥胖个体中都发现了微量营养素缺乏的问题。由此思路，科学家认真地研究了各种微量元素，发现维生素 A、D、B 和钙、铁、锌等与体重有关。由此，从肥胖产生的生理机制角度解释了流行病学调查得出的和人们常识相反的"肥胖者常营养不足"的结果。

越来越多的人开始减肥，其中很多人减肥的方法更侧重于节食和运动，但往往又会在经历一个艰难的减肥周期后，因迅速反弹再次肥胖而导致失败。其根源在于没有在减肥的同时解决营养均衡以及胰岛素抵抗的问题。许多人误把糖尿病的典型特征认为是胰岛素抵抗，觉得与肥胖无关。实际上，肥胖产生的一个根源正是胰岛素抵抗。通俗理解，胰岛素抵抗指的是人体细胞拒绝接收胰岛素这个快递员快递的葡萄糖包裹，而使这些被拒绝的包裹越来越多地堆积在脂肪细胞这个中转储存仓内，最终中转储存仓爆满，形成了肥胖。但棘手的是，胰岛素抵抗的治疗在医学上同样是难题。

◎生化药理

科学家对竹荪的减肥作用进行了深入研究，发现竹荪可以一定程度上降低体脂、葡萄糖水平、炎性细胞因子和内毒素，减少脂肪堆积等。有科学家认为竹荪可能是通过调节炎症级联反应、肠道菌群来起到减肥作用的。有科学家则从菌物化合成分进行研究认为类似竹荪等菌物里普遍含有的特有多糖有改善胰岛素抵抗以及脂代谢作用。还有科学家通过研究后发现，真菌多糖这种菌物独有活性物质可以修复人体受损细胞膜，也就是细胞受体。结合这三个方面的研究可以知道，不仅可以把红托竹荪子实体直接拿来减肥，还可以用其提取物来靶向性改善胰岛素抵抗和人体糖脂代谢问题，可以称得上是人体瘦身全能型选手。

生化药理研究发现红托竹荪还具有抗氧化、抗疲劳、耐缺氧、抗自由基、降血脂、降血压、降血糖、调节免疫、抗肿瘤、抗菌等作用。

⚕ 中药药性

中医认为红托竹荪味甘性平，入肺经，能清热润肺，具有止咳、补气、活血等功能，主治肥胖、疼痛和慢性支气管炎等。

因此，在蘑菇计划减肥代餐配方中，按照中医理法方药规则，肥胖的基本辨证是气机运化失常。因此以猴头菇和茯苓为君，主运化调理，从健脾开始，五脏皆入，除湿、安神；再以红托竹荪、金耳、姬松茸为臣，改善气机升降和运化功能，将方剂与其他营养素作用相合；同时围绕传统中医在气血、阴阳、正邪等基本理论及主要症状，用榆黄蘑、硫黄菌、松茸、羊肚菌、黑木耳、银耳、黑松露、灰树花、绣球菌、杏鲍菇、红菇、香菇、金针菇、滑子菇、黑皮鸡枞菌、白参菌、黑牛肝菌、蛹虫草等19种药食两用菌菇，在"补气－益气－理气""补血－益血－养血－和血－活血－

破血""阴阳平衡""扶正祛邪"等多角度实现了"气血畅通""阴平阳秘""扶正祛邪""促消化吸收排泄"等调理目标，最终，不仅实现以蘑菇代替主食减肥的目的，还全面补充了各种微量元素，不仅提高了对胰岛素的敏感性，还对由肥胖带来的代谢综合征有很好的调理作用。

📌 营养成分

红托竹荪含多糖和蛋白质等以及醛类、酸类、烃类、杂环类、酮类、醇类、酚类等营养及功能活性成分。红托竹荪新鲜子实体含水率为69.84%，其他成分占比详见图2-3。

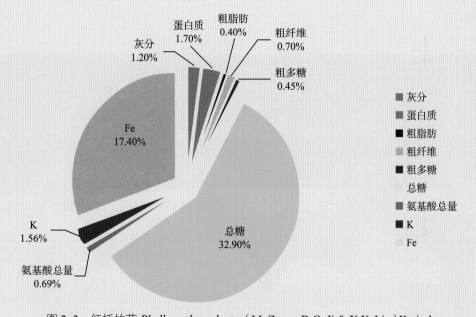

图2-3 红托竹荪 *Phallus rubrovolvatus*（M. Zang，D.G. Ji & X.X. Liu）Kreisel
新鲜子实体的基本营养占比

🍄 文化溯源

虽然竹荪的菌盖部分会发出难闻的气味，但去除该部分烹饪后却味道可口，由此还获得了"真菌之花"的美称。唐代段成式所著《酉阳杂俎》中记载了竹荪的食用价值。红托竹荪是我国真菌学家臧穆等人于1976年在云南发现并命名的新种，因菌托呈红色，当遇强光或机械损伤会变成蓝色、紫红色而得名 *Dictyophora rubrovolvata*，其中 *Dictyophora* 是竹荪属的意思。1996年，德国真菌学家汉斯·克雷塞尔（Hanns Kreisel）

将红托竹荪转移到了 *Phallus* 属（鬼笔属），有了现在公认的拉丁名，主要生长在贵州、云南、四川等地。1983 年，贵州省织金县科技人员对野生的红托竹荪进行驯化研究，花两年时间才栽培成功，因此，贵州省织金县不仅获得"织金竹荪"的地理标志产品认证，2000 年还被中国食用菌协会授予"中国竹荪之乡"的称号。

🌿 食药应用

肥胖是心血管疾病、2 型糖尿病等疾病的高危因素，对人类健康产生严重的危害。国外研究者发现，如果人们每餐用 1 杯蘑菇代替肉食，一年下来平均能减掉约 3.2kg 的体重，身体中的总脂肪含量也会下降，而且减肥效果较持久。营养学研究显示，增加低能量密度食物（如蘑菇）的摄入量，用来代替高能量密度的食物（如肉类），在有助于保持饱腹感的同时降低体重。

图 2-4　红托竹荪 *Phallus rubrovolvatus*（M. Zang, D.G. Ji & X.X. Liu）Kreisel

中医认为肥胖的主要原因是气机运化障碍，如缺少运动导致气滞，过于劳累导致气虚，生活压力大导致气郁，都会造成肥胖。想彻底解决肥胖问题，靠单纯节食、加大运动等都无法实现，原因就在于人体的气机运化机制问题未能得到解决。

因此，以红托竹荪为君，专入肺经补气，而肺主一身之气，故可以红托竹荪来强化人体气机。以猴头菇为君，入脾、胃经，主健脾和胃，增强人体运化机制。由此，两个君药调节气机和运化功能，从根本上解决导致肥胖的主因。再以茯苓为臣，入心、脾、肺、肾经，辅助猴头菇健脾，使运化功能的调理既有重点又可覆盖各个脏腑。以杏鲍菇为臣，入肝及脾、胃经，辅助两个君药并联合茯苓进入肝经，通过理肝气，强健脾胃运化功能。以银耳为臣，入肺经润肺。以姬松茸为臣，疏肝解郁，解决气郁问题。以灰树花为臣，益气扶正，解决气虚问题。以蛹虫草为佐，平衡人体阴阳。以鸡枞菌为佐，解决脘腹胀满、消化不良问题。以白参菌为佐，从脾肾出发补本源之气。以榆黄蘑为佐，平肝化痰。以金耳为佐，生津止渴。以羊肚菌为佐，化痰理气。以绣球菌为佐，清热解毒，针对肥胖人群体内之热邪。以滑子菇为佐，益气宽中。以黑松露为佐，宣肠益气。以黑牛肝菌为佐，补肾壮骨。以松茸为佐，理气化痰。将此方烘干磨成粉，每日冲服，即可健康瘦身。

红托竹荪的药性决定了它临床范围非常广泛，可以应用于与气有关的各种健康问题的食疗和治疗中，如气虚、气郁、气滞等。在实际应用中，还可以用近似种如短裙竹荪、长裙竹荪以及冬荪等代替。

Trametes versicolor（L.）Lloyd

云芝——肝脏保护神

分类地位　担子菌门 Basidiomycota，蘑菇纲 Agaricomycetes，多孔菌目 Polyporales，多孔菌科 Polyporaceae，栓孔菌属 *Trametes*。

别　名　云芝栓孔菌、杂色云芝。

形态特征　子实体覆瓦状叠生，呈革质。菌盖外伸可达 8cm，宽可达 10cm，中部厚可达 0.5cm，呈半圆形，表面淡黄色至蓝灰色，被细密绒毛，有同心环带，边缘薄而锐。菌肉厚可达 2mm，呈乳白色。菌管烟灰色至灰褐色，边缘薄为撕裂状，不育边缘明显。孔口宽可达 2mm，多角形至近圆形。担孢子（4.0~5.5）μm×（1.8~2.5）μm，圆柱形，无色，薄壁，光滑，非淀粉质，不嗜蓝。

图 3-1　云芝 *Trametes versicolor*（L.）Lloyd

经济价值　药用菌。

生　境　春季至秋季生于多种阔叶树倒木、树桩和储木上，群生或叠生，造成木材白色腐朽。

标　本　2019-09-28，采于贵州省黔南布依族苗族自治州荔波县漏斗森林尧所村，标本号 HGASMF01-2330；2021-10-12，贵州省黔南布依族苗族自治州都匀市茶园路靠近岔河厂，标本号 HGASMF01-15869；2020-09-21，贵州省铜仁市印江土家族苗族自治县靠近根基坡，标本号 HGASMF01-10371，存于贵州省生物研究所真菌标本馆。DNA 序列编号：ON557678。

图 3-2　云芝 *Trametes versicolor*（L.）Lloyd 二维码

纵论肝疾

肝病是我国的常见病，包括病毒性肝炎、脂肪肝、免疫性肝炎、肝硬化、肝腹水、肝癌等等。肝是人体最大的化工厂，其重要性不言而喻。因此，人体若有以下表现，就应及时就诊检查肝脏。

- 🍄 皮肤和巩膜呈黄色。
- 🍄 腿部和脚踝肿胀。
- 🍄 尿液颜色深。
- 🍄 慢性疲劳。
- 🍄 食欲不振。

- 🍄 腹痛和肿胀。
- 🍄 皮肤发痒。
- 🍄 大便颜色苍白。
- 🍄 恶心或呕吐。

肝脏是我们身体中重要的消化器官，能够分泌胆汁。通常人们都误以为胆汁由胆囊分泌的，而不知道真正分泌胆汁的器官是肝脏。胆囊只是在非消化期间储存多余胆汁的地方，就相当于国家的备荒粮仓，只储存但不生产粮食。

肝脏的结构非常独特，整体像是一个楔子，但分割来看，又可以看作是大量小型肝脏合并组成了一个大肝脏。这些小型且独立的肝脏又叫肝小叶，肝小叶的组合方式是立体网格式。肝脏的表面有一层很薄但密度很高的膜，这些膜会深入到肝脏，形成一个立体的网状支架，每一个网眼就是一个基本单位，即肝小叶。每一个肝小叶的中间都贯穿了一条静脉血管，而静脉血管四周一圈圈较为规律地排列着肝细胞，形成肝板。肝细胞互相之间有空隙，我们一般称之为细胞间质，在这个间质里，有毛细血管形成的血窦和胆小管。所以，中央静脉、肝细胞（板）、肝血窦和胆小管是肝小叶的主要构成部分。

比较特殊的是，肝脏除了和其他所有器官一样接收来自动脉的血并从中获得营养以外，还兼具了储存血液的能力，可以接收来自胃、肠及脾（人体最大的淋巴器官）、胰（胰岛素分泌器官）、胆囊（储存胆汁的器官）等器官的静脉血，这些静脉血充满了人体通过消化获得的葡萄糖、甘油、脂肪酸等营养物质，以便肝脏将其进一步处理成甘油三酯等。因此，进入肝脏的管道就比一般进入脏器的管道多了一根，叫做门静脉。

肝细胞也很特殊，20%~25% 的肝细胞有两个细胞核，这意味着肝细胞的活跃度很高，肝脏再生能力强大。科学家研究发现，只要保留 35% 以上的正常肝脏组织，经过 3~6 个月时间，就可恢复至损伤前的肝脏大小、体积和功能。

肝脏主要功能之一是帮助人体代谢。代谢功能使我们能够将食物转化为能量，将食物分解为我们身体所需的基本营养物质，并消除浪费，如糖脂代谢最主要的中转站就是肝脏。例如，人体摄入的碳水化合物被分解后，一部分被转化成为葡萄糖而直接进入循环系统，由胰岛素运输到我们身体细胞当中，供细胞使用。一部分则会被肝脏转化为脂肪，进而运输给脂肪细胞储存起来，当人体需要时，又转化成葡萄糖运输到人体各处的细胞。

肝脏还有一个重要功能就是解毒，通常通过将有害物质分解成较小的副产品来解毒。这些副产物通过胆汁或血液离开肝脏——胆汁中的副产物通过粪便排出体外，而血液中的副产物被肾脏过滤并通过尿液排出。这个过程就像大型净化水厂，上游源源不断地注入需要净化的水，然后肝脏就像一道道滤网，将毒素、垃圾等挡住并分解，然后将过滤好的水滤出去。如果肝脏出现问题，那么我们人体的健康也会出现问题。

有意思的是，我们谈之色变的炎症反应，实际上在我们每个人的肝脏内是经常有

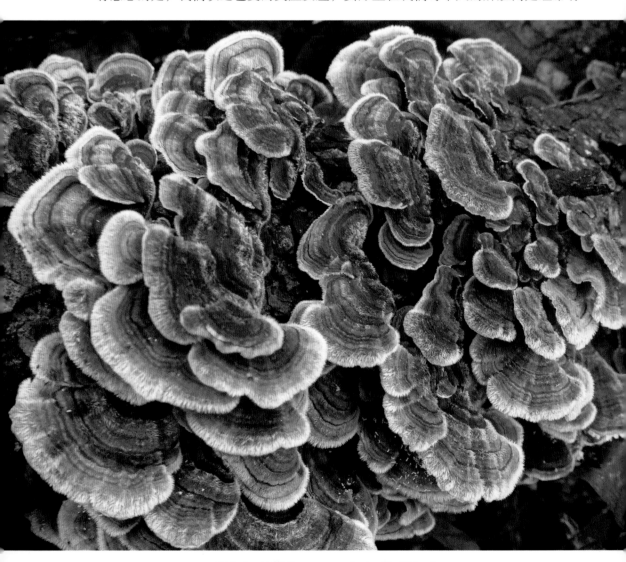

图 3-3　云芝 *Trametes versicolor*（L.）Lloyd

控制地发生。在解毒时，肝脏细胞受损就是常有之事，但在健康的肝脏中，整个受损及修复过程受到非常严格的调节。因此，大多数时候肝脏的炎症反应并不是坏事，反而是肝脏本身在净化毒素时的正常生理反应。但这种炎症反应一旦失去控制，就会导致肝炎，进而造成肝损伤、肝硬化等问题。

◎生化药理

达到肝硬化程度的肝脏往往被认为是不可逆转的，但随着现代科学的研究，这一不可逆的观点正被逐渐推翻。一些研究初步证实了某些程度的肝硬化是可逆的，但有效途径的研究尚处于初级阶段；另一些研究则证明了利用云芝提取合成新型药物可以阻断肝硬化的进程。

云芝被现代科学家广泛关注来源于一次偶然。1965 年左右，一位日本胃癌患者，因疾病已经进入晚期，所以只能选择进行保守治疗，他的治疗方案是服用一种用云芝制作的茶，令人惊奇的是，数月后他的胃癌竟好转了。这名日本人的邻居好友是一位化学工程师，得知此事并经过调查发现事实确定，这位工程师就在公司申请了研究云芝的项目，最终培育出了当时最好的菌丝体菌株（CM-101）。这种菌株中的 β- 葡聚糖含量较高，并被命名为 PSK，并于 1969 年获得专利，之后经过多年的临床试验于1977 年被日本厚生省批准以抗癌药物的身份上市。从 1987 年开始，日本就将其本国国民抗癌药物支出的 25% 用于了 PSK。5 年后，我国著名菌物学家杨庆尧教授培育出了更优质的菌株，并将从该菌株提取出来的 β- 葡聚糖命名为 PSP，到 1993 年被我国批准为抗癌药物正式上市。但这两种药物未能获得超越国界的广泛认可，原因是这些药物不是单一活性成分。且这种从天然植物或菌物中提取出来的复杂成分的产品获取技术简单，不能申请专利。最终，云芝及其产品的抗癌临床应用主要在国内（不仅限于胃癌）。自这两种抗癌药物上市至今已有 40 多年，临床已经证明其疗效确切。无论医学界最终对这些药物予以何种定性，云芝事实上已成为科学界广泛、深入研究的菌物药之一。这种趋势还在不断深入，并陆续有新的发现被公布，如有科学家就发现云芝具有刺激和恢复肝细胞功能的作用，可作为很好的保肝剂。

现代生化药理研究证明，云芝具有提高免疫、降血糖、抗肝硬化、抗氧化等作用。

🥄 中药药性

《中华本草》认为："云芝味甘淡，性微寒，入肝、脾、肺经，能清热解毒、健脾利湿、止咳平喘，主治小儿痉挛性支气管炎、咽喉肿痛、多种肿瘤、慢性活动性肝炎、类风湿关节炎、白血病、肝硬变、慢性支气管炎等疾病。"

在我国的临床中，除前文提到的 PSP 以外，云芝主要用于肝病的防治。目前已经上市的以云芝为主要成分的有云芝肝泰、云芝多糖片、香云肝泰冲剂、云芝菌胶囊、云星胶囊等药品。除香云肝泰是香菇和云芝二者复方配伍制备的以外，其他三种成药都是云芝（包括云芝菌丝体）的提取物单方制备，主要依赖的是云芝多糖的作用。

文化溯源

云芝广泛分布于世界各地，其英文俗称 turkey tails，即火鸡尾，是因云芝很像火鸡尾部羽毛的形状和颜色而得名，这种称呼发源自美国，但更早时期的英语俗称是 many-zoned polypore。其中 many 是多的意思，zoned 是区的意思，polypore 是孔的意思，指的是多孔多环的蘑菇，这个俗称已基本不用。1753 年，瑞典自然学家卡尔·林奈（Carl Linnaeus）将其命名为杂色牛肝菌（*Boletus versicolor*），*Boletus* 是牛肝菌属的意思，*versicolor* 意思是杂色、多色。后来，多位科学家对云芝进行了重新描述。如 1939 年的捷克真菌学家阿尔伯特·皮拉特（Albert Pilát），对其进行了重新描述，并命名为 *Trametes versicolor*（L.）Pilát。其中 *Trametes* 意思是薄的，是云芝的属，为栓菌属；

图 3-4　云芝 *Trametes versicolor*（L.）Lloyd

L. 是指最早由卡尔·林奈（Carl Linnaeus）发现的，是林奈这个姓氏的简写，Pilát 指的就是阿尔伯特·皮拉特（Albert Pilát）。还有很多科学家进行了描述，并予以了不同的命名，如 *Boletus versicolor* L., *Coriolus versicolor*（L.）Quél., *Trametes versicolor*（L.）Lloyd., *Poria versicolor*（L.）Scop., *Agaricus versicolor*（L.）Lam., *Polyporus versicolor*（L.）Fr., *Polystictus azureus* Fr., *Polyporus fuscatus* Fr., *Polyporus nigricans* Lasch., *Polystictus versicolor*（L.）Cooke., 等。

营养成分

云芝含有丰富的营养及功能活性成分，各种成分占比如图 3-5 所示。

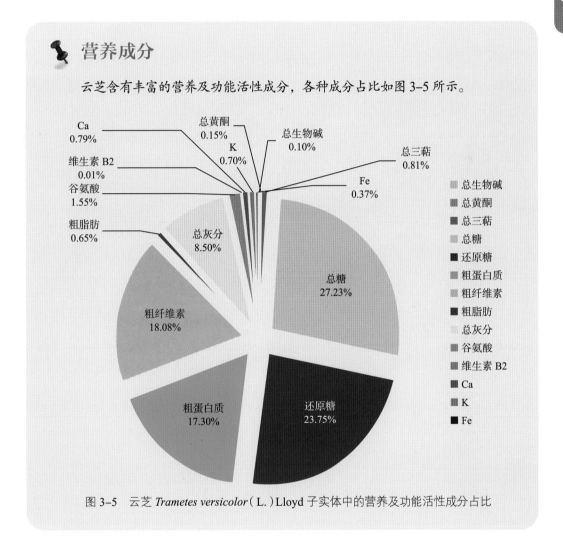

图 3-5 云芝 *Trametes versicolor*（L.）Lloyd 子实体中的营养及功能活性成分占比

图 3-6　云芝 *Trametes versicolor*（L.）Lloyd

🌿 食药应用

肝硬化在中医的基本辨证中包括肝肾阴虚、脾肾阳虚、脾虚湿盛、肝气郁结、血瘀、湿热内蕴等，主要通过肝肾滋补、健脾益气、养血柔肝和活血通络等方法进行治疗。靠单种灵芝根本无法满足以上要求，因此还需复方配伍应用，如以20g云芝为君，以桑黄、茯苓、灵芝各10g为臣，以30g生黄芪、10g熟地黄、10g陈皮为佐，以10g甘草为使，组成一个抗肝硬化的复方。取云芝为君，应"见肝传脾"之意，同入肝脾二经，即健脾又清热解毒抗肝炎；以桑黄为臣，入肝经，活血柔肝，能抗肝纤维化，促进肝细胞再生；以茯苓为臣，入脾经，健脾利湿、宁心祛痰，消除肝硬化疾病带来的各种并发症；以灵芝为臣，入五脏，具扶正固本、滋补肝肾的作用；以生黄芪、地黄、陈皮为佐，配合臣药，打通气血运行通路，其中，黄芪补气、灵芝益气、陈皮理气、地黄补血、灵芝益血、桑黄活血止血，由此一个"补气→益气→理气→补血→益血→活血→止血→气血通畅"的链式过程由组方完成，使"气血通则百病消"；最后以甘草为使，统合药性。

《蕈菌医方集成》上记录了多个慢性肝炎配方，都是以云芝为君药的小组方。如以云芝、茵陈、栀子根各15g组方或云芝、茵陈各15g，玉米须9g组方可治慢性肝炎。云芝、天蓬草（炒黄）各等份，双配伍小方也可治慢性肝炎。以上3个方子都需要在辨证基础上应用。另外云芝还可作为臣药、佐药，治疗其他疾病。如以香附、高良姜、云芝各9g组成配方治肝胃气痛；以地胆草、车前草各15g，云芝12g组成配方治肾炎水肿等。

图3-7　云芝 *Trametes versicolor*（L.）Lloyd

Lactifluus volemus（Fr.）Kuntze

分类地位 担子菌门 Basidiomycota，蘑菇纲 Agaricomycetes，红菇科 Russulaceae，多汁乳菇属 *Lactifluus*。

别　名 红奶浆菌、牛奶菇、饭汤菇、奶汁菇等。

形态特征 菌盖直径 4~11cm，初扁半球形，橙红色、红褐色、黄褐色至暗土红色，似漏斗状中部下凹呈脐状。表面被白粉状附属物，湿时稍黏，表面光滑或稍带细绒毛，无环带，边缘初期内卷，后伸展。菌肉较厚，呈乳白色，伤后变淡褐色。菌褶白色或淡黄色，伤后变为褐黄色，直生至近延生，近柄处不等长分叉，伤后有白色乳汁溢出，不变色。菌柄长 3~13cm，直径 1~3.0cm，近圆柱形，向基部渐细，与菌盖同色或稍淡，近光滑内实。担孢子（8.5~11）μm×（8~10）μm，近球形，表面具网纹和微细疣，无色至淡黄色，淀粉质。

图 4-1　多汁乳菇 *Lactifluus volemus*（Fr.）Kuntze

经济价值 食用菌，药用菌。

生　境 夏秋季生于松林或针阔混交林中地上，散生或群生，常与松树形成菌根。

标　本 2019-09-20，采于贵州省黔南布依族苗族自治州平塘县掌布镇卡拉村翁拉组，标本号 HGASMF01-3211；2018-8-17，采于贵州省遵义市汇川区靠近后河，标本号 HGASMF01-15055；2019-07-24，贵州省铜仁市思南县胡家湾镇核桃坝，标本号 HGASMF01-0418，存于贵州省生物研究所真菌标本馆。

图 4-2　多汁乳菇 *Lactifluus volemus*（Fr.）Kuntze 二维码

纵论酒精肝

我国具有历史悠久的酒文化，如在"兰陵美酒郁金香，玉碗盛来琥珀光""明月几时有，把酒问青天""醉里挑灯看剑，梦回吹角连营""中军置酒饮归客，胡琴琵琶与羌笛"等这些诗词中都表达了对酒文化的高度推崇。酒文化不仅在我国盛行，也是国际交流中不可或缺的饮品。通过调查报告发现我国饮酒人群比例逐年上升，其中东北地区喝酒人数较多，比例高达 26.98%，有的地区甚至高达 42.76%；饮酒人群在南方及中西部省份也增至 30.9%~43.4%。酒是交流的纽带，适当饮酒也有益健康，但不当饮酒会诱发疾病。《本草纲目》就曾劝诫众人："少饮则和血行气，壮神御寒，消愁遣兴；痛饮则伤神耗生，损胃亡精。"

通常所称的酒精肝是一种酒精性肝病，主要是肝脏因为长期大量饮酒而功能异常，并发生一系列破坏性病变，整个病发过程依次是酒精性脂肪肝、肝炎、肝硬化，最终发展成肝癌，导致死亡。

据统计，全世界酗酒的人有 1500 万~2000 万，其中 10%~20%（150 万~400 万）有不同程度的酒精性肝病，其中 45 岁左右的人群患病率最高。但是在临床上还没有针对急性酒精肝损伤进行治疗的特效药物，酒精性肝病逐渐成为我国乃至全球的主要慢性肝病之一。

按照肝损伤程度的不同，酒精性肝病可分为以下 3 个阶段。

- 🍄 轻度酒精肝是第一阶段，是最先出现也最为常见的病变。肝区在超声下表现为：近场回声增强，远场回声衰减不明显，管状结构可见。常规治疗措施包括戒酒、食疗等。

- 🍄 中度酒精肝是第二阶段。肝区在超声下表现为：近场回声增强，远场回声衰竭，管状结构模糊。常规治疗措施包括戒酒，饮食以高蛋白质、高维生素、高热量为主，并食用维生素 B_1、B_2、B_6、B_{12} 等辅助。

- 🍄 重度酒精肝是由于长期过度酗酒已经导致肝脏内脂肪的含量超过 25%，肝区在超声下表现为：近场回声显著增强，远场明显衰减，管状结构不清，已无法辨认。常规治疗措施包括戒酒，并使用糖皮质激素、保肝抗炎药物以及复合维生素制剂等才能达到治疗效果，严重时甚至需要进行肝移植手术。

此外，酒精性肝病按照临床分型又可分为轻型酒精性肝病、酒精性脂肪肝、酒精性肝炎、酒精性重型肝炎（肝功能衰竭）和酒精性肝纤维化和（或）肝硬化 5 种类型。

肝脏是机体进行解毒和代谢的重要器官，是酒精代谢的主要场所，体内通过十二指肠循环到肝脏代谢的酒精量达80%~90%，剩余的有一小部分经呼吸道、尿液、汗液直接排出，另一小部分的代谢则通过胃和小肠吸收进行。本书在云芝部分已对肝脏结构进行过详细介绍。我们知道进入肝脏的管道比一般脏器多一条，即门静脉，是人体的消化系统吸收的各种营养包括葡萄糖、甘油三酯、胆固醇等进入肝脏的通道。因此由门静脉进入肝脏的血液占进入肝脏血液总量的70%以上。

酒精的主要成分是乙醇，分子量很小，可溶于脂和水，所以能够随着门静脉在进入肝小叶后很轻易地渗透扩散到肝细胞中。酒精进入人体被肝脏吸收后，首先通过乙醇脱氢酶（ADH）在肝细胞内转化为乙醛，然后经乙醛脱氢酶（ALDH）分解转化成乙酸，最后在三羧酸循环代谢中分解为二氧化碳和水。这个过程可以总结为：乙醇→乙醛→乙酸→二氧化碳和水。实际上，引起醉酒效应的是乙醛，而不是乙醇。因酒精对中枢神经有兴奋和抑制作用，对人体产生兴奋、催眠、麻醉昏迷、致死这四个程度的毒性损害。

当人体过量饮酒时，肝细胞内的乙醇脱氢酶会全力转化酒精，因此肝细胞没有多余的精力去处理其他营养物质，导致脂肪在肝部积累，形成酒精性脂肪肝。同时，由于过量的酒精涌入，酒精需要大量的细胞色素P4502E1酶（CYP2E1）参与代谢，CYP2E1酶分解酒精的过程中会有大量的活性氧自由基（ROS）产生，此时，体内的抗氧化因子无法将过多的ROS清除而破坏了机体的氧化平衡，引发人体氧化应激反应，引起细胞内的蛋白质、RNA和DNA、酶、脂质等的分子损伤或变性，最终肝细胞受损至肝功能异常。此外，肝微粒体酶（MEOS）也被迫参与酒精代谢，这时则会生成具有更大危害的活性氧和自由基，进一步加重对肝的损伤。

从这个过程可以看到，自由基、活性氧是伤害肝脏的最主要因素。早期的酒精性肝病中，肝脏内部组织已发生了病理改变，但可能看不到任何症状，酒精性肝病的3个阶段可单独或混合存在给治疗带来了极大的困难。目前对于这种肝病的治疗还没有理想药物，最重要的预防手段是禁酒，其次是加强营养支持，严重时可能需要进行肝脏移植。但在实际生活中，有些人没法自行戒酒。因此，科学家们希望通过从天然植物或菌物中寻找到能够介入这一过程的新型药物或食物，来保护肝脏或降低酒精对肝脏的伤害。很多菌物如云芝都有保肝护肝的作用，在这一过程可以起到人们想要的作用。但云芝的子实体木纤维较多，必须熬制成水或制成加工品才能服用，日常食用不方便。而像多汁乳菇这类同样具有保肝护肝作用的可生食或烹饪后做菜肴直接食用的菌菇，就成为了更好的选择。

◎ 生化药理

多汁乳菇是贵州省主要产出的野生菌菇，生化药理研究还发现，多汁乳菇具有抗肿瘤、提高免疫、抗辐射、抗疲劳、抗氧化、抑菌、降血糖、利尿、延缓衰老等作用。此外，研究还发现多汁乳菇提取物能够抑制氧化应激，从源头上阻止释放促炎症细胞因子，即通过抗自由基、抗细胞增殖、抗肿瘤、调节免疫实现保肝护肝，可作为天然抗氧化剂成为一种很有希望效治酒精性肝病的药物的来源。

近几年，科学界针对多汁乳菇药用价值开展了一系列功能性成分研究，结果发现多汁乳菇不仅含有丰富的有机酸类包括琥珀酸、富马酸、苹果酸、草酸、醋酸、乳酸、焦谷氨酸、a-酮戊二酸、柠檬酸等，还含有丰富的麦角甾醇、庚醇麦角甾烷骨架的甾醇、麦角酸酯类甾醇等甾醇类化合物，尤其是麦角甾醇含量尤其丰富，在100g 多汁乳菇的干品中麦角甾醇平均含量约 200mg，远远高于一般动物、植物以及菌物的含有量。

多汁乳菇的功能作用主要依靠多汁乳菇多糖（RPLV）。RPLV 是一种混合物，主要由聚合程度不同的糖链组合在一起形成的非晶体类、无变旋现象、无味、难溶于水的物质，包含有可以水解断裂的糖苷键。有科学研究表明，RPLV 中单糖组成为42% 的葡萄糖、17% 的甘露糖和半乳糖、8% 的岩藻糖、16% 的阿拉伯糖。RPLV 具有较强的还原力，可较好地清除人体活性氧自由基。人体自由基的氧化性极强，一旦过量就会攻击核酸、蛋白质等生物大分子发生超氧化反应，从而破坏人体正常生长发育，加快衰老速度，诱发各种疾病。而且多汁乳菇多糖作为毒副作用较小的天然产物，还具有良好的调节脂质代谢能力，能够保护肝脏免受损害，能够在急性酒精性肝损伤下有效维持体内的氧化平衡，抑制酒精代谢过程中的脂质过氧化。

🥣 中药药性

中医认为多汁乳菇味甘性寒，入脾、心、肺、肝、膀胱经，可化痰止咳、养肝解毒、利尿消肿、消食通便、平喘、护心等。

🍄 文化溯源

卡尔·林奈（Carl Linnaeus）在 1753 年出版的 Species Plantarum（《植物物种》）一书中最早的对多汁乳菇进行描述，作者给出的拉丁名为 *Agaricus lactifluus*。*Agaricus* 是伞菌属的意思。到了 1821 年，瑞典真菌学家 Elias Magnus Fries 花费了 11 年才完成的著作 Systema Mycologicum（《系统真菌学》）中将其命名为 *Agaricus volemus*。到 1838 年，弗里斯在著作 Epicrisis Systematis mycologici 中承认 *Lactarius* 是一个独立的属，并引用 *Galorrheus* 作为 *Lactarius* 的同义词，意思是分泌乳胶类，就此确认了使用至今的名称。到 1871 年，保罗·库默（Paul Kummer）将弗里斯命名的大多数属都提升了一个等级，也将多汁乳菇命名为 *Galorrheus volemus*。1891 年，Otto Kuntze 将多汁乳菇又移回到了 *Lactarius* 属。2005 年，我国科学家文华安和应建浙报道新种 *Lactarius wangii*，到 2007 年又被确认和多汁乳菇同种。因此，多汁乳菇的拉丁名称经过了多轮反复后被确定为 *Lactifluus volemus*（Fr.）Kuntze.

多汁乳菇在国外称为"The fishy milkcaps""the tawny milkcap""the orange-brown milky""the voluminous-latex milky""the lactarius orange""the apricot milk cap"等，都指向多汁乳菇一个基本特性：大量分泌白色乳汁。

图 4-3　多汁乳菇 *Lactifluus volemus*（Fr.）Kuntze

图 4-4　多汁乳菇 *Lactifluus volemus*（Fr.）Kuntze

营养成分

多汁乳菇是味道鲜美的大型野生食药用真菌，为外贸出口的主要野生食用菌品种之一，肉质脆嫩。其含有精氨酸、赖氨酸、亮氨酸、异亮氨酸、组氨酸、苯丙氨酸、缬氨酸、丙氨酸、蛋氨酸、甘氨酸等16种氨基酸，维生素，K、P、Ca、Cu、Zn、Fe、Mn等矿物质以及乳菇紫素、乳菇菌素等营养及功能活性成分。多汁乳菇新鲜子实体含水率为92.15%，其氨基酸成分占比和其他基础营养成分占比如图4-5、4-6所示。

多汁乳菇不仅营养价值和药用价值高，作为树木的外生菌根菌，它还可促进共生植物的水分和养分吸收，增强共生树种的逆境耐受性，特别是在促进林木生长，维护生态平衡等方面的应用具有广阔的发展前景。

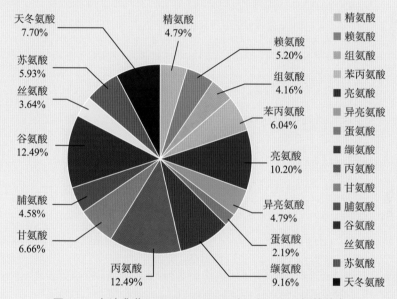

图 4-5　多汁乳菇 *Lactifluus volemus*（Fr.）Kuntze 氨基酸占比

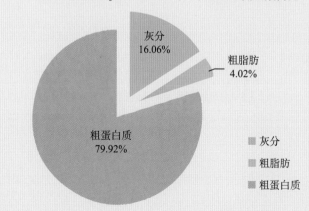

图 4-6　多汁乳菇 *Lactifluus volemus*（Fr.）Kuntze 基础营养成分占比

🌿 食药应用

中医对酒精肝有多角度辨证，有的根据酒精肝的表现来辨证为气滞血瘀、湿热蕴结、胆热瘀积，有的根据酒精肝的发展阶段辨证为伤酒、酒癖、酒鼓，不同的阶段又有不同的辨证。但无论是哪种辨证都与脾虚、湿热、气滞、血瘀等有关，可采用健脾、除湿、清热、补气、活血等方法防治。

因此，可用灵芝、桑黄、多汁乳菇、硫磺菌、葛根等5种菌物等量配伍制成茶，常喝保肝解酒。其中，灵芝五脏皆入，益气血、保精神，即可增益保护人之精气神；桑黄清热解毒、利五脏、活血化瘀，可解酒毒；多汁乳菇清热、健脾、养肝、除湿毒、解酒毒；硫磺菌补益气血；葛根主消渴、身大热、热壅胸膈作呕吐，降低醉酒伤害。

Pleurotus giganteus（Berk.）Karun. & K.D. Hyde

巨大侧耳（大杯伞）——促进代谢的猪肚菇

分类地位 担子菌门 Basidiomycota，蘑菇纲 Agaricomycetes，蘑菇目 Agaricales，侧耳科 Pleurotaceae，侧耳属 *Pleurotus*。

别　名 大杯蕈、大杯伞、大漏斗菌、猪肚菇、笋菇、红银盘。

形　态 菌盖直径 6~20cm，幼时扁半球形至近扁平，成熟后渐呈漏斗形至碗形，中央下凹，呈淡黄色，中部颜色较深，表面被灰白色或灰黑色菌幕残留物，中部具小鳞片，边缘初内卷，后延伸，有明显或不明显条纹。菌肉较厚，呈白色。菌褶延生，不等长，稍密至极密，白色至淡黄色。菌柄长 5~25cm，直径 0.6~3cm，中生，圆柱形，向基部处略粗，与菌盖同色，顶端呈污白色至白色，有绒毛，实心至松软，基部向下延伸呈根状。担孢子（6.5~9.5）μm×（5.5~7.5）μm，椭圆形，无色，光滑。

图 5-1　巨大侧耳（大杯伞）*Pleurotus giganteus*（Berk.）Karun. & K.D. Hyde

经济价值 食、药用菌。

生　境 夏秋季生于常绿阔叶林以及地下腐木上，单生或丛生。

标　本 2020-07-29，采于贵州省黔南布依族苗族自治州平塘县靠近甲茶风景名胜区；2019-01-08，采于贵州省黔南布依族苗族自治州平塘县平里河乡甲道村，标本号 HGASMF01-5051，存于贵州省生物研究所真菌标本馆。

图 5-2　巨大侧耳（大杯伞）*Pleurotus giganteus*（Berk.）Karun. & K.D. Hyde
二维码

纵论代谢综合征

说起代谢，人们最熟知的词语是新陈代谢。但很多人不知道的是，代谢类疾病已经成为人们最主要的健康威胁，临床称为代谢综合征，包括糖尿病、高血压、高脂血症、痛风等。有数据显示，我国超重或肥胖人群高达 7 亿，高血压患者达 2.45 亿，高血脂患者达 1 亿多，糖尿病患者达 1.29 亿，高尿酸患者达 1.7 亿，心脑血管病患者 3.3 亿。每年有超过 400 万人死于代谢综合征继发的心脑血管疾病。

> 🍄 胰岛素抵抗视为代谢综合征的本质。
>
> 🍄 代谢综合征的表现：肥胖（尤其是腹型肥胖）、高血糖、高血脂、高血压、高尿酸。
>
> 🍄 代谢综合征发展常出现中风、心肌梗死、糖尿病、痛风、脂肪肝等结果。
>
> 🍄 任何人，只要肥胖再加上高血糖、高血脂、高血压、高尿酸中的任何一高，就基本可以确定已经患有代谢综合征。

代谢综合征，广义就是和人体代谢有关的疾病。所谓代谢，简而言之就是我们人体对食物的整个消化、吸收、利用、排泄的过程，涉及维持我们生命存在和活动的一系列有序的生理化学反应。

这个生化过程，从人体摄入碳水化合物、脂肪、水、矿物质、蛋白质、维生素等营养开始，在这些营养素中，碳水化合物代谢的多羟基醛或多羟基酮及其衍生物或多聚物是维持机体生存活动能量的最主要来源，所以碳水化合物的代谢最为重要。标志性的碳水化合物指经口摄入的小麦、玉米、大米等主食中的淀粉以及各种甜食中的蔗糖等。这些糖进入我们身体，会被肠道的淀粉酶等分解成葡萄糖，然后由肠道与肝脏相连的门静脉输入到肝脏，多余葡萄糖会被肝脏转化为脂肪酸和适当量的葡萄糖一起被输送进入循环系统，最后葡萄糖由循环系统里由胰腺分泌的胰岛素装载好，运输给我们全身 40 万亿~60 万亿的细胞，而脂肪酸则会通过循环系统被运输到脂肪细胞以脂肪形式储存起来。进入细胞的葡萄糖会代谢成二氧化碳、水和能量。如果这个代谢过程出现功能障碍，那么就会出现肥胖以及高血糖、脂肪肝等问题。

脂肪代谢和糖代谢过程非常类似，同样是由肠道进行分解，所得甘油和脂肪酸会通过门静脉进入肝脏，再由肝脏合成磷脂、甘油三酯、胆固醇等并再进入循环系统，而各种密度的脂蛋白是运载工具。这个过程出现代谢功能障碍就会出现高血脂、脂肪肝、动脉粥样硬化等问题。

蛋白质代谢和脂代谢、糖代谢过程也非常类似，同样是经过胃消化后进入肠道被分解成氨基酸，然后氨基酸通过肠道与肝脏相连的门静脉入肝脏，被肝脏作为原料合成各种蛋白质后，再入循环系统，被输送给人体的细胞。在蛋白质代谢过程中，有一种叫做嘌呤的中间物质。人体的嘌呤有80%以上是自身合成的，只有20%来自外部，且总量保持稳定，也就是说，当外部摄入的嘌呤过多时，人体内合成嘌呤就会减少。当然，这个过程如果出现代谢功能障碍，则会出现嘌呤过多的问题，有可能由此而引发痛风疾病。

维生素以及矿物质的代谢也是由肠道进肝脏再进循环系统。可以看到，人体的代谢大致可以分为合成以及分解两类。所谓合成代谢，也指的是先分解后合成，即我们从外界摄入的各种营养素都不能被人体直接利用，而是会首先被分解成一些基本单位后被肠道吸收，然后在肝脏再次合成。所谓分解代谢，包括合成代谢的前段部分，也包括分解我们体内储存营养素的过程，如脂肪细胞储存的脂肪会在人体需要时被肝脏分解为糖，就是一种主要分解代谢过程。

水液代谢也是人体代谢系统重要的组成部分。例如，肥胖人群在中医体系中一般基本辨证为痰湿或湿热等体质，其中湿指的就是人体多余的水。因此，从中医角度看代谢综合征，水代谢的平衡则是很关键的一环。

因此，人体的生病、机体的愈合、衰老或感觉疲倦，均与这些营养物质的代谢活动直接相关，代谢综合征即是由代谢功能障碍而引起的各种疾病的统称。

科学家研究发现，各种代谢综合征还有一个共同点就是胰岛素抵抗。胰岛素不仅仅是运输血糖的载体，它可以促进蛋白质的合成，也可以抑制蛋白质的分解，在蛋白代谢过程中发挥重要作用。还可以促进多余葡萄糖转化成脂肪酸进入脂肪细胞储存起来，还抑制储存在脂肪细胞中的脂肪重新代谢成糖来抑制脂肪分解，在脂代谢过程中发挥作用。

本书在红托竹荪以及桦褐孔菌部分都曾描述过胰岛素抵抗。简单来说，人体细胞的细胞膜上有通往细胞深处的门，这些门只供得到允许的物质通过，又叫做受体或者细胞膜多糖体；当胰岛素搭载着葡萄糖想要送给人体细胞时，人体细胞的门就是不理睬、不开门，迫使得这些葡萄糖停留在血液中导致高血糖发生；还有就是胰岛素的质量不合格时，会影响人体储存的脂肪再次分解为葡萄糖，也会影响蛋白质合成及分解。因此，胰岛素抵抗则说明了代谢综合征的本质所在。

有些代谢综合征人群的血糖值并不高，如果用降血糖的药物来解决胰岛素抵抗问题，很可能还会带来低血糖的风险。因此，代谢综合征目前的治疗方法除了单种疾病的针对性治疗以外，还没有比较统一的治疗方案，更多依靠生活方式的改变来调理。科学家们希望这种治疗方式能够足够安全，因此，纷纷将研究目光放在了植物和菌物等天然物质方向。

研究发现，大杯伞中的活性物质可以增加脂肪细胞胰岛素的敏感性。这意味着通过大杯伞可以促进人体将脂肪细胞储存的脂肪转化为葡萄糖消耗掉，不仅可以被用作糖尿病治疗的辅助剂，还能很好地解决代谢综合征的源头肥胖问题。因此，大杯伞作为促进代谢的食物或药物，就具有了很大的开发潜力。

生化药理研究表明，大杯伞还具有抗癌、降血糖、降血脂、降血压、抗炎、促神经生长、调节免疫、抗衰老等作用。

🥣 中药药性

中医认为代谢综合征的辨证主要归结于气机代谢失常。因此，对于代谢综合征的治疗首先应调理气机。而气从肺，就是应该选择入肺经且能够益气的中药来调中医之"气立"，然后再调"神机"。中医认为大杯伞味甘性平，入肺经，有宣肠益气、散热解表、透疹、抗结核的作用，主治食积脘痞、感冒咳嗽、麻疹。显然，大杯伞调理代谢的功能不仅有现代生化药理研究做依据，而且也能得到中医理论的支持。

🍄 文化溯源

在 1847 年的时候，大杯伞最早被英国真菌学家迈尔斯·约瑟夫·伯克利（Miles Joseph Berkeley）描述并命名为 *Lentinus giganteus*，后世有多位科学家重新予以描述和命名，但伯克利的姓氏简称永远定格在这个物种名称后，即 Berk。如在 1891 年，被德国真菌学家卡尔·恩斯特·奥托·昆策（Carl Ernst Otto Kuntze）重新描述并命名为 *Pocillaria gigantea*；在 1981 年被英国皇家学院院士艾德雷蒙·约翰·亨利·科诺（Edred John Henry Corner）命名为 *Panus giganteus*；在 1927 年的时候，被荷兰真菌学家卡斯帕·范·奥弗瑞姆（Casper van Overeem）命名为 *Velolentinus giganteus*，到 2012 年，贵州大学教授、泰国清莱皇太后大学教授、英国真菌学家凯文·大卫·海德（Kevin David Hyde）等人重新命名为现在的拉丁名称 *Pleurotus giganteus*（Berk.）Karun. & K.D. Hyde。

🌿 食药应用

近些年的研究表明，一些代谢综合征可以通过实施综合营养方案得以缓解。这种综合营养方案通过平衡供给营养素并重点供给小分子菌糖肽聚合营养物质来修复人体

图 5-3 巨大侧耳（大杯伞）*Pleurotus giganteus*（Berk.）Karun. & K.D. Hyde

受损细胞，同时还可改善人体细胞微环境。按照"一荤一素一菌菇"的基本原理，根据个人体质特征管理自身饮食、运动、心理等生活方式，也可防止代谢综合征的反弹。

以猴头菇、茯苓、金针菇、竹荪、杏鲍菇、姬松茸、蒙古口蘑、黑木耳、银耳、蛹虫草、灰树花、黑皮鸡枞菌、白参菌、榆黄蘑、硫磺菌、金耳、羊肚菌、香菇、绣球菌、红菇、滑子菇、黑松露、黑牛肝菌、松茸、大杯伞等菌菇为配伍，添加植物蛋白或动物蛋白、益生菌及益生元、B族维生素等可制成营养素复合粉；以金耳、黑木耳、猴头菇、茯苓、咖啡粉、B族维生素等为复方，可制成排油复合营养粉或片；以茯苓、蛹虫草、黑牛肝菌、牛蒡根、青钱柳叶、栀子、决明子等为复方，可制成营养茶；三个复方有机组合，可快速激活人体代谢力。

营养成分

大杯伞的子实体蛋白质含量与金针菇相近，菌盖氨基酸含量占干物质的17%左右，8种人体必需氨基酸占到氨基酸总量的45%，谷氨酸含量达21.26%；脂肪含量为11%左右，菌柄转化糖含量高达48%，因此子实体口感清脆爽嫩、味道鲜美。此外，大杯伞子实体中还含有钴、钡、铜、锌、磷、铁、钙等微量元素，元素物质分子结构小、纯天然可直接被人体吸收利用，其中大多元素在调节人体营养平衡、促进代谢、提供功能等方面起着重要作用，是许多所谓补铁、补钙、补锌的"补品"所无法比拟的。大杯伞新鲜子实体含水率为94.43%，其营养成分占比详见图5-4、图5-5。

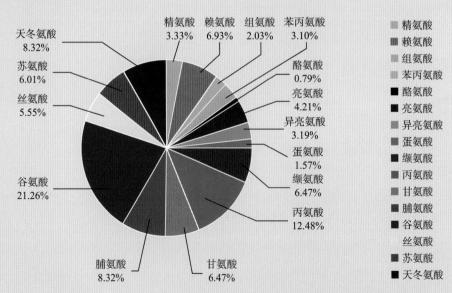

图 5-4　巨大侧耳（大杯伞）*Pleurotus giganteus*（Berk.）Karun. & K.D. Hyde 氨基酸占比

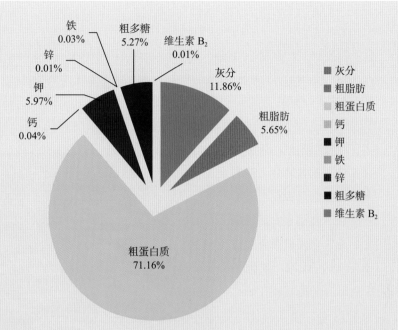

铁 0.03%
粗多糖 5.27%
维生素 B₂ 0.01%
灰分 11.86%
锌 0.01%
钾 5.97%
钙 0.04%
粗脂肪 5.65%

粗蛋白质 71.16%

- 灰分
- 粗脂肪
- 粗蛋白质
- 钙
- 钾
- 铁
- 锌
- 粗多糖
- 维生素 B₂

图 5-5　巨大侧耳（大杯伞）*Pleurotus giganteus*（Berk.）Karun. & K.D. Hyde 的
基本营养成分占比

蜜环菌——调节肠道菌群治失眠的千年神草

Armillaria mellea（Vahl）P. Kumm.

分类地位 担子菌门 Basidiomycota，蘑菇纲 Agaricomycotina，蘑菇目 Agaricomycetes，泡头菌科 Physalacriaceae，蜜环菌属 *Armillaria*。

别 名 榛蘑、栎蘑、栎蕈、蜜环覃、根索菌、小蜜环菌、根腐菌。

形态特征 菌盖直径 5cm，蜜黄色至黄褐色，初半球形，后扁半球形至平展，中部稍凹陷，表面常被棕色至褐色鳞片。菌肉呈近白色至淡黄色，受伤不变色。菌褶直生至短延生，近白色至淡黄色，成熟后呈棕褐色。菌柄长 5~8cm，直径 0.5~1.5cm，呈圆柱形，菌环以上呈白色，以下呈灰褐色，被灰褐色鳞片。菌环上位，上表面呈白色，下表面呈浅褐色。担孢子 9μm×5μm，椭圆形，无色光滑，非淀粉质。

经济价值 食用菌，药用菌。可人工栽培。

生 境 夏秋季生于树木或腐木上，丛生。

图 6-1 蜜环菌 *Armillaria mellea*（Vahl）P. Kumm.

标 本 2020-05-30，采于贵州省铜仁市印江土家族苗族自治县梵净山景区棉絮岭上行步道旁，标本号 HGASMF01-7895；2019-11-13，贵州省贵阳市白云区牛场乡市场，标本号 HGASMF01-3712，存于贵州省生物研究所真菌标本馆。DNA 序列编号：ON557679。

图 6-2 蜜环菌 *Armillaria mellea*（Vahl）P. Kumm. 二维码

纵论肠道菌群

相信很多人都有过躺在床上睡不着只好去数羊的经历。在我国，失眠人群占到了一半以上，严重失眠的人群也能占到总人群的1/3。有关数据统计发现，越是经济发达的城市，失眠人群也越多，占据失眠人群前四位的城市恰是我国的四个一线城市：上海、广州、北京、深圳。以往，我们的基本认识是老年人睡眠少、爱失眠。但大数据告诉我们，实际上年轻人的失眠情况远超过老年人，尤其是90后的年轻人，失眠程度超过所有人群。失眠的原因也大多是心理问题，这和现代年轻人生存压力大密切相关。

长期失眠会带来精神衰弱、抑郁、焦虑、代谢性疾病等，有很大的危害性，因此，很多失眠的人会采用一些个人认为恰当的方式来促进睡眠，却不知进入了一个误区，使得失眠越来越严重，这些实际上并不恰当的方式包括以下几点。

🍄 睡前运动：很多误认为通过运动可以使身体疲劳更容易入睡，但恰恰相反，晚上剧烈的运动往往会让大脑会更加活跃，令原本已经疲倦的肌肉更加紧张，人也就更睡不着或睡不好。

🍄 盲目用药：安眠药等助眠药物的确可以帮助人睡眠，但这些药物长期服用会产生依赖性和成瘾性，还会导致反应迟钝、记忆力下降等问题，而且有时安眠药的药效会持续到第二天，使人白天也精神状态不佳。

🍄 睡前喝酒：喝酒也的确可以帮助一些人入睡，但酒精容易抑制呼吸，酒后睡眠实际上并不安稳，且长期饮酒易导致酒精肝、酒精成瘾等问题。

🍄 睡前看手机：手机是现代人不可或缺的工具，小说、新闻、视频、直播、购物网站等都以紧抓人们的眼球而设计，因此，很多人睡不着时会拿着手机浏览自己感兴趣的内容，反而会导致精神过于活跃，使睡眠质量下降、睡眠时间减少，长期更容易导致神经衰弱。第二天工作时精神萎靡不振，增加了人们的负疲感，加强了心理负担，进一步加重失眠症状。

人体是一个十分复杂又表现出非常高智能的有机体，从微观到宏观，每个部分都能依靠"接收－反馈""活跃－休息"等节律性运动来维持身体的稳定状态，这些运动也都和能量的稳定摄入及代谢有关。就像一辆行驶汽车的运动，无论是加速还是减速或变速，都靠不同量的燃油做支持。汽油会在汽车恒速稳定运行的过程中，等量进入燃烧室进行燃烧并释放出等量的能量，才可以稳定推动发动机及传动装置运行；汽油也会在汽车加速行驶的过程中，加量进入燃烧室剂型燃烧并释放出越来越大的能量，增加发动机及传动装置的运行速度。但显然，过于频繁的加速、减速对汽车的伤害是大于稳速行驶的。我们人体摄入能量主要靠吃和呼吸来完成。定时适量摄入各种营养素，然后经过肠道的吸收，将能量供应给人体细胞，人体细胞则在能量的支持下保持工作状态，同时释放出代谢产物，再由人体排出身体，有频率地吸入氧气并呼出二氧化碳同样是人体规律性的运动所不可或缺的部分。

从宏观角度看，我们的饮食、呼吸、心跳等基本生命过程都有着节律要求。从微观角度看，我们的大脑会在没吃饭时发出饥饿信息，吃完饭后又会发出饱的信息；肌肉会在劳累后发出疲惫的感受，在充分休息后发出轻松的感受，还会在过度休息后发出酸软的感受，这些无不预示着一种生命节律在无形中控制着我们生命的运行。

科学家研究发现，我们人类有一个昼夜节律基因，且这个基因的表达和人体肠道内微生物菌群可以相互作用。许多研究证明，人体的消化、代谢和免疫功能受肠道菌群的影响，人体的睡眠和精神状态由"菌群 – 肠 – 脑"轴进行调节。不仅情绪和生理压力影响肠道菌群的组成，而且睡眠不足、昼夜节律失调、情感障碍和代谢疾病也会影响。

近些年来，科学家在研究神经精神疾病时发现，人体的"脑 – 肠"轴对该类疾病的发生发展起到了重要的作用，并通过流行病学研究得出了肠道菌群可以通过"脑 – 肠"轴调节睡眠和精神状态的结论。

肠道微生物组主要包括肠道内的菌群，这些微生物群在人体健康时呈现一种动态平衡状态。在"菌群 – 肠 – 脑"轴内，菌群通过免疫调节、神经内分泌、迷走神经三条通路，通过影响细胞因子和皮质醇、色氨酸、血清素等神经递质以及神经元信息影响到大脑功能。肠道菌群本身具有的功能就有节律性。有证据表明，占微生物群约60%的梭菌目、乳杆菌目、拟杆菌目显示出显著的昼夜波动节律。这些节律不仅与规律性的食物摄入和饮食结构有关，还和人体的生物钟以及性别等有关。

◎生化药理

科学家发现，生物钟失调、睡眠剥夺也会改变基因表达和菌群结构。因此，通过调整肠道菌群是解决失眠、缓解抑郁的可行之路。科学研究还发现：蜜环菌在肠道微生物群组节律性工作正常化方面有恢复作用。如果经常食用蜜环菌，可以预防视力下降、皮肤干燥、夜盲症等，也可抵抗某些呼吸道和消化道感染的疾病，改善黏膜分泌能力，目前已经成为临床非常重要的药物。如以蜜环菌粉或提取物、菌丝体等制成的蜜环菌片、脑心舒、蜜环菌糖浆、蜜环天麻片、蜜环菌素等。

现代生化药理研究表明，蜜环菌具有增强免疫、脑缺血保护、抗炎、抗菌、抗癌、降血脂、降血糖、助眠、清肺、镇静等作用。

🥣 中药药性

中医认为"蜜环菌味甘性平，入肝经，可息风平肝、祛风通络、强筋壮骨，主治头晕、头痛、失眠、四肢麻木、腰腿疼痛、冠心病、高血压、血管性头痛、眩晕综合征、癫痫等"。《吉林中草药》描述"舒风活络、强筋健骨，治羊痫风、各种腰腿痛、佝偻病"。刘波教授在《中国药用真菌》中描述蜜环菌时称其能"清目，利肺，益肠胃"。

🍄 文化溯源

蜜环菌是已发现的 80 多种能够自身发光的真菌之一，但它发出的绿光通常极微弱，肉眼无法察觉，需在暗环境下才能看到。蜜环菌在云南、黑龙江、浙江、新疆、西藏、福建、广西、四川、甘肃、陕西等地均有分布。据报道，1922 年在美国密歇根州上半岛克里斯特尔福尔斯栎树混合林中发现的鳞茎蜜环菌均由同一株地下的菌丝体生出，菌丝体伸展的范围可达 15 公顷以上，总重量约为 10 吨，按已知的生长率计算，该菌的年龄至少有 1500 岁。同年，在华盛顿州西南部的亚当斯山发现的一株蜜环菌，年龄在 400~1000 岁，其大小约为 607 公顷，远远超过了前者。在俄勒冈州东部蓝山地区的马卢尔国家森林中发现的一株蜜环菌，其年龄在 2400~8650 岁，菌丝面积达 965 公顷，相当于 1350 个足球场大小。

我国东北地区有一道全国知名的菜品叫"小鸡炖蘑菇"，据说，是东北地区姑爷上门头一天必吃硬菜，有"姑爷领进门，小鸡吓掉魂"之称。这道菜里所用的蘑菇特指一种产于东北地区的蜜环菌，叫"榛蘑"。之所以叫榛蘑，是因为这种蜜环菌一般长在东北地区的榛树根部。我国古人用"树生为蕈，地生为菌"简单将菌物分为了两类，即蕈类和菌类。蕈类指的就是长在树上或树根上的菌物；菌类指的就是从土壤中长出来的菌物。因此，从这些命名中可以看到，蜜环菌外形虽然是蘑菇状，但却和香菇等一样，是扎根在树干、树根上生长的蕈类菌物。

在英语中，蜜环菌又叫 honey mushroom，即蜂蜜蘑菇。这种菌物虽然很美味，也有一个很好听的名字，但在农林领域却是一种闻之色变的有害真菌。蜜环菌常会寄生在可可、开心果、李子、杏仁、木瓜、鳄梨、芒果、桃、苹果、杏、柿子、樱桃、葡萄藤、玫瑰丛等植物身上，会导致它们根部腐烂，丧失从土壤中吸收水分和养分的能力丧失，最终导致植物死亡。

但有些植物却离不开蜜环菌，如天麻。天麻有专门消化蜜环菌的能力，可以将侵入的蜜环菌菌丝溶解而作为自己的营养消化掉，生长旺盛的蜜环菌菌丝，侵入天麻根部块茎越多，天麻吸收得到的营养就越多，生长发育就越快。蜜环菌离开天麻可以活

图 6-3　蜜环菌 *Armillaria mellea*（Vahl）P. Kumm.

得很好，天麻却必须依靠蜜环菌才能生长发育。

蜜环菌的拉丁命名经历波折，从 1871 年到 2017 年间有 20 位真菌学家对蜜环菌进行过重新命名，但无论怎样命名，*Armillaria mellea* 这个部分从未变过，直至现在，学界依然在使用它 1871 年首次由德国真菌学家保罗·库默（Paul Kummer）描述并命名的 *Armillaria mellea*（Vahl）P. Kumm.。

🍄 营养成分

　　蜜环菌子实体不仅富含氨基酸，还含有卵磷脂、甘露醇、麦角甾醇、D—苏糖醇、甲壳质及维生素 B_1、B_2、PP 以及钙、镁、磷、钾等微量元素。野生蜜环菌的含水率为 5.94%，基本营养成分占比详见图 6-4。

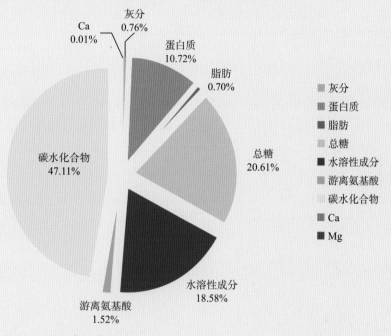

图 6-4　野生蜜环菌 *Armillaria mellea*（Vahl）P. Kumm. 的基本营养成分占比

🌿 食药应用

　　在中医临床中会常用蜜环菌来治疗失眠。对于失眠，中医常辨证为心脾两虚型、阴虚火旺型、肝郁血虚型、胃气不和型、心肾不交型、心虚胆怯型、痰热上扰型等类型。可以看到失眠的本质与"虚"有关。因此，可以猴头菇、黄精、大枣、酸枣仁、茯苓、百合、蛹虫草、蜜环菌、金针菇等复方配伍，从虚的角度入手，解决失眠问题。方中，以猴头菇为君，入脾胃经，安神、健脾，主脾胃虚。以黄精、大枣、酸枣仁三种药食两用的中药为臣，黄精是补阴圣品，主补阴虚；大枣益气血，主气虚、血虚；酸枣仁宁心安神，主虚烦不眠。三个臣药，三个方向，和君药猴头菇组合，在补充后天之本后，延伸至补阴虚、补气血、安心神方面。以茯苓、百合、蛹虫草、蜜环菌、金针菇为佐，辅助君臣强化各个方向上的作用。其中，茯苓配合酸枣仁安心神，并辅助猴头菇健脾；百合配合黄精在补阴之时再养阴；蛹虫草入肾经，主补精，且具有化痰之能；蜜环菌息风平肝；金针菇则滋养肝阴。

《吉林中草药》记载了多个蜜环菌临床方，如"对羊癫疯，可用蜜环菌120g加白糖90g，水煎饮用；对半身不遂后遗症，可用蜜环菌90g加炙马钱子3g，研成粉口服"。在食疗方面，可以日常将蜜环菌作为食材常吃，和猪蹄、猪肉、猪脑、鸡、乳鸽等常规烹饪，各有妙处；也可蜜环菌15g加鲜核桃肉7个炖汤用以补肾虚；还可和牛骨一起泡酒能祛风活血。

2

第二部分

免疫系统

Ganoderma lingzhi Sheng H. Wu et al.

分类地位 担子菌门 Basidiomycota，蘑菇纲 Agaricomycetes，多孔菌目 Polyporales，多孔菌科 Polyporaceae，灵芝属 *Ganoderma*。

别 名 赤芝、丹芝、潮红灵芝、三秀、茵及芝、灵芝草、木灵芝、菌灵芝等。

形态特征 子实体新鲜时呈软木栓质，干后呈木栓质。菌盖平展形，直径可达16cm，厚可达2.6cm，颜色多变，幼时浅黄色、浅黄褐色至黄褐色，成熟时黄褐色至红褐色，边缘钝圆。菌管宽可达1.7cm，褐色，木栓质，乳黄色至黄褐色。孔口近圆形或多角形，表面初白色，成熟后变硫黄色，触摸后变为褐色或深褐色，边缘薄，全缘，不育边缘明显。菌肉厚可达1cm，软木栓质，木材色至浅褐色，双层，上层菌肉颜色浅，下层菌肉颜色深。菌柄长可达22cm，直径可达3.5cm，侧生或偏生，扁平状或近圆柱形，幼时橙黄色至浅黄褐色，成熟后变红褐色至紫黑色。担孢子约为10μm×6μm，呈浅褐色，椭圆形，顶端平截，双层壁且内壁具小刺，非淀粉质。

图 7-1 灵芝 *Ganoderma lingzhi* Sheng H. Wu et al.

经济价值 药用菌。已经大量栽培。

生 境 夏季生于阔叶或针阔混交林中地下，单生或散生。

标 本 2020-07-28，采于贵州省黔南布依族苗族自治州平塘县（掌布风景区）靠近烂马，标本号 HGASMF01-5066；2020-08-09，贵州省黔东南苗族侗族自治州榕江县，标本号 HGASMF01-5392，存于贵州省生物研究所真菌标本馆。DNA 序列编号：ON557680。

图 7-2 灵芝 *Ganoderma lingzhi* Sheng H. Wu et al. 二维码

灵芝——通过免疫广谱抗癌的中华仙草

纵论癌症

世界卫生组织的国际癌症研究机构发布的《2020 年全球癌症统计报告》称："2020年全球有 1929 万新增癌症确诊病例，男性 1006 万，女性 923 万；全球癌症死亡病例996 万，其中男性和女性分别为 553 万和 443 万。其中中国有 457 万癌症新发病例，占全球癌症新发病例总数的 23.7%，成为全球癌症新发病例数最多的国家。"

癌症之所以让人"闻之色变"，正是因为其实实在在地威胁着人类生命。因此，下面这些关键数字及要素，需要引起我们所有人重点关注。

🍄 1/3：可以预防、可以根治、经过治疗可以长期生存的各占 1/3。

🍄 40 岁：我国的癌症发病率在 40 岁以后快速升高，主要原因是早期筛查率低，而不是 40 岁以下患癌率低。因此，已经到达 40 岁的人，应尽早参加癌症筛查，有不明原因的疾病应尽早就医治疗，同时鼓励 40 岁以下的人积极参与癌症筛查。

🍄 60 岁：我国癌症发病年龄主要集中在 60 岁以上，到 80 岁达到峰值。

🍄 肺：男性最高发癌症是肺癌，与吸烟密切相关。

🍄 乳腺：女性最高发癌症是乳腺癌。

🍄 早：早诊断，早发现，早治疗。

可以确切地说，肿瘤细胞并不是外来物，而是由我们自身细胞异化产生。每天每个人体内都会产生一些肿瘤细胞，但又会被我们人体的免疫系统同时发现并消灭。因此，在深入了解这一类疾病之前，我们需要大致了解人体细胞的生命历程。

人体由 40 万亿~60 万亿的细胞构成，除了红细胞和血小板以外，都有一个基本结构：细胞核、细胞质、细胞膜。拿鸡蛋做一个类比：细胞核相当于鸡蛋黄，细胞质相当于鸡蛋清，细胞膜相当于鸡蛋壳。这些细胞都有不同的使命和寿命。寿命结束时，正常情况下，老细胞会通过分裂的方式诞生新的细胞，新老细胞无论是从外形还是内涵、功能都完全一样，就像克隆一样。在人体凋亡机制的调节下，新细胞诞生后，老细胞会进入凋亡程序，被免疫细胞中的巨噬细胞吞噬包裹消化掉。新细胞在老细胞的位置上继续开展同老细胞相同的工作。

新老细胞的更替过程遵循着中心法则，这个法则是现代生物学的基石之一。整个更替过程非常精确，但也正因为非常精确，所以稍有失误，就会出现遗传信息复制错误的情况，这种出现错误的细胞中就包括肿瘤细胞。这个错误过程可能由很多外界因素造成，如病毒的诱导、致癌化学物以及辐射对 DNA 信息的破坏、激素的刺激等，也可能是因为人体免疫力降低致使身体长期处于炎症反应下，如慢性溃疡、肝炎等。本质上，外界因素之所以起作用，也和免疫有关。

免疫系统是人体的武装力量，是人体为了维护身体安全而构建的暴力机器，对外可抵御外来侵袭，对内可维护身体内环境稳定。人体的免疫力量可以分为两部分：先天免疫和后天免疫。类比国家军队形象理解：所谓先天免疫，指的是一线部队，能够直接对入侵的敌人第一时间作出反应；而后天免疫则指的是在一线部队和敌人对抗时需要通过一定时间反应才能聚集到一线的二线后备部队。

一线部队军人，即先天免疫细胞，包括三种：巨噬细胞（macrophage）、树突细胞（dendritic cell，DC）和自然杀伤细胞（nature killer cell，NK cell）。巨噬细胞像是善于打包围战的野战主力部队，不仅个头大，通常还通过吞噬的方式消灭敌人。为了尽可能吃掉敌人，巨噬细胞还有调动权，能调动其他部队协同作战。自然杀伤细胞就像攻坚主力部队，在冲锋号吹响后不惜同归于尽奔向敌军阵地和敌人拼刺刀，会将刺刀刺入敌人身体，破坏入侵细胞的细胞膜使其破裂而死亡。树突细胞则是侦察兵，会将敌人的各种信息反馈给后方，以便后天免疫细胞进入战场直接识别敌人。

二线后备部队，即后天免疫细胞，包括两种：B细胞和T细胞。树突细胞提供充足信息给后天免疫细胞并促其开始集结。B是英文bone即骨髓的简称，这两种免疫细胞都是从骨髓中生成，但B细胞成熟后会直接进入淋巴结，最后在脾脏这个人体最大的淋巴器官中集结；T是英文thymus即胸腺的简称，T细胞则还须到胸腺进一步训练直到成熟，也会进入淋巴结并在脾脏集结。在功能上，B细胞会进一步完善树突细胞提供的敌军信息，并在地图上将敌军的分布情况等进行详细标注，T细胞则会根据B细胞的标注分成各种分队，如细胞毒T细胞、调节/抑制T细胞、记忆T细胞和辅助T细胞等，对不同的敌人采取不同的歼灭措施。

人体的免疫系统就像一支训练有素的军队，各司其职、有机配合。也因为如此，一旦这支军队出现问题，则意味着对外防御战争不利，使战事久拖不决，在内会使身体处处战场，表现出慢性炎症反应。免疫细胞也会被频繁调动，使情况恶性循环，不断透支身体的潜力。这时的情况就犹如我国历史上的很多王朝末期，常兵祸连绵，民不聊生一般。这也是人的年龄越大肿瘤的患病率也越高的原因所在。为了应对这种情况，人体很多部位的细胞会加快更新速度。但在炎症反应的干扰以及外部游兵散勇的压力、诱导下，人体就会时不时地出现"反叛"即异化的情况，即肿瘤细胞由此诞生。

免疫系统此时不仅要针对外敌，还需对内消灭内乱。但因为很多肿瘤细胞本身就是在免疫系统产生的炎症反应下诞生的，所以它们之中有些本身就能迷惑免疫细胞，使免疫系统不起作用。如体内某处伤口需要修复时，免疫系统会分泌许多的细胞生长因子，促使损伤细胞修复或再生，加速伤口复原；某些肿瘤细胞便会在这个过程中主动诱导免疫细胞分泌生长因子，并偷窃过来促使自身生长和转移。也就是说，在某些时候，免疫系统会被肿瘤细胞驾驭，使肿瘤细胞不仅在人体内拥有根据地，还会由此拥有更强大的生存能力和战斗能力。

同时，无论是先天还是后天，免疫细胞与肿瘤细胞的斗争存在于肿瘤从初至终的各个阶段，并发挥着巨大的作用。免疫抗癌疗法的飞跃进步就是最有说服力的证据。免疫疗法的理论正快速趋向完善，但免疫药物的研发却远远落后于理论的发展，部分科学家已经将目光转向植物和菌物，希望从中能够找到有效的免疫抗癌制剂。

被誉为中华仙草的灵芝是最主要的研究对象之一。大量证据证明灵芝能增殖、增强包括巨噬细胞、NK 细胞、树突细胞在内的先天细胞的活性；还可以通过诱导细胞因子和增强免疫效应子来刺激免疫活性，从而增强 T 和 B 两种后天免疫细胞增殖和成熟速度，使这两种免疫细胞队伍更庞大、反应更快。此外，灵芝不仅能增强人体免疫力，还能够通过抑制肿瘤细胞增殖，直接诱导这些肿瘤细胞凋亡。科学家在白血病、乳腺癌、结肠癌、肝癌、前列腺癌、宫颈癌、卵巢癌、肺癌、膀胱癌等多种癌症与 58 种菌物的抗癌作用对比中发现，灵芝在各种肿瘤细胞中诱导细胞周期停滞和凋亡方面最有效。因此，灵芝成为全世界癌症患者常用的一种广谱抗癌药物。

◎ 生化药理

现代生化研究证明：灵芝含有多糖、氨基酸和三萜类生物碱等多种活性成分，具有降血糖、调代谢、抗辐射、抗氧化、增强免疫等功效。灵芝在我国的应用开发也非常广泛，不仅作为传统中药材进行应用，而且以灵芝为主要成分开发的可治疗哮喘的灵芝丁酊服液、可抗白血病的灵芝菌丝口服液、可治疗心绞痛的灵芝糖浆口服液、可治疗肝炎的灵芝注射液、可治疗萎缩性肌强直的灵芝孢子粉注射液等药品已经在临床中得到广泛应用。灵芝还是很多保健品的基础原料，有关数据显示，我国批准的以灵芝为主要成分的保健品多达 1480 多种，进口保健食品也有 17 种之多。

🥣 中药药性

中医认为"灵芝味苦，性平，入心、肝、脾、肺、肾五脏，可益气血、安心神、健脾胃，主治心悸、失眠、头晕、虚劳、神疲乏力、久咳气喘等"，在民间素有"仙草""瑞草""还魂草""诸药为各病之药，灵芝为百病之药"的良好美誉，故又被称为"中药之王""中华九大仙草之首"。

图 7-3　灵芝 *Ganoderma lingzhi* Sheng H. Wu et al.　　　　图 7-4　灵芝 *Ganoderma lingzhi* Sheng H. Wu et a

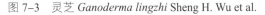 **文化溯源**

　　灵芝在我国自古就拥有盛名，至今已有数千年历史，是中华传统文化的重要组成部分之一。在现代的考古学、语言文字学、建筑学、美学、哲学、民俗学、艺术、历史学、文学、宗教学、民族学、社会学、地理学、中医学、生物化学、营养学、生物分类学等科学学科中灵芝都占有一席之地。民间更是把灵芝奉为中华九大仙草之首。在我国最早的一本字典《尔雅》中如此记载："菌，芝也。"也就是说，我国古代口中所称的芝，就是我们现代科学研究中的菌物，不仅代表了现代狭义上的赤芝，更是代表了菌物。灵芝以及由此衍生的"如意"已经成为我国特有的吉祥物，被视为祥瑞，流传至今。

　　灵芝现在确定的拉丁名是 *Ganoderma lingzhi* Sheng H. Wu et al.，但历史上关于灵芝的命名有很多。古时，灵芝代指所有芝类，后又以六芝命名了六种主要菌物。再之后，葛洪又按石芝、木芝、草芝、肉芝、菌芝等分类命名了数百种菌物。关于灵芝最权威的记载往往在医书上，其他典籍则对灵芝予以了神化。因此，灵芝也随着中医经典传播到了国际上，尤其是日本、泰国、韩国、越南等亚洲国家。再之后，鉴于近现代史中日本在国际学术界的影响，又被日本传入了欧美等国家。名称也随着这种一传

十、十传百的模式有了多种变化。在日本，灵芝又被称为 reishi（意思是草药之王）或 mannentake（意思是万年菌）；在越南被称为 linh chi（是灵芝的越语音译）；在韩国被称为 yeongjibeoseot（yeongji 是永吉即永远吉祥的意思，beoseot 是蘑菇的意思）；在英语中，灵芝被翻译成 "lingzhi""ling chih""ling chi"，是从日语中再翻译得到的，是典型的外来词。ling chih 这个词在 1904 年就已经被英国人使用，而 lingzhi 这个词到 1980 年才开始使用。1881 年，芬兰最重要的真菌学家皮特·阿道夫·卡斯滕（Petter Adolf Karsten）将灵芝属定为一个单独的属，拉丁名为 *Ganoderma lucidum*。其中 Gano 来自希腊语 Ganos，意思是亮度；derma 的意思是皮肤，二者连起来 Ganoderma 指的是有着光亮皮肤的菌物属。Lucidμm，意思是神圣蘑菇。这个拉丁名一直使用到 2012 年。我国的吴胜华、曹烨、戴玉成等经过研究后发现，欧洲人所命名的灵芝和我国传统一直使用的灵芝并不同种，故将我国常用的灵芝命名改为了现在的 *Ganoderma lingzhi* Sheng H. Wu et al.，并得到了国际学界的广泛认可。由此，灵芝的拉丁命名权终于回到了我们中国人自己手中。发现这一事实的 3 位科学家姓名也记录入了灵芝的拉丁名中，由此载入史册。

图 7-5　灵芝 *Ganoderma lingzhi* Sheng H. Wu et al.

营养成分

灵芝子实体含有水分、丰富的营养和功能活性成分。灵芝多糖、总三萜、蛋白质、粗纤维、17 种氨基酸，其中必需氨基酸 7 种，有益微量重金属元素铜、铁和微量元素硒。此外，其孢子也同样含有丰富的营养物，含有苏氨酸、天冬氨酸、谷氨酸、色氨酸、蛋氨酸、丝氨酸等 13 种氨基酸；并含甘露醇、硬脂酸、α- 海藻糖、棕榈酸甜菜碱和胆碱等活性物质；还含有机锗及钙、锌、镁、铁、锰等 8 种微量元素其中目前临床中确定有机锗是理想的强力免疫增强剂；其代谢产物中含类脂、磷脂酰胆碱等。灵芝新鲜子实体含水率为 78%，其他成分占比见图 7-6。

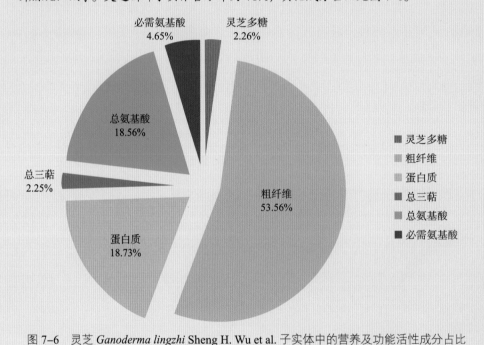

图 7-6 灵芝 *Ganoderma lingzhi* Sheng H. Wu et al. 子实体中的营养及功能活性成分占比

🌿 食药应用

对于癌症患者而言，可以灵芝为君，根据不同辨证配伍来提高免疫并滋补强壮、改善脏腑功能，从而辅助手术、放化疗等方法联合使用。有气血两虚辨证的，可以灵芝为君，配人参、当归、熟地黄、黄芪等来益气补血；若血不养心且心悸、失眠的，可以灵芝为君，配酸枣仁、柏子仁等养心安神；若放化疗或手术后出现体虚乏力、心悸、失眠、盗汗、白细胞下降等，可以灵芝为君，配党参、黄芪、白术等扶正补虚；若肺气不足、咳喘不已，可以灵芝为君，配人参、五味子等保肺气、止咳喘；若脾气虚弱、食欲不振、体虚乏力，可以灵芝为君，配白术、茯苓等健脾益气。

还可以灵芝为君，配香菇、桦褐孔菌、灰树花、蛹虫草、松茸、竹荪、茯苓，提高人体免疫力，辅助抗肿瘤。该方中灵芝主胸中结，其效果可覆盖五脏六腑的全部，主要作用是健脾胃、安心神、益气血。桦褐孔菌通过活血来散结。结在中医中就包含了肿瘤在内。灰树花补虚扶正，尤其可通过扶正使人体"邪不可干"。蛹虫草补精髓并平衡人体阴阳，使人体"阴阳平衡则百病不生"。松茸理气止痛，利湿别浊。竹荪能补气活血。方中，灵芝补益气血，桦褐孔菌益气血，竹荪补气活血。全面照顾到气血的增益梳理。茯苓则健脾和胃、利水渗湿，和松茸相合，调理人体新陈代谢功能。

因此，灵芝是名副其实的中华仙草，不仅可以广泛用于癌症的防治，还可以广泛地应用在各种其他疾病的预防和治疗当中。

实际运用中还可用紫芝、热带灵芝等近似种代替。

📖 阅读拓展

紫芝

Ganoderma sinense J.D. Zhao, L.W. Hsu & X.Q. Zhang

子实体为一年生，单生，呈木栓质。菌盖直径可达20cm，圆形、半圆形至扇形，紫褐色、紫黑色至黑色，具漆样光泽，有环形同心棱纹及辐射状棱纹。菌肉锈褐色。菌管褐色至深褐色，管口圆形，初期白色至灰白色，后期灰褐色。菌柄长8~15cm，直径1~2.5cm，中山至侧生，黑色，有光泽。孢子（10~12.5）μm×（7~8.5）μm，卵圆形，内壁有显著小疣。

图7-7 紫芝 *Ganoderma sinense* J.D. Zhao, L.W. Hsu & X.Q. Zhang

热带灵芝

Ganoderma tropicum（Jungh.）Bres.

子实体为一年生，单生或覆瓦状叠生，无柄，呈木栓质。菌盖半圆形、扇形，外伸可达 10cm，宽可达 20cm，基部厚可达 5cm，锈褐色至灰褐色，边缘颜色渐浅呈浅灰白色至灰褐色，表面具明显的环沟和环带，边缘钝圆。菌管宽可达 2cm，褐色。孔口表面灰白色至淡褐色，圆形，每毫米 4~7 个。菌肉厚可达 2cm，新鲜时浅褐色。担孢子（8~11）μm×（5~7）μm，广卵圆形，顶端平截，淡褐色至褐色，双层壁，外壁无色、光滑，内壁具小刺，非淀粉质，嗜蓝。

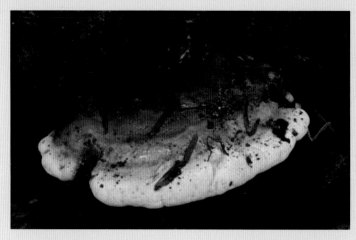

图 7-8　热带灵芝 *Ganoderma tropicum*（Jungh.）Bres.

Lentinus edodes（Berk.）Pegler

分类地位 担子菌门 Basidiomycota，蘑菇纲 Agaricomycetes，多孔菌目 Polyporales，多孔菌科 Polyporaceae，香菇属 *Lentinus*。

别 名 香蕈、香菰、香信、栎菌、板栗菌、马桑菌、香皮裥菌、香纹、台蕈、香椹、香蕈、香荨、桐蕈、椎茸。

形态特征 菌盖直径 4.5~12cm，呈扁半球形至平展，浅褐色至深褐色，具深色鳞片，边缘处鳞片色浅或污白色，具毛状物或絮状物，有时具菊花状或龟甲状裂纹，边缘初时内卷，与菌柄间有菌幕，呈淡褐色绵毛状，后渐平展并残留部分菌幕。菌肉厚或较厚，白色，柔软而有韧性。菌褶弯生，呈白色，密不等长。菌柄长 3~10cm，直径 1.2~3cm，中生或偏生，实心，坚韧，纤维质，具纤毛状鳞片。菌环窄，易消失。担孢子（4.5~7）μm×（3~5）μm，椭圆形，无色，光滑。

图 8-1　香菇 *Lentinus edodes*（Berk.）Pegler

经济价值 食用菌。

生 境 秋季生于阔叶树的倒木上，散生或单生。

标 本 2019-03-09，采于贵州省铜仁市印江土家族苗族自治县缠溪镇菌种厂，存于贵州省生物研究所真菌标本馆，标本号 HGASMF01-13343。DNA 序列编号：ON557681。

图 8-2　香菇 *Lentinus edodes*（Berk.）Pegler 二维码

野生的香菇在我国大多数区域都有分布，在贵州，生长在一种叫"马桑"的树上，被称为"马桑菌"。马桑树是一种灌木，常一丛一丛地在贵州、湖南、湖北、广西等地的群山中生长，树含水量高，不易燃烧，树枝也很脆，没有韧性。

图 8-3　野生驯化，林下仿生态栽培马桑香菇
Lentinus edodes（Berk.）Pegler

纵论基因突变

随着环境的变化，人们的身体相应地会出现很多适应性变化，这些变化有的会到基因层面，即发生基因突变。按照达尔文理论的解释，这是"适者生存"的进化过程。这个过程有很大的不确定性，有的突变不显山露水，个体到生命结束都不知道自己已经发生了基因突变；有的突变会导致疾病，但并不影响后代健康；有的突变却会导致家族性遗传。

基因突变类疾病，是指基因突变或基因表达调控障碍引起的疾病，也叫基因病，包括单基因病和多基因病。人类单基因病种类繁多，据统计显示患有多基因病的人占 15%~20%，该病已达 6457 种之多，仍以年均 170 种增加，其中常见的有以下疾病。

- 🍄 白化病。
- 🍄 高度近视。
- 🍄 血友病。
- 🍄 精神分裂症。
- 🍄 消化性溃疡。
- 🍄 1 型糖尿病。
- 🍄 高血压。
- 🍄 先天性聋哑。
- 🍄 色盲。
- 🍄 遗传性肾炎。
- 🍄 唇裂。
- 🍄 支气管哮喘。
- 🍄 冠心病。
- 🍄 先天性心脏病。

就像互联网世界是由数字 0 和 1 不同组合来表达的一样，宏观物质则是由 100 多种元素经过组合来表达，而控制人体形态和功能的表达是由 39000 多个基因来完成的。我们人类的细胞除红细胞和血小板以外基本都有细胞核，有些细胞如肝细胞还有两个细胞核，而基因就存在于我们的细胞核里。

基因排列的次序以及数量构成了一整套遗传密码，我们人类一代代传承，全靠这套密码一代代由父母遗传给子孙。就像在只有电波而没有电话的战场上，全靠一整套完整的密码系统来完整地发送正确信息一样，我们的基因就是密码本里最基本的单位，然后不同的基因次序和数量，就是要表达的密码组。

电影里有些特务、间谍、潜伏人员等在不得已情况下，会采用摩尔斯密码传递信息。摩尔斯密码的编辑是密码学的基础，只有"."和"–"两种形态，如果用灯光来形容的话，就是只有亮、暗两种方式；如果用声音来表示的话，就只有长音和短音两种方式。通过灯光或声音等载体，用节奏来暗含信息并传递出去，就是摩尔斯密码组的基本原理。我们人类的遗传信息编码和摩尔斯密码很像，但主要是通过数量以及排列次序来表达。做一个形象比喻：我们在编制集体舞蹈时，常用人的数量和次序排列成不同的圆形、方形、心形，这样视觉结果可以说成是集体舞蹈通过人这个个体，用不同的数量及次序，表达了不同的信息给观众，观众仅通过视觉结果就可以接收到集体舞蹈要表达的信息。科学家们曾经联合执行过一个全球基因组计划，通过测量后仅定位的人体功能性基因就有约 26000 个。如此众多的基因按照 A 与 T 配对、G 与 C 配对的规则形成手拉手的碱基对。其中 A 指的是腺嘌呤，T 是胸腺嘧啶、G 是鸟嘌呤、C 是胞嘧啶。一个嘌呤和一个嘧啶结为碱基对，且只能是 A 与 T、G 与 C 结合，不能是 A 与 C、G 与 T，这是编码基本规则。在这个规则下，人体就形成了约 31.6 亿个碱基对，也只有如此庞大数量的碱基对才能表达人类这个生物的形态和功能。

也因此，固定好的碱基对会形成稳定且完整的 DNA 链条，这个链条像是一个扭曲的梯子，被称为是双螺旋结构。每一条 DNA 链条就是一条染色体，会通过细胞的有丝分裂将遗传信息完整地遗传给新细胞，也会通过减数分裂并结合配偶的信息传递给孩子。人体共有 23 对（46 条）染色体，其中一对决定性别，是性染色体，其他 22 对是常染色体。

这是一个精密的生物过程，这个过程只要有一个基因哪怕是排列次序发生错误，就可能会出现基因突变问题，人这个宏观上的个体就可能会出现因这个错误而导致和一般人类不同的外形或功能，这就是一种基因突变疾病。

如白化病的发生与基因突变关系密切，涉及的基因是人体的络氨酸酶基因，其突变会导致黑色素生成障碍，由此引发皮肤、眼睛、毛发等色素缺乏。近视在传统的观念里是因为我们长期过度用眼导致的一种疾病，然而实际上已经涉及了 13 种遗传基因的突变，如在我们的 22 对常染色体上的 *PAX6*、*GJD2*、*FGF10* 等基因突变。

人体有 40 万亿~60 万亿个细胞。因此，人体时时刻刻都在发生着细胞更新。有的是正常的新陈代谢，有的是因为炎症反应，有的是因为损伤修复，原因不一而足。只要细胞在更新，那么基因突变就会随时发生。如皮肤细胞突变导致皮肤癌有可能是因为紫外线会照射引起 DNA 主链条上相邻的两个 T 或两个 C 形成二聚体而诱发。化工原料和产品、汽车尾气、农药、工业废弃物、一些防腐剂或添加剂都有致基因突变的作用。如烷化剂，极易和碱基发生共价结合，将自己的烷基添加到 DNA 的碱基上，从而导致基因突变。病毒也是诱发基因突变的常见因素。病毒具有侵入人体细胞核的能力，会将自己的全部或部分基因添加到人体细胞核内诱发人体染色体变异。另外如黄曲霉等一些真菌所产生的黄曲霉毒素和细菌的代谢产物也会诱发突变。

　　基因突变具有多方向性、随机性、重复性、有害性等特点，分为自发突变和诱发突变，致使各种复杂疾病层出不穷。因此，对于此类健康问题，最好的方法不是治疗而是预防。也因为这种复杂性，科学家们对相关药物的研究多集中在植物、菌物等自然物种中。

图 8-4　香菇 *Lentinus edodes*（Berk.）Pegler

◎生化药理

科学家发现香菇可以抑制化学物品等诱导的突变。因此，将香菇作为日常食物或将其制品作为抗基因突变的药物具有非常广阔的前景。

此外香菇已广泛用于癌症的临床治疗。1969 年，日本研究学者千原首次从香菇子实体中分离得到一种能够抗肿瘤的多糖。随后，有临床试验证明，香菇多糖在癌症晚期与 Tegaful（替加氟，一种抗肿瘤化学药物）一起使用，比单独使用 Tegaful 可提升 4~8 倍的临床疗效。让科学家更兴奋的是，香菇多糖和一般化学药不同，它几乎没有任何副作用。由此，香菇的临床研究进入一个高峰期，各类研究成果层出不穷，科学家将其应用范围已不断扩展到了免疫调节、抗感染、保肝护肝等方面。

生化药理研究表明，香菇还具有降血脂、免疫调节、抗血小板凝集等作用。

🥄 中药药性

实际上，中医很早之前就将香菇作为药物应用在了临床治疗过程中。浙江海宁名医所著的《日用本草》（1329 年）最早记载"蕈生桐、柳、枳椇木上，紫色者，名香蕈"，"益气不饥，治风破血"。在本草纲目中也有记载称其"性平，味甘，无毒"。《医林纂要》中补充说"可托豆毒"。《本草求真》又补充说"大能益胃助食及理小便不禁……中虚服之有益"，"专入胃"。《本草再新》再补充说"入肝经"。陈士瑜和陈海英编著的《蕈菌医方集成》中就记载了近 30 个应用香菇的临床验方和 100 多个食疗方。

1999 年，我国出版的中药集大成著作《中华本草》经过整理后，汇总香菇的药性为"香菇性平味甘无毒，入肝胃经，具有扶正补虚、健脾开胃、祛风透疹、化痰理气、解毒、抗癌等作用，可用于正气衰弱、神倦乏力、贫血、佝偻病、高血压、高脂血症、麻疹透发不畅、毒菇中毒、慢性肝炎、盗汗、纳呆、荨麻疹、消化不良、小便不利、水肿、肿瘤等中医辨证或疾病的治疗"。因此，香菇还有很多其他的别称，如"菇中之王""抗癌新兵"等。随着香菇在中西医体系中的研究日益深入，在临床应用的范围也日益广泛。

🍄 文化溯源

在世界各国，都会有一些生物，以"国"做标识，如国花、国树等。我国也有一些享誉全球的标志性生物，如"国宝熊猫"，类似的还有"国花牡丹""国树银杏"等，都一定程度代表了这种生物在我国特殊的地位。其中，香菇则被称为是"国菇"，在全球产量方面，仅次于被称为"世界菇"的双孢蘑菇。

香菇在英语世界以及日本被称为 shiitake，shii 是日本的一种树木，take 是采集的意思，即在 shii 树上采集的蘑菇；在德国被称为 Pasaniapilz，在韩国被称为 pyogo，在泰国被称为 hed hom。香菇的全球地理标识所有权，曾引发一场中日之间的学术之争。从 1796 年到 1987 年间的近 200 年时间内，国际菌物学界普遍引用日本林学家佐藤成裕的《惊蕈录》撰写的相关内容，认为香菇最早的栽培源于日本。我国香港著名菌物学家张树庭，被中国菌物学界称为"蕈菌先生"，在国际菌物学界享有盛名，他不懈努力及搜集证据后，得以正本清源，使国际学术界真正严谨把握了香菇在世界菌菇栽培史上的地位及中国所起的作用，对我国菌菇事业的发展有着极大的推动作用。迄今为止，在国际范围内，学术界的主流已确定香菇最早的栽培技术源于中国。2010 年，在张树庭和美国菌物学家迈尔斯发表的论文《中国香菇早期栽培的历史记载》中，详细考证并记录了出生于北宋时期的吴三公其人，他不仅自己

图 8-5　香菇 *Lentinus edodes*（Berk.）Pegler

琢磨着培育香菇，还向乡亲们传授了自己的经验，流传后世。即便是现代的香菇培育，其 95% 的部分依然遵循着这一古老技术。

🖈 营养成分

　　香菇的营养价值非常高，是一种纯天然的复合功能食品，也是优质的天然蛋白质食源，人体必需的 8 种氨基酸含量很高。其中，组氨酸在婴幼儿阶段还无法合成，而组氨酸对婴幼儿的成长尤其重要，需要额外摄入含有组氨酸的食材进行补充，香菇便是一个理想的组氨酸来源食材。香菇还含有丰富的维生素，尤其是维生素 D 原，是大豆的 20 倍，海带的 8 倍。香菇的脂肪以不饱和脂肪酸为主，是非常适合高血脂人群的食物。

　　通过对不同采摘时间采集的香菇成分进行检测发现，不同批次之间的香菇营养成分差异不大，因此，不同采摘时间的香菇对机体营养物质的补充价值是基本相当的。由此看来，香菇是作为健康人群保证日常营养元素摄入的不错选择之一。香菇中氨基酸占比如图 8-6 所示，香菇新鲜子实体含水率为 88.5%，基本营养成分占比详见图 8-7。

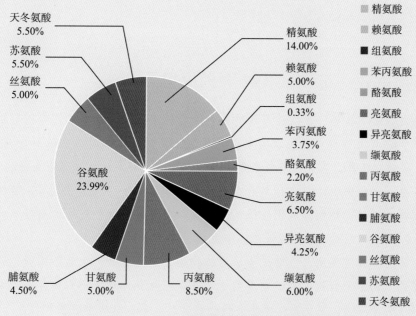

图 8-6　香菇 *Lentinus edodes*（Berk.）Pegler 中氨基酸占比

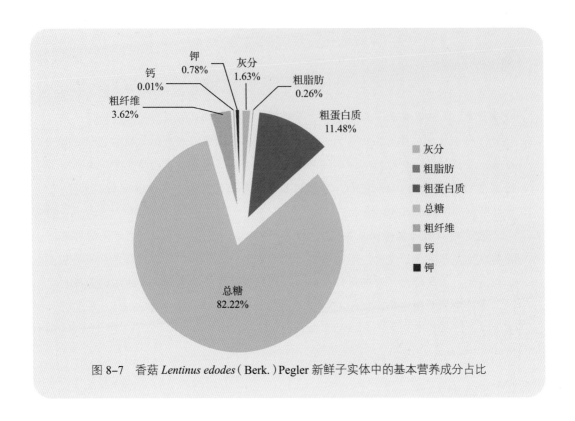

图 8-7　香菇 *Lentinus edodes*（Berk.）Pegler 新鲜子实体中的基本营养成分占比

🌿 食药应用

如应用香菇、茯苓、大红菇等3种菌物等量简单配伍，可很好地养护肝脏。中医对肝的认识则更具有整体性，认为肝开窍于目，主筋，主藏血，主疏泄，其华在爪。肝脏是人体的化工厂，具有调整血液量、合成、代谢、解毒以及排泄的作用。

有许多不健康的生活方式会对肝带来伤害，如工作生活压力过大时，情绪紧张且易怒易烦躁；喝酒、抽烟；熬夜；暴饮暴食等。中医对于肝脏疾病的辨证，有肝郁脾虚、脾肾阳虚、肝肾阴虚、肝胆湿热、瘀血内阻等。

肝郁脾虚类肝脏疾病，主要发生于有工作生活压力过大，生活不规律，饮食不节制等问题的人群；而肝胆湿热，主要发生于常饮酒抽烟，饮食不规律，不爱运动等问题的人群；脾肾阳虚，主要发生于患有慢性疾病的人群；肝肾阴虚主要发生于常失眠、健忘、精力不济的人群；瘀血内阻主要发生于面色暗黄，毛发干枯，女性月经不调等人群。

因此，这些人群在养肝护肝时，不仅需要在生活方式方面进行调理，还可以通过常用该菌方来调理。方中的香菇，主要用来补虚扶正，无论是阴虚还是阳虚都适合，还能健脾开胃、化痰理气。肝郁，就需要理气、疏解肝气；脾虚，就需要健脾；湿热，就需要化痰除湿；阴虚阳虚都需要补虚。而用香菇扶正的作用，可以更好地培养人体正气，正所谓正气足则邪不可干，对于身有慢性病或处于亚健康状态的人而言非常重要。这些都在香菇的主治范围之内，但还有些问题是香菇无法顾及的，就需要其他的菌物来补充其不足。以茯苓辅之，起除湿的作用。本书在紫丁香蘑等多处形象描述过湿、饮、痰的关系，这些都是人体水代谢异常导致的问题，在中医即脾虚所致，因此，方中茯苓可健脾以利湿。另外，茯苓还具有安神的作用，按照子午流注理论，肝脏是夜间23点到凌晨1点进行排毒，因此，茯苓可通过安神的作用来辅助肝脏自我修复及排毒。以大红菇辅之，起养血化瘀的作用。有瘀血内阻辨证，就需要推动气血运行来化瘀，方中大红菇的养血之能和香菇的理气之能结合，恰好可以解决该问题。

临床中还常将香菇与姬松茸、猴头菇、蛹虫草、灰树花、茯苓、松茸等配伍用来提高人体的抗病能力，可广谱性地用来抗癌、抗病毒、抗过敏、抗各种炎症反应。方中以姬松茸为君，入肺、心、肝、肾经，起到固本培元的作用；入肺，固本，则巩固人体现有所有气；入肾，固本，则巩固元气。以灰树花为臣，入脾、膀胱经，起扶正补虚、益气健脾的作用。辅助姬松茸入脾经，益宗气，共同使五脏之气均得以稳固和增益。以猴头菇为臣，入脾、胃经，起养胃作用，联合灰树花充分调理代谢系统，调理人体营卫之气。以蛹虫草为佐，入肺肾经，起到平衡人体阴阳之作用，平衡人体阴气和阳气。以香菇为佐，入肝胃经，扶正补虚，辅佐灰树花、猴头菇在入脾、胃经后再入肝经，全面调理人体代谢系统，增益人体营卫之气，即免疫能力。以茯苓为佐，入心、脾、肺、肾经，因肝肾同源，又入肝，因此茯苓可同入五脏，辅助君臣组除湿邪。以松茸为佐，入肝、脾、肺、膀胱经，合并香菇理气、化痰。香菇在方中有其主要作用，而理气化痰是众多作用之一，力度不够，因此还需加松茸专业理气化痰。气足还需气顺。君臣佐多用来益气，解决的是气虚问题，但如果气滞、气郁，则还需要理气。另外，痰是湿进一步发展的结果，除湿若不化痰，则事倍功半。松茸、香菇兼具理气和化痰作用，还可与茯苓相合化痰湿。方中姬松茸为君，还有活血化瘀、祛风散结、清热解毒之能，功能非常全面，在全方扶正之余，可抗炎症反应、可祛风邪、可活血、可化血瘀；猴头菇以及茯苓等还具有安神作用，神安则身安，有益人体充分发挥正气祛邪的作用。

Phallus echinovolvatus（M. Zang，D.R. Zheng & Z.X. Hu）Kreisel

棘托竹荪——过敏保护的刺靴雪裙仙子

分类地位 担子菌门 Basidiomycota，蘑菇纲 Agaricomycetes，鬼笔目 Phallales，鬼笔科 Phallaceae，鬼笔属 *Phallus*。

别　名 多菌索长裙竹荪、多根长裙竹荪。

形态特征 子实体较小，近似长裙竹荪。菌蕾直径 2~3cm，呈球形或卵圆形。菌盖高 2.5~3.5cm，宽 2.5~3cm，近钟形，薄而脆，具网格，有孢体。菌裙为白色，具多角形网格。菌柄长 9~15cm，直径 2~3cm，白色，海绵质。菌托呈白色或浅灰色，后期失水或光照而色变深渐呈褐色或稍深，伤处不变色，具柔软的刺状突起，其下面有无数须根状菌索。担子（6~8）μm×（2.5~3.5）μm，圆筒形或棒状，具 4~6 个小梗。孢子（3~4）μm×（1.3~2）μm，无色透明，呈椭圆形。

经济价值 食用菌、药用菌。

生　境 夏秋季生于竹林或阔叶林中枯枝败叶及腐殖质土上，单生或群生。现已广泛人工栽培。

标　本 2019-08-24，采于贵州省铜仁市江口县丁正食用菌专业合作社，标本号 HGASMF01-16447，存于贵州省生物研究所真菌标本馆。

图 9-1 棘托竹荪 *Phallus echinovolvatus*（M. Zang，D.R. Zheng & Z.X. Hu）Kreisel

图 9-2 棘托竹荪 *Phallus echinovolvatus*（M. Zang，D.R. Zheng & Z.X. Hu）Kreisel 二维码

纵论过敏

过敏，已经成为全球第六大慢性疾病，被世界卫生组织列为 21 世纪重点研究和防治的三大疾病之一，是一个全球性健康问题，在我国也有 10%~30% 的人群被过敏所困扰。为什么会有反复过敏这种情况出现？这与下面这些我们对过敏的错误认知有关。

> 🍄 过敏是免疫力低下造成的？不是，实际上是由免疫系统过度敏感造成的。
>
> 🍄 过敏是因为不讲究个人卫生及防护造成的？不是，有时候过敏是由环境过于干净导致的。
>
> 🍄 过敏只是发作时有些痛苦，用些药控制住就没事了？不是，过敏和免疫力亢进相关，而免疫涉及全身各个系统，由此会引起一系列的病理反应。

过敏又被称为超敏反应，主要是人体对某些外来要素的过度敏感反应。这些外来要素包括药物、花粉、灰尘、寒风、致敏食物等，也称为过敏原。有些未必对人体有害，但人体免疫系统却会剧烈反应，表现在外就是过敏反应。我们的免疫系统是抵御内外部侵害的最主要武装力量。每当我们受到这些因素侵害时，免疫系统就会主动出击，消灭这些威胁。但有时候又会反应过度或误判，反而对我们的身体造成伤害。

经济越发达的地区，人口流动以及环境变化就越大，会促使过敏反应人群增加。如城市绿化时选择了某种植物物种，或某种植物集中度变得更高，或某些植物分布面变得更广，其花粉就可能给某些人群造成过敏伤害。再如从小生长在空气湿润的区域，长大后因上学或工作的原因，来到了空气干燥的区域定居或长期居住，对环境敏感的人群就可能会产生过敏反应。

在我国的传统农村地区普遍流行的一句"不干不净，吃了没病"的俗语，讲的就是一个促免疫力成长的故事。人体的免疫力不是一出生就强大，而是在人与环境相处的过程中，不断通过斗争而强大起来的。因此，过敏反应在儿童中更为常见。小时候过于强调卫生，反而不利于免疫力的成长，也就更有可能使身体在未来发生更多的过敏反应。从小在某个复杂卫生环境中长大的人，其免疫耐受性就高，反之，从小生活在过度洁净的环境中的人，其免疫耐受性就低，就容易发生过敏反应。

科学家做了大量研究，找到了过敏反应在微观角度的机制。这种机制和人体内一个叫作肥大细胞的特殊细胞有关。肥大细胞居于过敏反应的核心位置，肥大细胞由骨髓干细胞生成，然后进入全身各处的血管组织，尤其是皮下或皮肤内，接近神经、平滑肌、血管、分泌黏液的腺体和气道、发囊部位以及消化道，这些很多都是人体和环境相通的部位。因此，肥大细胞就充当了人体边防线上的哨兵。一旦发现敌情，这些哨兵就会做出反应，将信息传递给免疫系统这个边防军。边防军就会根据哨兵信号强度做出适当应对。肥大细胞对某种物质不熟悉或不好的记忆时，会做出过度反应，分泌出一种叫做"肥大细胞颗粒"的蛋白质－抗体复合物。这种颗粒平时储存在肥大细胞膜内，当遇到敌情时，这些颗粒就像是哨兵点燃的烽火一样，被释放出来。颗粒释放的组胺等物质就类似哨兵点燃的烽火大小、数量一般，代表了敌情的严重情况。如果反应过度，肥大细胞分泌了过多的组胺等物质，但实际上没有那么多的敌人，这些过多分泌的物质反过来却会伤害人体，从而形成了过敏反应。例如组胺可以引起的包括但不限于打喷嚏、充血、嗜睡、炎症等。

简单理解，当身体将一些对人体并无太大伤害甚至没有伤害的东西识别成为有害或者大害的东西时，我们的身体就会发生过敏反应，其本质是免疫反应。我们能够感受到的免疫反应还包括发烧、肿胀、流脓等，这些都是免疫系统试图修复身体所造成的结果。

常见的过敏反应有花粉过敏、食物过敏（如海鲜等）、酒精过敏、药物过敏、风过敏、寒过敏、粉尘过敏等等。人体对某种过敏原会有记忆力，这又和我们人体所产生的免疫球蛋白抗体有关。这种蛋白是由人体的淋巴细胞所分泌的。只要我们的免疫系统在肥大细胞的敌情信息引导下做出过系统性的反应，肥大细胞等免疫细胞表面就会合成相应的一种免疫球蛋白抗体。这种抗体合成后，就会在人体形成一条快速反应机制。人体之后遇到类似情况，就会直接按照历史上形成的快速反应机制再次反应。这也是为什么过敏很难治好的原因所在。

这种机制在大多数时候能够帮助人体防御各种攻击，但在出错时，又会导致过敏反应的不断重复。过敏反应需要及时治疗，否则可能会引起更大的病理反应，如休克甚至死亡等。目前常用的药物主要是在过敏反应爆发时使用抑制剂来抑制抗体形成。但科学家们希望能够找到调节这种机制的药物，而不仅仅是病发时再抑制。因此，从植物或菌物中寻找能够调节人体免疫机制的有效药物就成为了科学家们的科研路径。

◎生化药理

据研究，棘托竹荪具有抑菌和抗凝血功效，能祛风、止痛、活血、抗过敏等功效。科学家研究发现棘托竹荪内所含的真菌多糖具有一系列的免疫调节功能，既能增加脾脏指数（脾脏是人体最大的淋巴组织，而淋巴则是重要的免疫组织），又能降低胸腺指数；既能增加免疫球蛋白的血清浓度，又能延缓过敏反应等。也就是说，棘托竹荪所含有的真菌多糖同时具有免疫调节的作用，既可增强免疫及也可抑制免疫。

生化药理研究表明，棘托竹荪还具有抗衰老、降血压、降血脂、降血糖等功效。

图 9-3 棘托竹荪 *Phallus echinovolvatus*（M. Zang，D.R. Zheng & Z.X. Hu）Kreisel

图 9-4 棘托竹荪 *Phallus echinovolvatus*（M. Zang，D.R. Zheng & Z.X. Hu）Kreisel

🍄 文化溯源

棘托竹荪是 1986 年由曾德容等在湖南省会同县发现并命名的一个竹荪属新种，其菌托长棘毛，当时确定的拉丁名为 *Dictyophora echinovolvata* M. Zang, DR Zheng & ZX Hu。1996 年，德国真菌学教授汉斯·克雷塞尔（Hanns Kreisel）将其调整到了 *Phallus* 属（鬼笔属），因此，棘托竹荪的拉丁名就变成了现在的 *Phallus echinovolvatus*（M. Zang, D.R. Zheng & Z.X. Hu）Kreisel。其分解能力和抗逆性很强，易于栽培，对基质营养成分利用率高，是营养及药用价值很高的真菌。

📌 营养成分

棘托竹荪富含蛋白质、多糖以及各种微量元素，香气浓郁，脆嫩爽口。研究发现棘托竹荪的各项营养指标高于滑菇、杏鲍菇、长裙竹荪、金针菇，其药用价值更是得到了许多研究者的肯定，是一种天然的保健品。棘托竹荪菌盖和菌托中粗蛋白和粗脂肪的含量最高，而菌柄或菌托中则是粗纤维和总糖的含量最高，氨基酸总量和必需氨基酸在各部位中含量排序为：菌盖＞菌裙＞菌柄。棘托竹荪的基本营养成分占比详见图 9-5。

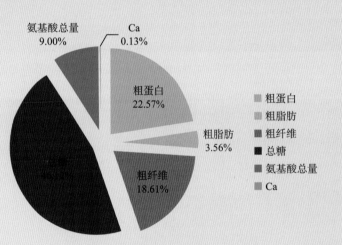

图 9-5　棘托竹荪 *Phallus echinovolvatus*（M. Zang, D.R. Zheng & Z.X. Hu）Kreisel 的基本营养成分占比

🌿 食药应用

临床可取棘托竹荪 50g 泡入 500mL 白酒中 1 个月后服用，可治疗风湿病、气管炎、肩周炎等，也可用于治疗高血压。

实际运用中还可采用相似种冬荪来替代棘托竹荪。

冬荪

Phallus dongsun T.H.Li，T.Li，Chun Y.Deng，W.Q.Deng&Zhu L.Yang

分类地位 担子菌门 Basidiomycota，蘑菇纲 Agaricomycetes，鬼笔目 Phallales，鬼笔科 Phallaceae，鬼笔属 *Phallus*。

别　　名 白鬼笔，竹下菌，竹菌，无裙荪。

形　　态 幼时菌蕾直径 4~5.5cm，近球形，卵形，富有弹性，外包被白色至浅黄色，基部有白色至灰白色根状菌索。成熟后包被顶端裂开，菌盖和菌柄逐渐伸出外包被，总长 10~25cm，直径 3~5cm。菌盖高 3~5.0cm，宽圆锥形，钟形，顶端平截，有穿孔，表面有网格状的脊，深 0.8cm，被橄榄色孢体，黏臭。菌柄长 10~20cm，直径 3~5cm，圆柱状或纺锤状，向上渐尖削，上部浅黄色，向下颜色渐淡，有蜂窝状脉纹，中空，壁薄，海绵质。菌托直径 5.0cm，近圆形至卵形，光滑或微褶皱，黄白色。孢子（3~4.5）μm×（1.8~2.3）μm，长椭圆形至椭圆形，光滑，无色或近无色，内部有 2 个油滴。

经济价值 食药用菌，可大规模栽培。

生　　境 夏季生于竹林、阔叶林或针阔混交林中地上，单生或群生。

图 9-6　冬荪 *Phallus dongsun* T.H.Li，T.Li，Chun Y.Deng，W.Q.Deng&Zhu L.Yang

图 9-7　冬荪 *Phallus dongsun* T.H.Li，T.Li，Chun Y.Deng，W.Q.Deng&Zhu L.Yang
二维码

标　本　2020-10-17，采于贵州省铜仁市德江县绿通天麻基地，标本号 HGASMF01-15110，存于贵州省生物研究所真菌标本馆。

冬荪富含蛋白质、脂类、多糖、维生素和矿质元素等营养成分。相传在明代，贵州水西宣威使、著名政治家——奢香夫人，把野生的冬荪、天麻等乌蒙山珍朝贡给朱元璋皇帝，深得皇室喜爱。2016 年，贵州"大方冬荪"获得中国国家地理标志产品，贵州大方的冬荪开始走出山区走向全国，其种植面积也逐渐扩大。李泰辉于 2020 年从形态学与系统发育树证实了其为一个新种，并命名为冬荪。冬荪与竹荪虽然在外形上十分相似，但是冬荪不长菌裙，又被叫做无裙菌。因此民间自古就有雌、雄荪的说法，即竹荪穿裙子为雌荪，冬荪不穿裙子为雄荪。

图 9-8　冬荪 *Phallus dongsun* T.H.Li, T.Li,
Chun Y.Deng, W.Q.Deng&Zhu L.Yang

图 9-9　冬荪 *Phallus dongsun* T.H.Li, T.Li,
Chun Y.Deng, W.Q.Deng&Zhu L.Yang

Lepista nuda（Bull.）Cooke

分类地位　担子菌门 Basidiomycota，蘑菇纲 Agaricomycetes，蘑菇目 Agaricales，香蘑属 *Lepista*。

别　　名　紫晶蘑、小香蕈、裸口蘑、丁香蘑、花脸蘑、紫杯蕈、香蘑、紫地菇、红网褶菌、蓝柄菇、花蘑、刺蘑。

形态特征　子实体一般中等大。菌盖直径 3~15cm，扁半球形至平展形，有时中央下凹，蓝紫色、丁香紫色至褐紫色，表面光滑，边缘内卷。菌肉较厚，淡紫色，干后白色，味道柔和，具芳香气味。菌褶直生至稍延生，中等密，不等长，与菌盖同色，褶缘常呈小锯齿状。菌柄长 4~8cm，粗 1.0~2.1cm，近圆柱形，蓝紫色或与盖面同色，上端具棉絮状细粉末，下部光滑或有纵条纹，基部稍膨大，内实。孢子（5~8）μm×（3~5）μm，椭圆形，无色，近光滑或具小麻点。

图 10-1　紫丁香蘑 *Lepista nuda*（Bull.）Cooke

经济价值　食用菌，药用菌。

生　　境　秋、冬季生于针阔混交林中地上，散生或群生，有时近丛生或单生。

标　　本　2019-10-30，采于贵州省遵义市赤水市葫市金沙村竹海公园，标本号 HGASMF01-6991；2021-11-02，采于贵州省黔南布依族苗族自治州龙里县观音村野生菌市场，标本号 HGASMF01-16112；存于贵州省生物研究所真菌标本馆。DNA 序列编号：ON557682。

图 10-2　紫丁香蘑 *Lepista nuda*（Bull.）Cooke 二维码

紫丁香蘑——结合中西之长祛风湿

纵论风湿

风湿和类风湿，在我们日常生活中非常常见。但一般人不知道的是，风湿病在中医中叫做痹症。风湿病的英语词汇为 rheumatism，其中 rheuma 来自希腊语，意思是流动的，中文翻译过来就是"湿的"。风湿病在英语中也被称为风湿热，又叫 rheumatic fever。其中 fever 指的就是热。tic，是英语中将 rheuma 这个名词化为形容词的词根用法，指"与此相关的"。中文翻译成风湿，不仅有直译成分，也有意译成分。而我们一般人因为词中有"风"又有"湿"，就以为这是一个中医命名的病名。很多人误把风湿病等同于风湿性关节炎，实际上风湿病有十大类 100 多个病种，包括我们比较熟知的以下疾病。

- 痛风。
- 风湿性关节炎。
- 风湿性心脏病。
- 部分骨质疏松。
- 硬皮病。
- 类风湿关节炎。

还有一些我们并不熟悉但实际上是风湿类疾病的，如以下的几种。

- 系统性红斑狼疮、白塞病、类风湿关节炎、韦格纳肉芽肿等风湿病引起的血管炎、干燥综合征。
- 强直性脊柱炎、银屑病关节炎。
- 滑膜肉瘤、多发性骨髓瘤。

我国中医界对该病命名的接受也经历了一个过程，因为该词表达的意思和中医对该病由"风""湿"外邪入侵而导致的认知基本一致，就从初始的"痹"到"痹症"到"痹病"再到风湿病，和西医最终达成了一致。

在西医的研究中，风湿病又叫风湿免疫病，其核心要素是免疫力降低或亢进以及细菌病毒感染、内分泌失调等。因此，在治疗时，通常先进行免疫调节。对于免疫力低的增强免疫力，对于免疫力亢进的抑制免疫力。然后，根据细菌的特性，采用抗生素或激素治疗。对于内分泌失调等，则在调节免疫的同时调理内分泌。在众多细菌感染中，最突出的是溶血性链球菌以及福氏志贺杆菌、幽门螺杆菌、克雷白杆菌等。在病毒感染方面的代表是丙型肝炎病毒、EB 病毒（人类疱疹病毒）和逆转录病毒等。

链球菌是一种细菌。单个链球菌是球状。但因为链球菌在细胞分裂后新细胞和老细胞的分离不完全，最终形成了一个链式菌群，外形像一串糖葫芦，所以被命名为链球菌。链球菌是一类菌群家族，大多数家族成员无害，少数对人体有害。

链球菌可分为溶血性和非溶血性。溶血性链球菌广泛分布于水、空气、灰尘、粪便等周围环境，可以通过直接接触、空气飞沫或者通过皮肤、黏膜伤口感染，或吃了被污染的肉、蛋、奶及其制品等方式进行感染，在健康人的口腔、鼻腔、咽喉、肠道中都能够检测到。导致风湿病的链球菌主要就是溶血性链球菌。因不同的溶血性链球菌侵袭人体的部位不同，由此造成的健康问题显现也有所不同。如 A 组乙型溶血性链球菌感染后会导致包括骨、关节及其周围肌肉、滑囊、肌腱、筋膜、神经等软组织在内的全身结缔组织发生非化脓性炎症。因为人体免疫系统会和这些细菌在病灶处进行搏斗，所以也会因为人体不同位置的免疫力强弱不同而呈现游走、多发等特点。

现代医学将侵犯关节、结缔组织，或者骨骼肌肉血管以及软组织为主的疾病统称为风湿病。如痛风、类风湿、风湿性心脏病等，也都归属到风湿病。

🍄 风湿性关节炎主要病因是溶血性链球菌，是最典型的风湿病。而一般的骨关节炎则是人体退行性病变引起的，因此不属于风湿病。有的人把骨关节炎当作风湿病是个误区。

🍄 类风湿关节炎被归入风湿病，是因为首先和免疫系统有关，免疫紊乱是类风湿关节炎的主要发病机制。

🍄 干燥综合征是指眼干、眼痒、口干等为特征的一系列结缔组织病，单纯的干燥综合征和免疫紊乱或 EB 病毒、逆转录病毒、丙型肝炎病毒等有关。

🍄 红斑狼疮主要和免疫系统有关，但会引起类风湿关节炎一样的关节痛，因此，被归入到风湿病类。

可以看到，风湿病的产生不仅和免疫系统有关，还与细菌、病毒、内分泌等有关，不仅伤及关节以及附近的组织，还会对皮肤、血管、内脏等造成重大伤害。对大多数风湿病的防治，目前临床的主要方法是调节免疫、抗炎、改善循环、扩张血管、激素等，控制大于治疗。

科学家对这些疾病的研究也在不断地深入，正一步步地揭示各种疾病的病理。此类疾病的病因复杂度较高，化学药虽然更有针对性，但应对这类疾病就有些力不从心。因此，科学家们把目光放在了很多植物药和菌物药上，希望能够找到更好的天然防治药物。

图 10-3　紫丁香蘑 *Lepista nuda*（Bull.）Cooke

◎生化药理

紫丁香蘑在欧美国家是日常消费量较高的十大菌菇之一，也是科学家的主要研究对象。据研究，紫丁香蘑的子实体含维生素，能调节机体正常糖代谢，其中麦角甾醇类化合物对 L-1210 细胞株有极强的抗癌活性。此外，科学家研究发现紫丁香蘑的抗菌活性非常广泛，基本对所有革兰阳性及阴性细菌具有拮抗作用，还具有抗病毒、抗炎、抗肿瘤、抗补体、免疫抑制和促进血小板凝聚以及抗流感病毒等作用。其提取物对小白鼠肉瘤 S-180 的抑制率为 90%，对艾氏癌的抑制率为 100%。

🥣 中药药性

中医认为紫丁香蘑味微甘苦性平，入脾经，可健脾、祛风清热、通络除湿，适用于食少乏力、四肢倦怠、脾虚腹泻、脚气病等。紫丁香蘑同时具有祛除风、热、湿三邪的作用，对于很多风湿性疾病的患者而言，应经常食用。

图 10-4　紫丁香蘑 *Lepista nuda*（Bul1.）Cooke

🍄 文化溯源

紫丁香蘑在我国主要分布于黑龙江、福建、西藏、青海、新疆、山西、云南、贵州等地区。紫丁香蘑在英语中俗称 wood blewit，但在英国的威尔士则叫 coes lasy coed，在德语中叫 violetter rötelritterling，在荷兰叫做 paarse schijnridderzwam，在瑞典叫做 blåmusseron。1790 年紫丁香蘑被法国真菌学家让·巴蒂斯特·弗朗索瓦·皮埃尔·布利亚德（Jean Baptiste Francois Pierre Bulliard）第一次描述并命名为 *Agaricus nudus*。1871 年，德国真菌学家保罗·库默（Paul Kummer）将紫丁香蘑转移到了 *Tricholoma* 属（口蘑属）。同年，英国真菌学家莫迪凯·丘比特·库克（Mordecai Cubitt Cooke）将紫丁香蘑转移到了 *Lepista* 属（香蘑属）。因此 *Tricholoma nuda* 和 *Lepista nuda* 是同义词。1969 年，美国真菌学家霍华德·埃尔森·毕格罗（Howard E. Bigelow）和亚历山大·汉切特·史密斯（Alexander Hanchett Smith）提出应把紫丁香蘑归入到 *Clitocybe* 属（杯伞属），虽然在美国得到了大量支持，但还没有得到国际公认。

图 10-5　紫丁香蘑 *Lepista nuda*（Bull.）Cooke

营养成分

　　紫丁香蘑色泽艳丽，香味浓郁，富含大量人体必需氨基酸、维生素、矿物质元素及多种不饱和脂肪酸等多种大分子营养物质以及多糖、神经酰胺类、麦角甾醇类、脂肪酸类和三萜类等活性物质，享有"一家食其味，十家闻其香"的赞誉。其子实体含有紫丁香蘑在欧洲的受欢迎程度与松茸及牛肝菌齐名，在法国属于上好的食材。紫丁香蘑子实体氨基酸种类齐全，保健功能强，紫丁香蘑新鲜子实体含水率为94.9%，其他成分见图10-6、图10-7。

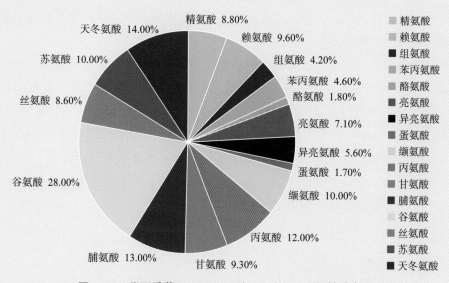

图 10-6　紫丁香蘑 *Lepista nuda*（Bull.）Cooke 氨基酸占比

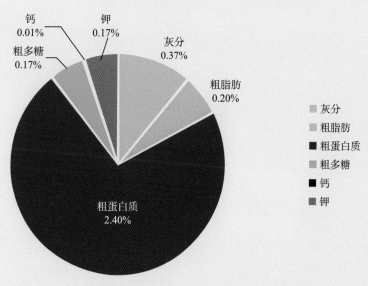

图 10-7　紫丁香蘑 *Lepista nuda*（Bull.）Cooke 基本营养成分占比

🌿 食药应用

风湿性关节炎在中医中一般辨证为风胜行痹、寒胜痛痹、湿胜着痹、风湿热痹等。其中，风胜行痹指的是六淫之中风邪为主的痹症，主要表现是关节酸痛、游走不定，治法主要是祛风通络、散寒除湿；可以紫丁香蘑为君祛风除湿，辅松茸化痰止痛、舒筋活络，黑虎掌祛风散寒、舒筋活血。

寒胜痛痹指的是六淫之中寒邪为主的痹症，主要表现为固定点的疼痛，特点是通过热敷可以减轻痛感，但受寒会疼痛加剧；治法是温经散寒、祛风除湿；可以歪蹄为君，性辛温入肝肾膀胱经，温肝经而舒筋脉并祛寒湿止痛，辅以紫丁香蘑祛风、除湿、黑虎掌祛风散寒、舒筋活血。

湿胜着痹指的是六淫之中湿邪为主的痹症，主要表现为肢体疼痛沉重、肌肤麻木、活动不便且痛处固定不移，治法主要是利湿活络、祛风散寒；可以紫丁香蘑、松茸、黑虎掌三菌配伍，紫丁香蘑健脾利湿并祛风，松茸化痰止痛、舒筋活络，黑虎掌祛风散寒、舒筋活血。

风湿热痹指的是六淫之中风湿热三邪同侵，主要表现是关节红肿疼痛、得冷能稍微舒缓，痛不敢碰；治法是清热利湿、活血祛风；可以紫丁香蘑为君健脾利湿并清热祛风通络，加松茸化痰止痛，加桦褐活血化瘀。

Pholiota nameko（T. Ito）S. Ito & Imai

滑子蘑——解决未来超级细菌的希望之星

分类地位 担子菌门 Basidiomycota，蘑菇纲 Agaricomycetes，蘑菇目 Agaricales，球盖菇科 Strophariaceae，鳞伞属 *Pholiota*。

别　　名 珍珠菇、小孢鳞伞、滑菇、光帽鳞伞、光滑环锈伞。

形态特征 菌盖宽 2.3~7.5cm，初扁半球形，后渐平展至中部稍凸起，橙黄色至红黄褐色，表面具一层黏液，边缘平滑，初内卷，有黏的菌膜残留。菌肉厚，黄白色，近表皮处带淡红褐色。菌褶直生至延生，密，窄，初期与菌盖同色，后为黄褐色至锈色，不等长；菌柄长 3.5~8cm，直径 0.5~0.8cm，近圆柱形，向下渐粗，常稍弯曲，稍黏，菌环以上近黄白色至浅蓝黄色，菌环以下与菌盖同色，具反卷纤毛状鳞片，初内实，后中空；菌环呈膜质，生于菌柄上部，容易脱落。孢子（5.5~6.5)μm×（3~4.5)μm，宽椭圆形或卵圆形，无色，光滑。

图 11-1　滑子蘑 *Pholiota nameko*（T. Ito）S. Ito & Imai

经济价值 食、药用菌。已人工栽培，商品名为滑菇。

生　　境 夏、秋季生于阔叶树倒木或伐桩上，丛生或群生。

标　　本 2022-04-02，采于贵州省黔南布依族苗族自治州龙里县谷脚镇观音村野生菌市场，标本号 HGASMF01-16640，存于贵州省生物研究所真菌标本馆。

图 11-2　滑子蘑 *Pholiota nameko*（T. Ito）S. Ito & Imai 二维码

纵论细菌感染

我们从小就被教育要注意个人卫生，但我们绝大多数人知其然而不知其所以然，并不知道为什么要这么做。本质上来讲，个人卫生主要预防的是微生物带来的健康威胁。和很多人想象的不同，地球的霸主并不是人类，而是微生物。这些微生物可以分为微型真菌、细菌、放线菌、病毒、螺旋体、立克次氏体、支原体、衣原体等，有数百万种之多，在地球上可谓无处不在。

有许多微生物与人类相依相存，也有一些微生物是人类健康杀手，如常见的金黄色葡萄球菌就可引发以下致命疾病。

- 金黄色葡萄球菌肺炎：成人感染这种肺炎的较少，只占到成人肺炎的 2%~3%，但幼儿、老年人、身体虚弱者以及手术患者发病率较高，有 30%~40% 的致死率。

- 非特异性脓胸：由金黄色葡萄球菌等细菌感染导致的肺炎扩散引起的，一般都是急性发作，需要进行手术治疗。随着医疗条件的进步，这种疾病的死亡率虽然有所下降，但依然很高。

- 伪膜性肠炎：主要是因为长期服用抗生素导致肠道内菌群失调，吃了腐败食物或其他因素引入金黄色葡萄球菌，再或者体内寄生的难辨梭状芽孢杆菌等大量繁殖分泌毒素引起的肠炎。有的看上去是轻度腹泻，但也可能引起水电解质紊乱、高烧、中毒性巨结肠等，严重的甚至危及生命。这种疾病发病急，致死率高。近些年随着抗生素滥用，发病率也在不断提高，主要威胁有慢性疾病的老年人。

- 感染性心包炎：儿童多发，特别是 2 岁以下的儿童。这种疾病主要由金黄色葡萄球菌等细菌感染心包，导致化脓性炎症。

- 心内膜炎：常见心内膜炎都是感染性的，是金黄色葡萄球菌等细菌感染心内膜导致的，主要出现的是心内膜充血水肿以及形成血栓，临床表现为发热和心功能不全等，死亡率在 15%~30%。

- 败血症：主要是人体的血液循环中有金黄色葡萄球菌等细菌侵入、生长、繁殖、释放毒素，引起的全身性炎症反应的综合征。该病在抗生素应用不普及的年代致死率很高，现在已经降到 1% 左右。

金黄色葡萄球菌（*Staphylococcus aureus*）和绝大多数微生物一样无处不在的包围着我们人类，甚至在我们的食品中，只要符合卫生部的要求含有一定量的该菌也是合格的，在我们的皮肤、痈、化脓疮口、鼻腔、咽喉、肠胃中常有寄生。在显微镜下，该菌为球形，并排列成串，无色或金黄色，常简称为"金葡菌"。分类地位：葡萄球菌属，是革兰氏阳性细菌的代表。是一种常见的食源性致病微生物，37℃，pH 7.4 是其最适宜生长环境，将其彻底杀死需要在 80℃ 以上的高温环境下 30 分钟，高盐环境下仍然可以存活，食盐溶液的最高耐受浓度可以达 15%，是引起食物中毒的常见致病菌。据报道，每年在世界各国包括美国、加拿大还有我国在内，都有大量这种细菌导致的中毒事件发生。由金黄色葡萄球菌引发的食物中毒事件在最近几年的食源性微生物食物中毒事件中占 25%，仅次于沙门氏菌和副溶血杆菌，是第三大微生物致病菌，在一些发达国家所有食物中毒事件中由金黄色葡萄球菌引起的食物中毒事件能占到 30%~40% 甚至更高。

我们常见金黄色葡萄球菌污染食品有：春夏两个季节隔夜饭菜、淀粉类（如剩饭、粥、米面等）、牛乳及乳制品、鱼类、蛋类等。有科学家通过研究发现，上呼吸道感染者的鼻腔带菌率高达 83% 以上，也使得这部分人群成为很重要的传染源之一。也就是说，在家里如果有人患有上呼吸道感染疾病，家里的食品就更应注意与空气隔离，如使用保鲜膜进行包裹等，也尽量不要食用隔夜饭菜等。

人体是一个有机且复杂的综合系统。人体所需要的能量主要来自于消化系统。我们吃进去食物，食物进入胃并被磨碎，然后碎掉的食物进入肠道，由各种酶及肠道菌群逐步将大分子变成小分子实现分解，小分子营养会穿过肠道的屏障进入血液。由此可知，肠道是我们吸收营养的最主要器官。因此，肠道也是我们免疫系统最集中的地方。科学家经过研究发现，我们人体约有 80% 的免疫细胞都长时间居住于肠道。这些免疫细胞会和肠道菌群以及细菌等感染菌形成一个三联互动组。肠道上有一层屏障，防止一些细菌穿过。但如果我们肠道的免疫系统出现问题（如免疫力降低）或肠道菌群出现问题（如抗生素滥用），一些细菌就会破开这层屏障感染我们的脏腑，即便在肠道可能是有益菌或无害菌，但穿过这层屏障就可能会伤害我们的身体。

金黄色葡萄球菌进入我们的肠道后，如果免疫系统不能抑制该菌的发展，这种细菌就会释放毒素，破坏肠道菌群的整体结构和代谢，不仅会感染肠道形成伪膜性肠炎，而且会穿过肠道屏障进入我们的血液，进而感染到心包形成心包炎、感染到心内膜形成心内膜炎、感染肺部形成肺炎、在我们血液中生长繁殖就会形成败血症。

食物被金葡萄污染后，在温度 20~30℃，氧气不充足的条件下经 4~5 小时繁殖，金葡菌就能产生大量肠毒素。人体一旦进食了这种被污染的食物，便会引起食物中毒。这种毒素在人体的中毒潜伏期通常只有 2~5 小时，极少超过 6 小时，发病急骤，恶心、中上腹部痉挛性疼痛、呕吐、腹泻等是常见症状。其中最为突出的是呕吐，严重时呕吐物可带有胆汁黏液和血丝；水样便或稀便每天腹泻数次至数十次不等，严重的还会引起肌肉痉挛、脱水至虚脱。

这种病在临床检查时，即便没有检出金葡萄，也不能否定不是其导致的。因为我们在烹饪一些食品时，细菌本身可能已经在加热过程中被杀死了，但细菌释放出来的肠毒素非常耐高温，仍然有致病性，因此还需要对食物浸出液、培养液或滤液等多方面进行毒素测定。

金黄色葡萄球菌最可怕的地方在于，它仍在不断进化并持续产生出抗生素耐药性，如耐甲氧西林金黄色葡萄球菌（MRSA）已经驻扎在很多医疗机构，感染给前来治病的患者，且发病率、死亡率、住院时间都因其而明显上升。这种细菌感染最常规的临床治疗手段就是使用抗生素。但在耐药性不断提高的背景下，抗生素的作用在持续下降。世界卫生组织就经常警告，超级细菌随时可能诞生，人类随时可能回到没有抗生素的年代。

因此，科学家们一方面在警告人们不要滥用抗生素，一方面在研究新型抗生素。抗生素本就主要来自菌物，如临床应用最广泛的青霉素就是菌物中的青霉菌次代谢物中的产物。因此，对抗超级细菌的钥匙很可能还隐藏在菌物之中。

◎ 生化药理

研究结果表明，附在滑子蘑子实体菌盖表面的黏性物质中所含核酸有益于人体保持脑力和精力。有报告表明"滑子蘑子实体热水提取物多糖含葡萄糖、半乳糖、甘露糖等活性物质，对小白鼠肉瘤 S-180 抑制率可达 86.5%。子实体的 NaOH 提取物中含 α-葡萄糖苷及 β-(1,3)-D 葡萄糖，对艾氏癌和小白鼠肉瘤 S-180 的抑制率分别达到 70% 和 90%；并且，还可以预防葡萄球菌、大肠杆菌、肺炎杆菌、结核杆菌的感染。"

基于发现青霉素的经验，科学家们对菌物代谢物或次代谢物非常关注，原因是这些代谢物基本都是菌物分泌出来对抗外环境对其破坏的保护手段，其中就包含有天然的对抗细菌的有机活性物质。黏液就是很多大型真菌的分泌物。绝大多数可以食用的大型真菌没有黏液，具有黏液的许多大型真菌具有毒性。但滑子蘑不仅可以食用，而且具有这种黏液，非常特殊。科学家通过对滑子蘑的药效研究发现，滑子蘑外表黏液具有强效提升免疫的能力，可以用来抗癌，其多糖对金黄色葡萄球菌的抑制作用很好。在现有医疗条件下，在临床使用抗生素的同时，食用滑子蘑不仅可以提高人体免疫能力，抑制金黄色葡萄球菌等致病菌的发生发展一般从肠道开始，可在体内抗菌消炎，已经可以成为预防或治疗金葡菌中毒以及各种慢性炎症疾病治疗的重要手段之一。

生化药理研究表明，滑子蘑还具有提高免疫、抗肿瘤、抗氧化、保湿、抗菌消炎等作用。

🥣 中药药性

中医认为滑子蘑性平、味甘、涩，入脾、肾、心经，可益气宽中。所谓益气宽中，就是通过益气的方式调理因气滞引起的脾胃问题。中医的脾胃功能，指的就是人体的代谢功能，由胃受纳食物，由脾将食物的营养吸收运送给人体各个组织系统。脾胃之气不足或运行停滞的时候，往往会有脘腹胀满的情况，此时就需要益气宽中。滑子蘑还可入肾、心二经，入肾，可补益肾气，即补益先天之气；入心，可补益心气，即"气血通百病消"中的助推血液循环的能力。

🍄 文化溯源

滑子蘑最初由日本栽培并成为日本最受欢迎的栽培蘑菇之一，因为是天然增稠剂，几个世纪以来都是做味噌汤的必备食材，还常用于日式火锅，消费量仅次于香菇和金针菇，之后传入我国。在日本叫namerako，意思是黏糊糊的蘑菇。在英语语境中，从日语而来叫 pholiota nameko、forest nameko、viscid mushroom 等。滑子蘑已经成为世界各国主要消费蘑菇之一，因此，在不同语境下还有不同称谓，如在荷兰叫 bundelzwam，俄罗斯叫 o pyo nok，在美国又叫 butterscotch mushroom（奶油糖果蘑菇）等。

滑子蘑虽然在日本已有很长的食用历史，但第一次使用国际通用二项式命名法描述和命名已经到了1929 年，是由日本的伊藤德太郎博士完成的，当时命名为 *Collybia Namelco*。到1933 年，日本的今井三世博士经过考证认为滑子蘑应归入到 *Pholiota* 属（鳞伞属）并得到国际学界承认，因此，滑子蘑的拉丁名正式确定为 *Pholiota nameko*（T. Itô）S. Ito & S. Imai。后来，又有一些科学

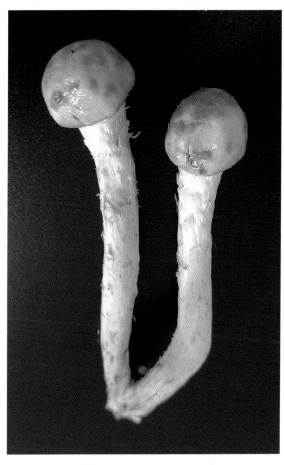

图 11-3　滑子蘑 *Pholiota nameko*（T. Ito）S. Ito & Imai

家对滑子蘑进行过重新描述，如 1954 年被命名为 *Pholiota glutinosa*，1959 年被命名为 *Kuehneromyces nameko*，但都没有获得国际支持。

营养成分

滑子蘑是联合国粮食及农业组织（FAO）推荐发展中国家栽培的一种食用菌，是国际食用菌交易市场上常见的十大菇类之一。滑子蘑富含多糖、氨基酸、粗蛋白质、维生素以及铜、铁、锌、镁等营养成分。滑子蘑子实体中的各种成分占比如图 11-4 所示。

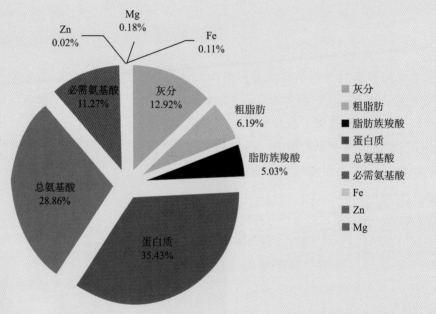

图 11-4　滑子蘑 *Pholiota nameko*（T. Ito）S. Ito & Imai 子实体中的基本营养成分占比

食药应用

滑子蘑味甘，可补脾；味涩，可固精。也就是说，滑子蘑除了补脾肾心三经之气外，还可防止三经之气的过度消耗。用于男性滑精、早泄，可与黑松露形成组方，由黑松露补精，滑子蘑固精。

Pleurotus ostreatus (Jacq.) P.Kumm.

分类地位 担子菌门 Basidiomycota，担子菌纲 Basidiomycetes，蘑菇目 Agaricals，侧耳科 Pleurotaceae，侧耳属 *Pleurotus*。

别　名 桐子菌、北风菌、糙皮侧耳、青蘑、冻菌。

形态特征 菌盖宽 5~14cm，扇形、肾形、贝壳形至半圆形，呈浅灰色至黑褐色，盖缘较薄，幼时内卷，后逐渐平展至向外翻，边缘无条纹。菌肉厚，肉质，白色，有菌香味。菌褶宽 2~4mm，常延生，不等长，稍密至稍稀，白色、浅黄色至灰黄色。菌柄长 1~3cm，直径 1~2cm，短或无柄，侧生至稍偏生，表面光滑或密生绒毛，白色，实心。担孢子（4~8）μm×（2.0~3.5）μm，圆柱形至长椭圆形，光滑，无色，非淀粉质。

图 12-1　平菇 *Pleurotus ostreatus*（ Jacq. ）P.Kumm.

经济价值 食用菌、药用菌。

生　境 晚秋常生于椴、榆等树的倒木、枯立木、树桩原木上以及衰弱的活立木基部，单生或丛生。

标　本 2020-04-14，采于贵州省遵义市务川仡佬族苗族自治县镇南镇村铝厂后山，标本号 HGASMF01-7178；2021-12-16，采于贵州省贵阳市修文县扎佐农产品物流园食用菌市场，标本号 HGASMF01-16390，存于贵州省生物研究所真菌标本馆。

图 12-2　平菇 *Pleurotus ostreatus*（ Jacq. ）P.Kumm. 二维码

纵论糖尿病

糖尿病本身说起来并不可怕，众所周知，可怕的是糖尿病带来的一些并发症。因此，随着研究时间线的拉长以及临床长期观察，现在糖尿病并发症问题已经从原先被忽视的边缘逐步走向被关注的焦点。许多患病 10 年以上的糖尿病患者对这些问题有着切身体会。

为什么血糖控制得很好，依然会出现以下问题。

- 会出现动脉硬化类并发症。
- 会患糖尿病肾病，并不可控制地走向肾衰竭。
- 会患糖尿病足，且无法控制这种并发症的发展。
- 会患糖尿病的非酒精性脂肪肝，且无法控制直到发展成为肝硬化。

这些问题引起了科学家们的兴趣，并纷纷开始探索。大量新的证据表明，糖尿病并发症的发生之所以不受血糖的影响而持续发展，很可能和体内因糖尿病引起的炎症反应有关。

炎症反应，就是我们一般认知中的发炎。但糖尿病引起的慢性炎症反应和我们一般人所碰到的外伤以及呼吸道系统等发生的菌性炎症不同，具有非菌性、慢性、低烈度特征。这种炎症反应的产生和人体的代谢以及免疫功能密切相关。

科学家们认为，人类的生存基础有两个，一个是抗感染和治愈损伤的能力，一个是储存能量的能力，即免疫能力和代谢能力。这两个能力在进化过程中互相依存，因此，人体分泌的许多激素、细胞因子、生物活性脂质、信号蛋白、转录因子等可以同时在代谢过程和免疫过程中起作用。相对应的，代谢或者免疫系统中任何一个出现问题，都会引起另外一个系统出现反应。具体到糖尿病中，免疫系统所产生的炎症反应最初目的是为了帮助人体恢复代谢功能：通过炎症反应提高保护效果，并壮大人体胰岛素信号的传导，促进胰岛素的分泌。但随着糖尿病的进一步发展，炎症反应过激，反而给我们身体带来一系列负面影响，并成为各种并发症不断发生、发展的根源。

例如在肥胖症中，一种叫做 TNF-α 的炎性细胞因子成为了肥胖和炎症发生关系的桥梁。这种因子主要由脂肪和肌肉产生，是肥胖在微观领域的重要特征，它会影响胰岛素的敏感性，使胰岛素抵抗越来越严重。科学家连续的研究发现，肥胖不仅分泌这一种炎症因子，还具有一个特点：分泌出边界广泛的多种炎症因子，这些因子共同的副作用都是降低胰岛素的敏感性。

胖人的身体因为储存了大量脂肪，会促使脂肪细胞分泌出很多向神经中枢求救的因子，其中非常重要的一个因子是瘦素（Leptin，LP）。瘦素的基本作用是让我们的身体少吃一些食物，再多释放一些热量，从而抑制脂肪的产生。但随着肥胖周期的拉长，人体分泌的瘦素水平一直保持在高位，反而会产生瘦素抵抗问题，瘦素抵抗再引起胰岛素抵抗问题，产生糖尿病的同时，还会导致免疫力受损使炎症反应持续、慢性、长期产生。

在血糖控制良好的情况下，炎症反应是怎样导致动脉粥样硬化的呢？现在的研究证明，动脉粥样硬化是一种动脉壁炎症性疾病，源于血管内皮系统的异常。所谓血管内皮系统，就是覆盖在人体的血管内壁上的一群细胞及其分泌的一些物质，能减少血管的通透性，防止血液细胞和血浆成分不受控制地进入到人体各组织，还能抗血栓形成等。这种细胞受到来自因代谢问题而产生的炎症因子的攻击继而发生炎症反应，从而导致即便在血糖虽然控制得很好，但人体代谢功能依然紊乱的情况下，出现循环系统健康问题，如动脉粥样硬化。

此外，炎症反应广泛存在于糖尿病肾病患者体内。炎症引发氧化应激反应，把低密度脂蛋白转化成氧化型低密度脂蛋白，不仅增加单核细胞对血管内皮细胞的黏附以及浸润，还损害肾小球内皮细胞的结构和功能，最终导致糖尿病肾病的发生发展。

非酒精性脂肪肝也和炎症反应有关。炎症因子基因表达会随肝内脂肪积蓄增多而增强，使局部炎症因子的浓度升高，同时，脂肪组织释放促炎症因子，都通过门静脉到达肝脏，引起了肝内炎性反应持续性发生，导致非酒精性脂肪肝乃至肝硬化等健康问题产生。

因此，为了控制糖尿病并发症的发生发展，科学家们开展了抗炎干预研究，但目前所用的各种抗炎药物都有着很大的副作用，不能长期服用。所以，植物和菌物成为科学家们新的研究目标，被称为百菇之王的平菇就是主要目标之一。

◎生化药理

科学家们首先找到促炎细胞、促炎介质、炎症因子，并明确了它们在人体的作用机制，然后通过实验发现平菇对糖尿病实验对象的炎症病理具有抑制作用，可能的机制是平菇活性成分能够把抗炎活性传递给人体阻止组胺分泌。组胺指的是细胞释放的一种介质，这种介质会导致血管通透性增加、使血管局部发生炎症反应。平菇活性成分还能抑制白细胞等迁移到炎症部位，从而降低血管壁炎症部位发生黏性增加、增厚等情况的发展程度；还能抑制体外腹膜稳定活性、抑制一氧化氮产生。因为炎症反应而产生的一氧化氮扩散到血管平滑肌，就会激活可溶性鸟苷酸环化酶，导致细胞内环磷鸟苷（cGMP）水平升高，促进平滑肌松弛，引起血管舒张，从而增加血管通透性，进一步导致血浆蛋白和液体渗出到组织形成水肿。因此，抑制一氧化氮产生，可大大减少炎症反应引起的糖尿病水肿问题。综合所有实验，科学家得出基本结论：平菇具有糖尿病抗炎活性，可广泛应用。

生化药理研究表明，平菇还具有抗癌、降血压、降血脂、降血糖、防治动脉粥样硬化等作用。

🥣 中药药性

平菇在我国民间不仅是一道非常美味的食材，也是一味非常地道的中药。1590年，明代潘之恒编撰的《广菌谱》有记载说："侧耳主补胃理气、治反胃、吐痰，用五七个煎汤服即愈"。1987年，李世全主编的《秦岭巴山天然药物志》中从民间收集了相关信息，并认为平菇能治风寒湿痹、半身不遂等疾病。

《中华本草》记载："平菇味辛、甘，性温，入肝肾二经，有追风散寒、舒筋活络、补肾壮阳作用，可治疗腰腿疼痛、手足麻木、筋络不舒、阳痿遗精、腰膝无力等病症"。《蕈菌医方集成》记载："能补脾除湿，缓和拘挛，益气"。

🍄 文化溯源

平菇，是世界上较受欢迎和广泛食用的蘑菇品种之一，在我国不同区域不同时期有不同的称谓，如在明代的《滇南本草》中被称为天花菌，在清末成书的《素食说略》中将其称为杂蘑、桐子菌、粗皮侧耳、冻菌，在《奉天通志》中叫冻青蘑，在东北地方还被称为秋蘑、冬蘑，在云南、贵州等地，老百姓将其称为青树窝、傍脚菇、边脚

图 12-3　平菇 *Pleurotus ostreatus*（Jacq.）P.Kumm.

菇、黄冻菌、梨窝、白香链，在四川叫做桐子菌，在福建叫做杨树菇，在湖北叫做杨耳、蛤蜊菌，在台湾叫做蠔菇，在山西叫做灰菌，到了现代即便是很多专业书籍其名称也不尽相同，有糙皮侧耳、平菇、粗皮北风菌、北风菌、灰蘑、鲍菌、天花菜、平蘑、蚝菌、元蘑、树蛎菇、鲍鱼菇、天花蕈等等称谓，这使得我们在学术上只能借助国际标准拉丁文来规范具体所指。

在国外，平菇也被称为"牡蛎菇"（oyster mushrooms），是因平菇长得像牡蛎而得名。在欧洲，平菇分布在欧洲的大部分地区。1775 年，荷兰自然科学家尼古拉斯·约瑟夫·冯·雅坎（1727—1817）首次对牡蛎菇进行了科学描述，并将其命名为 *Agaricus ostreatus*。1871 年，德国真菌学家保罗·库默尔将平菇从蘑菇属转移到侧耳属（库默尔本人在 1871 年定义的一个新属），给了它至今依然被公认的学名 *Pleurotus ostreatus*（Jacq.）P. Kummer。*Agaricus* 在拉丁文里是蘑菇的意思，*Pleurotus* 是侧耳的意思，*ostreatus* 是牡蛎的意思，Kummer 则是保罗·库默尔的姓。

营养成分

平菇含有丰富的营养物质，平菇新鲜子实体含水率为 59.60%，其他成分占比见图 12-4。

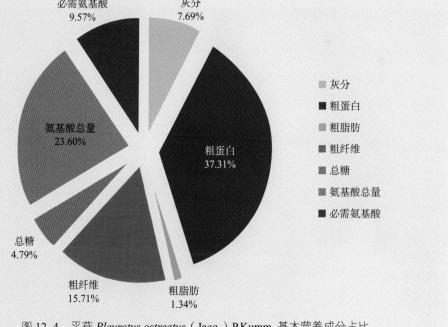

图 12-4　平菇 *Pleurotus ostreatus*（Jacq.）P.Kumm. 基本营养成分占比

🌿 食药应用

对于糖尿病并发症的控制，中医比西医更具优势。中医以肾阴虚为消渴症的基本辨证，其并发症则以热、痰、瘀、风等为基本辨证。又因为这些疾病属于以代谢为基础而进一步衍生的循环系统、免疫系统、神经系统等健康问题，而代谢综合征又是以气为基础导致的运化失常问题。因此，按以上病机病理其中医治法应以益气健脾为核心，兼清热解毒、化痰理气、活血化瘀、祛风除湿等。平菇入肝肾经，却能益气、补脾、除湿、缓和拘挛。辅以桦褐，入心、肝、脾、胃、大肠，滋阴清热、益气养血、调运化且活血化瘀；佐以香菇，入肝胃二经，化痰理气、解毒祛风、扶正补虚。三者等量混合煎煮，常用常服可控制各种糖尿病并发症。

平菇的临床以及食疗应用不仅限于对糖尿病并发症，对很多慢性疾病的预防、治疗、控制、康复等同样有着不错的效果。

陈士瑜、陈海英编著的《蕈菌医方集成》中记录了十多种平菇的临床单验方和食疗方，如在消化系统，用侧耳9g，栀子、龙胆草各15g，水煎，日服2次，可治慢性肝炎等。有兴趣的读者可详读此书。实际应用中，平菇还可以用近似种美味侧耳、桃红侧耳、凤尾菇等代替。

图 12-5　平菇 *Pleurotus ostreatus*（Jacq.）P.Kumm.

阅读拓展

桃红侧耳

Pleurotus salmoneostramineus L. Vass.

图 12-6 桃红侧耳 *Pleurotus salmoneostramineus* L. Vass.

图 12-7 桃红侧耳 *Pleurotus salmoneostramineus* L. Vass. 二维码

别　名　桃红平菇、红平菇

形态特征　菌盖直径 3~14cm，初期贝壳形或扇形，后伸展，粉红色，鲑肉色，后变浅土黄色至鲑白色，表面有细小绒毛至近光滑，边缘呈波状，内卷。菌肉薄，淡粉红色。菌褶延生，稍密，不等长。菌柄长 1~2cm，有白色细绒毛。孢子（6~10.5）μm×（3~4.5）μm，光滑，无色，近圆柱形。

生　境　夏秋季生于阔叶树枯木、倒木、树桩上，叠生或近丛生。

标　本　2021-06-09，采于贵州省贵阳市花溪区龙江巷 1 号靠近贵阳职业技术学院装备制造分院，标本号 HGASMF01-13981，存于贵州省生物研究所真菌标本馆。

　　桃红侧耳子实体肉质鲜美，具有风味独特的蟹味，此外，其"菌花"呈现出粉红、大红等鲜艳颜色，还可用于制作盆景观赏。

　　桃红侧耳营养价值和药用价值都很高。桃红侧耳新鲜子实体水分含率为 58.03%，其他成分占比见图 12-9。

图 12-8 桃红侧耳 *Pleurotus salmoneostramineus* L. Vass.

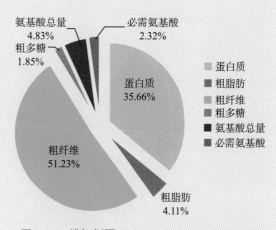

图 12-9 桃红侧耳 *Pleurotus salmoneostramineus* L. Vass. 新鲜子实体的基本营养成分占比

美味侧耳

Pleurotus cornucopiae（Paulet）Quél.

图 12-10　美味侧耳 *Pleurotus cornucopiae*（Paulet）Quél.

图 12-11　美味侧耳 *Pleurotus cornucopiae*（Paulet）Quél. 二维码

别　　名　紫孢平菇、小平菇。

形态特征　子实体中等大。菌盖直径 2~10cm，灰白色至灰褐色，光滑，边缘初稍内卷。菌肉较薄，白色，肉质。菌褶延生，呈白色，稍密，不等长。菌柄长 2~10cm，直径 0.5~1.5cm，偏生，白色，内实。孢子（7.0~9.5）μm×（2~5）μm，无色，光滑，圆柱形。

生　　境　秋、冬、春季单生或散生于阔叶树枯干上。

标　　本　2020-07-31，采于贵州省铜仁市江口县太平镇梵净山村，标本号 HGASMF01-9506，存于贵州省生物研究所真菌标本馆。

美味侧耳子实体主要含有粗蛋白、粗纤维、粗脂肪、水分、可溶性总糖等物质，口感脆嫩，味道鲜美，食用价值较高，可以进行商品化栽培。美味侧耳营养成分详见 12-12。

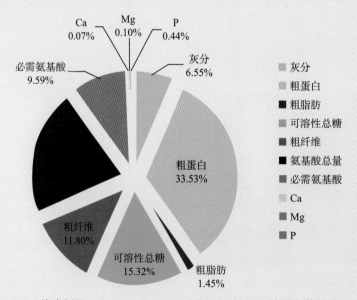

图 12-12　美味侧耳 *Pleurotus cornucopiae*（Paulet）Quél. 的基本营养成分占比

Agaricus blazei Murrill

姬松茸——专补人体防御漏洞的上帝食品

分类地位 担子菌门 Basidiomycota，层菌纲 Hymenomycetes，蘑菇目 Agaricales，蘑菇科 Agaricaceae，蘑菇属 *Agaricus*。

别　名 巴西蘑菇、小松菇、巴氏蘑菇。

形态特征 菌盖直径 5.5~9.5cm，幼时半球形至扁半球形，后渐展开至平展，有时中部平或稍下凹，具淡褐色或淡黄褐色的纤维状鳞片，边缘常附有菌幕残片。菌肉较厚，呈白色，伤后变黄色。菌褶离生，质脆易碎，初期白色至肉粉色，成熟后变褐色至黑褐色。菌柄长 5.5~11.5cm，直径 1.2~2.2cm，柱形近等粗或基部稍膨大，有时略弯曲，幼时菌环以下具褐色棉絮状物，内实。菌环上位，呈白色，膜质。担孢子（5.3~6.6）μm×（3.7~4.9）μm，宽椭圆形至卵圆形，淡黄褐色至黄褐色，表面光滑。

图 13–1　姬松茸 *Agaricus blazei* Murrill

经济价值 食用菌，药用菌。

生　境 夏秋季生于田野、草地、堆肥场、路旁、林间空地上，单生或群生。

标　本 2019-09-20，采于贵州省遵义市赤水市葫市金沙村竹海公园，标本号 HGASMF01-5704；2021-06-28，采于贵州省贵阳市观山湖区，标本号 HGASMF01-14267，存于贵州省生物研究所真菌标本馆。DNA 序列编号：ON557685。

图 13–2　姬松茸 *Agaricus blazei* Murrill 二维码

纵论人体防御

人类在自然选择的道路上成为胜利者，和人体建立起的完整防御系统密不可分。人体最主要也最完善的防御是免疫系统，但还有很多不可或缺的防御体系建立在人体的各个部位，就犹如正规军与民兵组织的关系一样，都是人体防御体系的重要组成部分。除免疫系统以外的这些人体防御体系往往会查缺补漏，在局部防御方面起到应急作用，为正规军提供了应对时间和空间。

这些防御体系往往隐藏在我们日常不起眼的一些生理活动中，如下所示。

🍄 打哈欠：该动作会使人体自然深呼吸，短暂解除人体缺氧状态。

🍄 伸懒腰：该动作会使人体自然扩胸，促进人体气血循环，能消除疲劳、养护心脏等。

🍄 打冷颤：该动作会使人体浑身上下肌肉同时协调瞬间运动并产生热量，从而使人体暂时抵挡住冷气的入侵。

🍄 打喷嚏：该动作会使整个呼吸系统统一协调运动起来，并防止鼻腔的异物进一步内侵，还能把藏在支气管深处的某些病毒、细菌喷出来，大幅减少人体免疫系统的压力。

🍄 咳嗽：咳嗽和打喷嚏的机制类似。

🍄 流泪：流泪可以冲洗掉眼睛里的杂物，保持眼球湿润。

🍄 肌肉痉挛：尤其是睡觉时突然的肌肉痉挛，像触电一般，这是人体在拯救我们的生命，防止我们的生命体征过于靠近死亡状态。

🍄 失忆：非器质性的失忆，是大脑在主动删除让人痛苦不堪的记忆，是人体自我保护的结果。

🍄 鸡皮疙瘩：这种动作是人体一系列生化反应的结果，是人类带入基因里的恐惧反应，这预示着某种危险的降临或是对情绪过于激烈的警示。

🍄 蜷缩：这种动作也是人类自我保护的举动，如在过于寒冷时，身体会蜷缩起来，减少散热面积，更好的防止人体热量流失；或者害怕时，蜷缩起来，这是在通过让自己的身体体积变小，减少被敌人发现的概率。

🍄 疼痛：这是一种制止性、警示性反应，如脚崴后，通过疼痛制止人体给脚施加力量，也通过疼痛告诉我们的意识，那里受伤了。中医就可以以此来判断很多疾病问题，即"通则不痛、痛则不通"。

🍄 腹泻、厌食、呕吐、发热、肿胀……

人体的防御体系分为三级。

第一级，即由皮肤、口腔、鼻腔、消化管、呼吸道中的黏膜及其分泌物等构成，如皮肤起鸡皮疙瘩、口苦、咳嗽、打喷嚏，等等。

第二级，是我们的先天免疫系统，主要依靠我们的先天免疫细胞来抵抗来自体外的细菌、病毒和体内的代谢物质等。本书在灵芝部分已经形象地描述过人体的免疫系统。先天免疫细胞类似野战部队、攻坚部队以及侦察部队等一样的分工及合作。这一级防御是立体的、网络的，就像高度复杂的立交桥一样，互相交织又互相独立，可以应对来自四面八方的侵袭。

第三级，防御是特异性的，主要依靠后天免疫部队，即淋巴细胞，包括 B 细胞和 T 细胞。本书在灰树花部分形象描述过这两种免疫细胞的功能及作用。它们主要依靠 B 细胞给病毒或细菌进行标记，而后由 T 细胞分成指挥分队（调节性 T 细胞）、野战分队（细胞毒性 T 细胞）、攻坚分队（自然杀伤 T 细胞）、后备分队（辅助 T 细胞）、档案分队（记忆 T 细胞）来有组织地协调抵御外敌入侵。这一级和前两级最大的区别是特异性的。所谓特异性，若举例说明就譬如人类开发的疫苗。如注射了乙肝疫苗的人体，就会记住乙肝病毒的特征，但凡有乙肝病毒进入人体，人体会进入反射性快速免疫阶段，不用再一层层地筛选、过滤、抵抗，而是一开始就集中全力绞杀这些病毒，一切都源于人体已经记住了乙肝病毒的特征。这在专业词汇中称抗原，是特性。

有学者还按照中医理论提出了六经防御体系的概念，此处不做进一步赘述。

无论哪一种防御体系，都不是孤立存在的。我们虽然将其分为了一个个独立单元，但实际上这些防御在人体往往是自动混合进行的，区别并不像研究者进行研究时所定义的那样分明。这意味着我们并不是靠主观意识控制这些行为，它们往往主动、自然地发生在我们的意识之外，很多时候甚至都不会被我们感知。

人体之复杂在自然界没有办法拿出可以类比的对象，简单理解，可以比作是在电脑后台运行的操作系统。虽然看似我们的操作系统运行非常流畅没有任何障碍，但在受到电脑病毒攻击时，却总能被找到漏洞所在。我们人体也一样，会因为各种原因导致人体出现一些我们日常无法感知也就不知道怎样去修补的漏洞。这些漏洞只有在遭受病毒、细菌等致病因素侵袭时，才会显示出破坏力。

◎生化药理

生化药理研究表明"姬松茸可调节免疫、减轻放化疗不良反应、抗肿瘤、抗突变、改善动脉硬化、降血压、降血糖、降血脂、抗辐射、促骨髓造血、抵抗滤过性病毒、抗菌消炎、抗过敏、防病毒等作用。科学家在研究过程中，无意发现姬松茸竟然有这种神奇的功能，即姬松茸含有的物质能强有力抵抗滤过性病毒，它可以防止病毒和有害物体进入人体，从而大大提高机体的免疫功能，阻止致癌物质的吸收作用。由此，引发了一场姬松茸研究和开发热潮，尤其是在日本。

🥣 中药药性

中医研究姬松茸后认为其"性平味甘，可入心肺肝肾等经，具有固本培元、清热解毒、保肝益肾、祛风散结、活血化瘀等功效，主治糖尿病、高血脂症、慢性肝病、肿瘤等疾病。"

🍄 文化溯源

姬松茸在我国主要分布在陕西、福建、浙江、新疆、上海、青海、云南、台湾、黑龙江、河北省等区域，在国外多分布在美国及巴西、秘鲁等国，其中巴西南部圣保罗的皮耶达是主要产地。姬松茸原产地在巴西，当地人称 cogumelo do sol 或 cogumelo de deus，cogumelo 在葡萄牙语系中就是蘑菇的意思，sol 是太阳神的意思，deus 是最高神的意思。名称的整体意思是献给太阳神或上帝的蘑菇，或可翻译成太阳蘑菇或上帝蘑菇。但将姬松茸推向全世界的是日本人，因此，姬松茸在日本也有很高的地位，按日语发音可称为 himematsutake、agarikusutake 或 kawarihiratake 等。hime，在日语中是公主的意思，也可译为姬；matsutake 在日本是松茸的意思，其中，matsu 是日本红松树，take 是采集，合称日本红松上采集的

图 13-3　姬松茸 *Agaricus blazei* Murrill

蘑菇，即松茸。翻译到中文，我们也采用了日本的命名为姬松茸。姬松茸在全球逐渐拥有越来越广泛的知名度，各国也纷纷有了自己的命名，如 almond mushroom（杏仁蘑菇）、mushroom of the sun（太阳蘑菇）、God's mushroom（上帝蘑菇）、mushroom of life（生命蘑菇）、royal sun agaricus（皇家太阳菇）、king agaricus（蘑菇之王）、almond portobello（杏仁味大型蘑菇）等。为了让世界各国知道这种蘑菇来源自巴西，巴西人就以地标的形式将其命名为 cogumelo piedade，即皮耶达蘑菇（皮耶达是巴西圣保罗州下的一个市镇的名称，盛产姬松茸）。

营养成分

　　姬松茸营养丰富，尤其多糖含量高于一般的食用菌，抗肿瘤活性比灵芝高，口服效果更佳。此外，姬松茸菌丝体不仅含人体必需的全部氨基酸，因菌丝具有较强将无机硒转化为有机硒的能力，即所谓富硒能力，硒含量高。此外，其子实体还含有蛋白质、维生素 B_1、B_2 等；矿物质有硒、钙、铁、镁、钾；脂质以具有调节免疫、降血糖功能的不饱和脂肪酸为主；纤维质主要是几丁质；可以协助排除体内多余胆固醇。还含麦角甾醇、多糖、蛋白多糖、凝集素、蛋白质、甾醇、氨基酸、亚油酸等成分，以及 β-(1-6)-D- 葡聚糖蛋白复合体。姬松茸新鲜子实体含水率为 85.25%，其他成分占比见图 13-4。

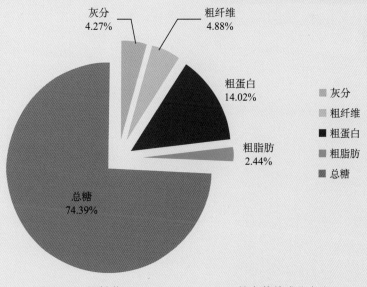

图 13-4　姬松茸 *Agaricus blazei* Murrill 基本营养成分占比

🌿 食药应用

姬松茸还可以用于体质改善方面。痰湿体质、湿热体质、寒湿体质是中医体质学中和湿有关的体质分类，可见湿质的普遍性。因此，按照湿性体质的特征，可以健脾胃、祛风湿、散寒湿、化痰湿、清湿热、除痹痛、益气血、利五脏的治则来调理。

以茯苓为君，利水渗湿，健脾和胃，领衔健脾利湿功能。以紫丁香蘑为臣，健脾祛湿并祛风；以橘红为臣，宽中健胃并散寒燥湿；以黑牛肝菌为臣，健脾消积，并清热解烦。分别从风、寒、热三个方面健脾利湿，祛风湿、寒湿、湿热等。以猴头菇为佐，强化健脾和胃功能；以姬松茸和绣球菌为佐，联合增强配伍的化痰功能，祛痰湿；以蒙古口蘑为佐，增强配伍的补虚功能；以薏苡仁为佐，利湿健脾、舒筋除痹，解除风湿带来的痹痛问题；以桦褐孔菌为佐，增强配伍的益气养血之能，并利五脏、调运化。可按照此方制成茶，每日冲服，调理湿性体质。

图 13-5　姬松茸 *Agaricus blazei* Murrill

Grifola frondosa（Dicks.）Gray

分类地位　担子菌门 Basidiomycota，蘑菇纲 Agricomycetes，多孔菌目 Polyporales，树花孔菌科 Grifolaceae，灰树花孔菌属 *Grifola*。

别　　名　舞茸、贝叶多孔菌、灰树花孔菌、莲花菌、栗子蘑、千佛菌、叶状奇果菌。

形态特征　子实体呈肉质或半肉质，柄从基部分枝形成许多具侧生柄的菌盖，覆瓦状叠生或连生，新鲜时肉质，干后软木质。菌盖外伸可达 12cm，宽可达 8cm，厚可达 0.7cm，扇形、贝壳形至花瓣形，表面灰白色至浅褐色，光滑，具不明显放射状条纹，边缘波状，干后下卷。菌管白色至奶油色，延生，宽可达 3mm。孔口不规则形，每毫米 2~3 个。菌肉厚 4mm，呈白色至奶油色。菌柄长可达 5cm，多分枝，奶油色。担孢子（5.2~6.7）μm×（3.8~4.2）μm，卵圆形至椭圆形，无色，薄壁，光滑，非淀粉质，不嗜蓝。

图 14-1　灰树花 *Grifola frondosa*（Dicks.）Gray

经济价值　食用菌，药用菌，可人工栽培。

生　　境　夏秋季生于多种阔叶树基部，造成木材白色腐朽，丛生。

标　　本　2020-07-30，采于贵州省铜仁市江口县太平镇梵净山村，标本号 HGASMF01-9556，存于贵州省生物研究所真菌标本馆。DNA 序列编号：ON557686。

图 14-2　灰树花 *Grifola frondosa*（Dicks.）Gray 二维码

纵论艾滋病

艾滋病主要由可以攻击人体免疫系统的 HIV 病毒引起，又称获得性免疫缺陷综合征（AIDS）。人体免疫系统中的 CD4$^+$T 细胞是病毒主要攻击的目标，人体受 HIV 病毒攻击免疫功能丧失，免疫力极度下降导致各种感染，数年甚至 10 年以上的持续攻击和大量破坏后发展成艾滋病，后期经常出现恶性肿瘤，全身衰竭而死亡，死亡率可以高达 50%，是一种非常可怕的疾病。联合国艾滋病规划署的调查数据表明，目前全世界现存 3800 万 HIV 病毒携带者和艾滋病患者，累计导致超过 3500 万人死亡。

艾滋病已经比癌症更让人闻之色变，仿佛擦身而过都有被感染的风险，这源于我们对该病毒的不了解所致，因此必须正确认识它。

🍄 血液接触会传播？会，血液接触是 HIV 病毒直接传播的途径，比如输血，共用针头等行为。

🍄 母婴会传播？会，母亲可以通过胎盘、产道或哺乳将 HIV 传染给孩子。

🍄 性交会传播？会，性活动时很容易造成生殖器黏膜的细微破损，感染者的精液或阴道分泌物中存在大量的病毒会传染给未感染者。

🍄 蚊子叮咬会传播？不会，HIV 病毒在蚊子体内无法存活，所以艾滋病病毒不会通过蚊子传给人。

🍄 吃饭、握手、拥抱会传播？不会，HIV 病毒在酸性的胃肠道消化液里会很快死亡，不能通过消化液进入血液。

🍄 游泳、公厕会传播？不会，首先 HIV 病毒不会穿过皮肤进入人体内，其次，艾滋病病毒在含有消毒剂的水中会很快被杀死，所以一般情况下是不会传播艾滋病病毒的。

🍄 共同学习、工作会传播？不会，因为 HIV 病毒不会通过空气进行传播。

生物都交互地生活在地球这个复杂的环境中，为了确保自身的安全，各物种都自然进化出了免疫系统，尤其是我们人类。在本书灵芝部分，形象描述了人体的免疫系统，包括先天免疫细胞和后天免疫细胞。这些免疫细胞各司其职、相互配合，攻击所有入侵我们人体的病原体，包括病毒、细菌以及我们人体的肿瘤细胞等。其中，B 和 T 细胞组成了后天免疫细胞部队，B 细胞主要是侦查并标记敌人，T 细胞是主要攻击部队。T 细胞会根据 B 细胞对敌人重要程度以及分布情况等的标记，按针对战术不同而分成了 5 种攻击分队：指挥、野战、攻坚、后备、档案。在指挥分队的指挥下，野战分队直接和病毒等敌人拼刺刀进行搏杀；攻坚分队可以分辨正常细胞或不正常细胞重点攻击难点；后备部队不断训练新兵为一线部队补充兵员；档案部队则记录整个战斗过程并形成档案保存起来，随时遇到敌人随时依靠档案来分辨正确应对措施。

指挥分队，即调节性 T 细胞（也称为抑制性 T 细胞）：可以抑制免疫细胞对抗原的反应，以便一旦不再需要人体的这种免疫反应时免疫细胞能撤退修整不再战斗。人体很多过敏性疾病都是因为调节不够而导致的。

野战分队，即细胞毒性 T 细胞（也称为 $CD8^+T$ 细胞）：在该细胞的参与下，已癌变或被病原体感染的细胞会被直接破坏。细胞毒性 T 细胞含有颗粒（含有消化酶或其他化学物质的囊），它们利用这些颗粒在称为细胞凋亡的过程中使靶细胞爆裂。这些 T 细胞也是移植器官排斥反应的原因。当移植器官被确定为感染组织时，T 细胞会攻击外来器官组织。

后备分队，即辅助 T 细胞（也称为 $CD4^+T$ 细胞）：促进 B 细胞产生抗体，并产生一些物质来激活细胞毒性 T 细胞和巨噬细胞进行防御。$CD4^+T$ 细胞是 HIV 的目标，HIV 感染辅助 T 细胞并通过触发导致 T 细胞死亡的信号来破坏它们。

攻坚分队，即自然杀伤 T（NKT）细胞：与先天免疫细胞具有相似的名称——自然杀伤细胞。NKT 细胞是 T 细胞而不是自然杀伤细胞，拥有 T 细胞和自然杀伤细胞两者共同的特性，与所有 T 细胞一样具有 T 细胞受体。然而，NKT 细胞也与自然杀伤细胞有几个共同的表面细胞标志物。因此，NKT 细胞可以将受感染或癌细胞与正常体细胞区分开来。

档案分队，即记忆 T 细胞：可以帮助免疫系统识别先前遇到的抗原，并更快、更长时间地对它们做出反应。记忆 T 细胞储存在淋巴结和脾脏中，在某些情况下可以提供针对特定抗原的终生保护。

在重重包围下，一般的病毒、细胞和肿瘤细胞常会采取伪装、欺骗或逃逸等方式来避开免疫细胞的围剿，但也有一些病毒却会直接攻击免疫细胞，如 HIV 病毒。这种病毒最擅长攻击辅助 T 细胞。战场上对敌，总会留有后备部队，可以随时被指挥官投入到战阵不力的地方，保持整个战场的攻击持续力，也预防某处不利导致正常战斗的连锁性失败。因此，后备部队和前线部队一

图 14-3 灰树花 *Grifola frondosa*（Dicks.）Gray

样非常重要。

人体感染艾滋病后要经历急性感染期、潜伏期、艾滋病前期、典型艾滋病期四个阶段才发病。每个阶段的症状也不同，感染艾滋病毒 1~2 周，患者会出现低烧、头痛、萎靡不振、皮疹和淋巴结肿大等临床症状。患者也可能没有明显的临床症状和体征，直接从急性期或无明显症状的急性期进入潜伏期，一般持续 8~10 年时间，直到免疫系统受损，进入艾滋病前期。多年的病毒活动会对免疫系统造成损害，使身体出现疲劳、慢性腹泻、萎靡不振、发热、消瘦、淋巴结肿大等症状，包括颈部肌肉酸痛和关节痛、咽喉痛等。最后由于患者免疫系统受到严重损害，不仅出现各种艾滋病相关典型症状，还会出现各种机会性感染，并形成肿瘤。

也就是说，HIV 病毒会闯过我们免疫系统前线部队的拦截，化整为零进入人体后，专门攻击后备部队，积少成多之下，破坏人体的系统防御力。

目前，随着治疗药物的研发与批准上市的抗病毒药物的创新，艾滋病通过抗感染治疗、HAART 疗法、免疫调节治疗、中医药治疗，已从一种致死性疾病逐渐转变为可长期管理的慢性病。但是，科学家们一直在寻找更有效、更好、更简单的药物及疗法。

◎ 生化药理

现代生化药理研究证明灰树花具有保肝护肝、预防肝硬化、防癌抗癌、抗血栓、抗衰老、增加食欲、增强记忆力、降血糖、防治糖尿病、抑制肥胖、促进性腺功能、双向调节血压、治疗动脉硬化、抗菌消炎等作用。此外，大量科学实验发现灰树花多糖可以抑制 HIV 病毒，增强机体免疫力，还能改善并发症状。

🥄 中药药性

中医认为"灰树花味甘性平，入脾、膀胱经，可清热解毒、消肿敛疮、益气健脾、补虚扶正、利水渗湿，主治脾虚气弱、体倦乏力、神疲懒言、饮食减少、食后腹胀、肿瘤患者放疗或化疗后有上述症状"。中医所讲的清热解毒，一般和我们现在所理解的抗菌消炎类似，消肿相当于消除浮肿，敛疮相当于促进伤口愈合，扶正相当于提高人体免疫力。因此，在中医药性范畴，灰树花可以通过扶正来祛邪治疗肿瘤疾病，可以通过清热解毒来针对各种伤寒类疾病或抵御六淫之暑、热、燥等，可以通过健脾来除湿等。另外，灰树花性平，对阴虚的糖尿病患者或阳虚的老年人而言都适用。

🍄 文化溯源

灰树花在全球都有分布，但以日本的研究应用最为突出，这和灰树花在日本历史上的传统应用有关。大约在 1603 年，统一了日本的德川家康不幸患疾，并因为灰树花而渡过难关。这个故事载入了日本的《温故斋菌谱》。正所谓"上有所好，下必甚焉"，从此灰树花就成为了日本的"生命之花"，只要在野外采到灰树花就像捡到了绝世珍宝一般跳舞庆祝，因此，日本民间又把灰树花称为 maitake，mai 就是跳舞的意思，take 是采集的意思，综合起来称为舞茸。后来的《信阳菌谱》《梅花菌谱》都以舞茸的名字明确记载。我国古籍也有灰树花的相关记载，日本学者水野和庄认为《神农本草经》中有相关记载，但引用不详，大约是将青芝或白芝当作灰树花进行了考证，并不准确。与南北朝时期问世的《太上灵宝芝草品》所记载的白玉芝相仿："生于方丈山中，其味辛白，盖四重，下一重上，有二枚生，并有三枚生上重，或生大石之上、黄沙之中、腐木之根、高树之下、名山之阴。得而食之，仙矣。白虎守之。"有人称宋代陈仁玉所著《菌谱》记载了灰树花。但《菌谱》只是一篇不超过千字的短文，其内只简单描述了作者家乡的 11 种菌菇，不仅没有和灰树花相似的内容，更没有各种菌菇药性内容，此为以讹传讹。灰树花这个称谓是我国著名菌物学家邓叔群在 1939 年描述并命名的。

灰树花在中日之外的国际上同样广泛分布，并有不同的名字，如在英国叫 hen of the woods，在德国叫 klapperschwamm，在丹麦叫 tueporesvamp，在荷兰叫 eikhaas，在西班牙叫 licia，在瑞典叫 korallticka。灰树花的首次科学描述，是 1785 年苏格兰真菌学家詹姆斯·J·迪克森（James J Dickson）完成的，并被命名为 *Boletus frondosus*。1821 年，英国真菌学家塞缪尔·弗雷德里克·格雷（Samuel Frederick Gray）

图 14-4　灰树花 *Grifola frondosa*（Dicks.）Gray

将该物种转移到了 *Grifola*（灰树花属），有了至今依然在使用的通用二项式拉丁名 *Grifola frondosa*（Dicks.）Gray。还有很多真菌学家给灰树花做了不同命名，如：*Boletus frondosus* Dicks.，*Boletus elegans* Bolton，*Polyporus frondosus*（Dicks.）Fr.，*Polyporus intybaceus* Fr.，*Grifola frondosa f. intybacea*（Fr.）Pilát，*Grifola intybacea*（Fr.）Imazeki. 等，但都没有得到广泛认可，只能作为灰树花的同种异名。

📌 营养成分

　　灰树花营养丰富，富含钾、磷、铁、锌、钙、铜、硒、铬等多种有益的矿物质及维生素，多种营养素居各种食用菌之首，能促进儿童身体健康成长和智力发育，有关的精氨酸和赖氨酸含量较金针菇的含量高；鲜味呈味氨基酸天冬氨酸和谷氨酸含量较高。还含有灰树花多糖（Grifolan），以 β- 葡聚糖（glucan）为主，以及抗癌的有效活性成分 D-fraction。灰树花新鲜子实体含水率为 72.63%，其他成分占比见图 14-5。

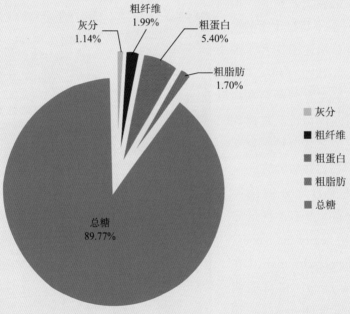

图 14-5　灰树花 *Grifola frondosa*（Dicks.）Gray 基本营养成分占比

3

第三部分
呼吸系统

桑黄——能治疗各种肺炎并抑制肺纤维化的抗癌之王

Sanghuangporus sanghuang（Sheng H. Wu，T. Hatt. & Y.C. Dai）Sheng H. Wu，L.W. Zhou & Y.C. Dai

分类地位 担子菌门 Basidiomycota，蘑菇纲 Agaricomycetes，层孔菌目 Hymenochaetales，层孔菌科 Hymenochaetaceae，桑黄孔菌属 *Sanghuangporus*。

别　　名 针层孔、针孔菌、针层孔菌、假火绒菌、伪火绒菌、假木紫芝、胡孙眼、杨（柳）白色腐朽菌、树鸡、杨树蕈、老木菌、桑黄菰、老牛肝、桑臣、桑耳、桑菌、木羧、桑黄菇、桑上寄生、梅树菌。

形态特征 子实体常叠生，菌盖长 6~20cm，宽 5~10cm，基部厚 3~6cm，马蹄形或不规则形。褐色、黄褐色至灰褐色，老后变黑褐色，边缘颜色较浅呈柠檬黄色至金黄色，表面具同心环带和浅沟纹，粗糙或稍光滑，老后变粗糙具放射状裂纹，并开裂或龟裂，边缘较钝。菌管多层，浅黄褐色至棕色。管口圆形或角形，表面呈金黄色或棕黄色，老后黄棕色，每毫米 5~8 个。菌肉厚 0.5~1.7cm，棕黄色、土黄色至浅黄褐色。孢子（3.6~4.6）μm×（3~3.5）μm，宽椭圆形，浅棕黄色，光滑。

图 15-1　桑黄 *Sanghuangporus sanghuang* Sheng H. Wu et al.

经济价值 食用菌，药用菌。

生　　境 春秋生于桑树等阔叶树树干上，单生或叠生。

标　　本 2019-11-20，采于贵州省遵义市务川仡佬族苗族自治县丰乐镇丰乐村，标本号 HGASMF01-6760；2021-05-16，采于云南省昭通市威信县靠近园田大雪山附近，标本号 HGASMF01-13664，存于贵州省生物研究所真菌标本馆。

图 15-2　桑黄 *Sanghuangporus sanghuang* Sheng H. Wu et al. 二维码

病毒性呼吸道感染往往具有传染性，且病毒变异速度很快，疫苗研发速度通常落后于病毒的变异。这类疾病不仅威胁个人生命安全，还会对社会的经济、文化、政治等各方面造成重大影响。有些病毒的感染者常伴随某些后遗症，包括但不限于以下几种。

- 肺疤痕：如肺纤维化。
- 心脏损伤：如心肌炎。
- 神经损伤：如头痛、头晕、味觉和嗅觉受损、意识受损、视力、神经痛等。
- 精神影响：如认知能力下降、短期记忆损伤、学习执行障碍等。
- 血管损伤：如中风等。
- 肾脏损伤：如男性不育等。
- 肝脏受损：如肝功能削弱等。

人与空气进行连接的桥梁就是人体的呼吸系统。而肺则是呼吸系统中最关键的器官。同时，肺也是人体的造血器官，由此可见肺对人类是至关重要的。中医对肺的基本定义是娇脏，意思是说肺非常娇嫩。中医的肺包含肺脏、鼻、气管、支气管、皮毛，也包含了人体各个器官和气交换有关的功能，是一个肺系，而不只是肺脏。如果说人体哪里最容易生病且生病的频率最高，那无疑是呼吸系统，以至于呼吸系统的患病频率可以直接作为评价一个人免疫力高低的基本指标。

肺的内部结构就像是一串葡萄。葡萄从藤蔓上剪下来后，有一个总枝，就是我们的气管。总枝不断的分叉，就是我们的支气管，会分叉20多次以"葡萄"终点。这种葡萄状的东西则是我们肺部最主要的组成部分——肺泡。肺泡又像是一个气球，内部中空，外周是非常薄的膜，膜上还爬行着很多毛细血管，给肺泡提供营养。肺泡直径非常小，只有0.2mm。成人有3亿~4亿个肺泡，肺泡平展开来的总面积可达100多平方米，是人体皮肤表面积的好几倍。

肺泡与肺泡之间是有空隙的，填补这些空隙的物质被叫做间质，可以理解为肺泡之间的物质。在间质中，营养物质和代谢物是不可缺少的，还有一些免疫细胞在间质中不断游走巡逻。病毒和细菌也会在间质中存身，和免疫细胞打游击战。在间质中，还有很重要的纤维以及基质。纤维就是肺泡的肌肉，能够帮助肺泡呼吸，肺泡的弹性就来自纤维。基质就是肺泡和纤维连接的胶水，通过这种黏性物质，将肺泡和纤维连接在一起，使纤维变成控制肺泡膨胀或缩小的肌肉。

我们肺部的呼吸依靠肺泡的膨胀和缩小来实现。在我们吸气时，外面的空气从气管、支气管来到肺泡，并使肺泡在纤维的帮助下膨胀。空气里的氧气被肺泡外面那层膜吸收并传输给膜上的毛细血管，毛细血管中红细胞内的血红蛋白承担起运输氧气的重任，氧气随着血液输送给肺静脉，然后再运送至心脏的左心房、左心室，心脏把富含氧气的血液输送给动脉，最终分到毛细血管交给细胞利用。氧气的路线是：肺泡→肺泡周围毛细血管→肺静脉→心脏（左心房→左心室）→主动脉→细胞周围的毛细血管→组织细胞。而二氧化碳的路线则是相反的：组织细胞→细胞周围的毛细血管→上下腔静脉→心脏（右心房→右心室）→肺动脉→肺泡周围的毛细血管→肺泡。我们在呼气时，呼出的就是已运送到肺泡的二氧化碳。

呼吸系统疾病具有一些共同特征，如打喷嚏、喉咙痒或痛、咳嗽、发热等。这和病毒细菌侵入人体的途径以及免疫与病毒细菌的战斗有关。进入鼻腔时免疫细胞发出警报，并刺激鼻黏膜神经系统，便产生打喷嚏的现象。如侵入至咽喉时，分布在咽喉部位的免疫细胞会和病毒、细菌进行战斗，容易造成痒或痛的感觉。咽喉是要道，在咽喉淋巴结布有免疫大军，免疫系统会调动咽喉淋巴结力量和病毒、细菌进行战斗，因此，又会造成淋巴结红肿、发烧等表征。

在我们免疫力不够强或病毒、细菌密度足够高或者其后援足够多的情况下，会突破咽喉要道进一步侵入到气管和支气管，进入下呼吸道。此时，免疫细胞刺激气管和支气管分泌黏液包裹细菌、病毒，使气道上分布的纤毛向上推动，这时就会有痰或干咳。

对于经常抽烟的人来讲，气道的纤毛会受到抑制，其密度及长度都远远不够，向上刷的力度也比不抽烟的人差了很多。因此，病毒和细菌尤其"喜欢"抽烟的人，它们能够更轻松地突破这一个关卡，从而进入肺泡。肺泡已经是肺的核心位置，因此，该部位的免疫细胞会调动大量力量与病毒、细菌进行殊死搏斗，并能够直接刺激中枢神经，结果是全身性的症状出现，如背痛、发高烧、发困、浑身无力、脱水等。

病毒会侵入肺泡，也会侵入到肺间质当中，在间质中和免疫细胞进一步搏斗，造成反复拉锯的战争，使得肺间质纤维化。

一旦病毒进入人体并破坏人体的组织，靠抗生素是不能抑制病毒的。因为病毒和细菌本质上不同。病毒在体量上要远小于细菌，而且结构非常简单，外层包裹着蛋白质，里面就是遗传物质 DNA 或 RNA。病毒需要打破人体细胞膜并将遗传物质注射到人体细胞内，靠人体细胞的营养及分裂机制快速繁殖。这个过程并不稳定，因此遗传物质非常容易在分裂时发生变化，从而导致病毒快速变异。而细菌除了没有固定的细胞核以外，和人类细胞的结构已经非常类似，有细胞壁，有细胞质，还有一个细胞质里的核区。因此，人类可以利用抗生素破坏细菌细胞壁使细菌没有了正常或完整的细胞壁，只能破裂或细胞质流失导致死亡。但抗生素无法破坏病毒外面的蛋白质，也就无法对抗病毒。

因为病毒的快速变异，疫苗也无法阻挡病毒的侵袭。大自然中具有天然抗病毒活性的物质为人类提供了优秀的原材料。桑黄因为在癌症治疗中突出的表现而被纳入到了科学家的筛选对象中。科学家研究发现，桑黄可以保护肺免受到炎症反应对脏器的损伤。炎症反应是人体免疫系统同病毒、细菌等病原物做对抗而引起的一种病理反应。适当的炎症反应对人体有益，但如果在人体某处反复长期发生炎症反应，就会造成脏器伤害。恰如病毒对人体的伤害，在很短时间内，过量的炎症反应会使肺脏纤维化，而桑黄可以保护处于炎症反应阶段的肺脏。

◎生化药理

现代生化药理研究表明桑黄具有抗癌、抗肝炎、抗衰老、抗过敏、抗肝硬化、治疗脂肪肝、治肝腹水、降血糖、降尿酸、降血脂、防动脉硬化、治类风湿关节炎、提高免疫、促有害物质排泄等作用。

《神农本草经》记载"桑黄利五脏，宣肠胃气，排毒气"。对广义"桑黄"的医学研究表明其能够诱导癌细胞自行凋亡，并抑制癌细胞增殖及转移，降低放疗、化疗损伤正常细胞的副作用，对癌症患者特有的疼痛具有缓解作用；并且，也可以可预防正常活细胞的癌变，阻止溃疡、息肉、良性肿瘤等恶化变成癌症；可抗氧化，提升免疫力或避免癌症的复发；可促进肝细胞再生，抗肝纤维化，防治慢性肝炎、肝硬化、肝腹水等；对血糖浓度有调节作用，可有效预防糖尿病或改善糖尿病症状；可降低血脂，对动脉硬化、心脑血管病的发生有较好的预防效果；可抗过敏，治疗过敏性鼻炎及久治不愈的湿疹效果好；可预防和治疗风湿及类风湿性关节炎；可抑制尿酸，对痛风有良好的防治效果。

🥄 中药药性

中医认为"桑黄微苦、寒，入肝肾经，清热解毒、收敛、利五脏、宣肠气、活血止血、化饮、止泻，主治大出血、脱肛泄血、血淋、血崩、带下、经闭、癥瘕积累、癖饮、瘰疬溃烂、脾虚泄泻、妇人劳损等"。中医很多词汇比较生僻，《诸病源候论·淋病诸候》中有记载"血淋者，是热淋之甚者，则尿血，谓之血淋"。泄血指大便泄泻并带有血；癥瘕积聚指腹内积块，或胀或痛的一种病症；癖饮，指体内水液代谢不畅，停滞与身体某些部位的一类病证。

🍄 文化溯源

桑黄外观颜色呈深橙黄色或金黄色，野生资源稀缺且价值不菲，因此享有"森林黄金"的美称。在 2000 多年前的中国历史上，早就将桑黄作为传统中药使用，最早记载桑黄药用价值的是汉代的《神农本草经》，名为"桑耳"（桑树的耳朵）。至唐初《药性论》中记为"桑黄"——"桑耳使，一名桑臣，又名桑黄"。中国传统中医药药方中所记载的正宗桑黄，都是指桑黄纤孔菌。2020 年 7 月 13 日，国家卫健委、国家中医药管理局首次将桑黄列入中药行列，已通过权威专家及国家认可，正式拥有桑黄饮片规范。

第二次世界大战末美国向日本投放的两颗原子弹开启了桑黄的近代药学研究，当时，日本疏散核爆区域居民，一部分人被安置在一个叫做女岛的地方。女岛是日本养蚕的主要区域。之后的二十多年，其他安置区癌症高发，但女岛区癌症患病率低却出乎人们意料。日本科学家发现这一现象后开始研究，结论和遍布女岛的桑树上所产桑黄有关。原来女岛原住民有将桑黄切片饮茶的习惯。核爆区疏散安置人员到了女岛后入乡随俗也有了这样的饮食方式。在 1968 年，日本学者将桑黄卓越的抗癌能力以论文的形式向世界公布，引起了学术界广泛关注。之后，韩国科学界也投入了大量资源进行了研究，不仅证实了日本学界的研究成果确切，而且，还进一步将研究内容扩展到了非桑树所产的桑黄上。我国台湾省也同样出产桑黄，在桑黄研究方面各种成分和药理等研究成果层出不穷。

我国台湾省称桑黄为桑仔菇；韩国人称桑黄为 sanghwang；日本人称桑黄为 meshimakobu，其中 meshima 指日本长崎县男女群岛中的女岛，kobu 是树瘤的意思。1943 年，日本将 meshimakobu 命名为尤地针层孔菌（*Phellinus yucatanensis*）或

图 15-3　桑黄 *Sanghuangporus sanghuang* Sheng H. Wu et al.

者裂蹄针层孔菌（*Phellinus linteus*）。然而1998年，我国学者发现*P. linteus*是中美洲的种类，亚洲并无分布。2012年，我国真菌学家戴玉成发表了只长在桑树上的新种，桑黄*Inonotus sanghuang*。2016年发表桑黄及其相近种类属于新属：桑黄孔菌属*Sanghuangporus*，因此，桑黄的拉丁学名改为*Sanghuangporus sanghuang*。但是由于应用习惯时间长，许多研究依然采用*Phellinus linteus*、*Phellinus baumii*、*Inonotus sanghuang*等学名。

营养成分

研究表明，桑黄含有丰富的营养和功能活性成分，这些成分极其复杂，子实体中仅多糖含量可达65.51%，有单糖类（β-葡聚糖、壳聚糖）和半纤维素、果胶、多糖醛酸等成分。1986年的《中药大辞典》记载："桑黄子实体含约4%的落叶松草酸、偏半蒎酸、藜芦酸、三萜酸、芳香酸、麦角甾醇、甘氨酸等等丰富的氨基酸。"详见图15-4桑黄子实体中的各种功能成分占比。

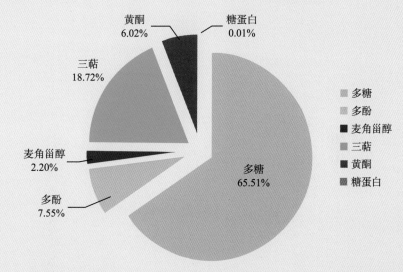

图 15-4　桑黄 *Sanghuangporus sanghuang* Sheng H. Wu et al. 子实体中的各种功能成分占比

🌿 食药应用

《太平圣惠方》记载将桑黄打成粉，每天吃饭前用热酒冲服2钱可以治疗女性劳损、月经不断问题。根据现代研究，并结合中医认识，在肝癌的预防治疗方面，可以桑黄配蛹虫草等额煎服。

而用于防治肺部疾病尤其是肺纤维化，可以灵芝为君，主胸中结，并入肺、心、脾、肾经，又因肝肾一体，因此灵芝可入五脏，益气血、安心神。肺主人体一身之气，肺疾最大的问题是会带来人体有关气的所有问题。以灵芝为君，首先解决的就是气虚问题，而且是通过益气解决内生性的精气转化问题。肺纤维化，就是胸中结的一种，灵芝可主攻该证。肺主一身之气，而人体不外乎气和血，气和血又是一体两面，肺部疾病往往会带来全身性健康问题。方选用桑黄为臣，入肝肾经，填补灵芝间接入肝的缺点，并起到清热解毒、利五脏、活血化瘀的作用，再选用灰树花为臣补虚扶正，蛹虫草为臣补精并平衡人体阴阳，基本形成了一个较为完整的小方剂。通过松茸理气、黑虎掌菌活血、紫丁香蘑通络、香菇补气、榆黄蘑滋补强壮、茯神安神，辅助君臣组形成气血调理完整体系——补气、益气、理气、益血、活血、通络，并佐灵芝强化安心神之能，再整体性辅助灰树花、香菇对身体补虚扶正之时再滋补强壮，最终形成了一个考虑周全的完整大方。

Tremella fuciformis Berk.

银耳——清肺佳友

分类地位　担子菌门 Basidiomycota，银耳纲 Tremellomycetes，银耳目 Tremellales，银耳科 Tremellaceae，银耳属 *Tremella*。

别　名　白木耳、雪耳、银耳子。

形态特征　子实体胶质，直径 4~7cm，耳状或花瓣状，光滑，半透明。白色，干时呈淡黄色，遇水能恢复原状，由薄而卷曲的瓣片组成，每个瓣片的上下表面均为子实层所覆盖，带状至花瓣状，边缘波状或瓣裂。担子（8~11）μm×（5~7）μm，有 2~4 个斜隔膜，无色，担子小梗长 2~5μm。孢子（4~6）μm×（6~9）μm，近球形，无色，光滑。

图 16-1　银耳 *Tremella fuciformis* Berk.

经济价值　食用菌、药用菌。已经大量人工栽培。

生　境　夏秋季生于阔叶树或针阔混交林中腐木上，散生或群生。

标　本　2020-07-21，采于贵州省黔东南苗族侗族自治州麻江县靠近大井坡，标本号 HGASMF01-4998；2019-10-18，贵州省铜仁市江口县梵净山梵净山，标本号 HGASMF01-6658，存于贵州省生物研究所真菌标本馆。

图 16-2　银耳 *Tremella fuciformis* Berk. 二维码

纵论肺疾

中医认为"肺主一身之气，通调水道，若外邪袭肺，肺失宣肃，治节无权，津液凝聚成痰"，故有"痰为百病之源，肺为贮痰之器"之说。通俗来讲，肺主导着我们人体内所有和气相关的问题。中医将生命的基础定义为气血，人身体的本质不外乎气和血。中医还认为，气和血是一体两面。其中，血代表了我们现代解剖学意义上的血液，而气则是血液的活力所在。我们身体还分各种气，如胃气、肾气等代表了脏腑功能的气，元气、营气、卫气、正气、阳气、阴气等等代表着人体各种系统以及不同方面的功能或物质，在中医看来所有这些气都由肺统一管理。此外，肺还介入到人体的水液代谢过程中，由胃、脾、肺、膀胱、肾等共同完成这个过程。肺在其中通过宣发、肃降，行使了调节和维持水代谢平衡的作用，使水液或散发到全身或降到肾及膀胱。如果有外邪入侵，如风寒等，肺就会失去调控水液代谢平衡的作用，使人体无法及时代谢而积聚的水液变成痰。所以，肺又被称为存贮痰的脏器。

痰，分有形之痰和无形之痰。有形之痰，就是我们日常所咳出来的痰。而无形之痰则包罗万象，是指只见其征象，不见其形质的痰病。

"肺感外邪化热，化火，或化燥，以及内火灼肺，也会炼液成痰"，也就是说，肺感受到燥火等外邪入侵时，会生内热，这些内热对肺造成伤害，会使肺部的水液凝练成痰。"痰浊贮于肺，肺气不畅，气逆于上，或咳、或嗽、或咯痰，或外邪引动伏痰而成哮喘"，指的是无论哪一类外邪导致的痰，都会存储在肺部，肺气运行就会受阻，气也就不能顺利地通过，因此，会导致咳嗽、咳痰或者哮喘等疾病。

因此，肺不仅是人体的过滤网，更是人体气血循环顺畅和水液代谢正常的关键系统，应予以更好的呵护。但是现代社会生活节奏快、工作压力大、自然污染严重，肺部承受着巨大的压力。如果人体出现以下问题就预示着应及时采取保养肺的措施。

🍄 呼吸短促。感冒和流感会对肺部造成伤害；当肺部正在抵抗重大生活压力，又有潜在问题时易于发展成为细菌感染；任何使肺功能受损的因素都可进一步诱发细菌性肺炎或支气管炎。

🍄 慢性阻塞性肺病。许多人不了解这种疾病的症状，也根本不知道自己患有慢性阻塞性肺病，延误了治疗。如果有慢性咳嗽，在日常活动中感觉到呼吸困难、气短，就需要进行慢性阻塞性肺病的检测。

🍄 气喘。如在日常生活中常感到喘不上气或呼吸困难，应及时就医，以排除慢性阻塞性肺病乃至哮喘病等潜在性疾病。

🍄 肺癌。肺癌是人们最不想听到的字词之一，事实上肺癌早期几乎没有任何症状，被发现时通常已到晚期，这是最令人恐惧和担忧的。

🍄 咯血。不仅是肺癌，支气管扩张也会发生咯血。

🍄 下肢出现发软、滞胀和痛疼等乍看与肺部似乎没有关系，但这有可能是存在静脉血栓，一旦血栓脱落并进入肺部引起肺栓塞就会非常危险，导致肺中血液壅塞，肺脏受损。

因此，对肺运行造成阻塞的障碍，无论是痰还是其他因素，及时进行清理是保持肺功能正常的关键所在。本书已经在桑黄部分对肺的构造进行了形象描述，从中可知肺的内部本身就有一定的自洁设计，即肺泡之前的气管和支气管内壁并不像血管内壁那样光滑，而是像鼻腔一样有一层毛刷。但这层毛刷和鼻毛不同，是气管内上皮细胞的毛发状突起形成的肺纤毛，类毛发样环绕四周。这些肺纤毛首先会分泌黏液将呼吸进入的粉尘、病毒、细菌等包裹形成痰，然后这些纤毛会往上一起起伏，形成刷的动作，将黏液移出气管，接着刺激人体喉咙形成咳的反应，最终被咳出。

肺泡与肺泡间质内则有巨噬细胞不断通过吞噬效应清理各种对肺功能有害的物质。但即便是有着各种自我清理机制的肺，依然会因为抽烟的行为使纤毛受损，会因为免疫力降低的情况使巨噬细胞力不从心，最终导致各种呼吸道疾病的产生。

因此，在日常生活中寻找适当的方式帮助肺维护完整的自洁功能，比患肺部疾病后再去治疗更能保护生命健康，这就是中医提倡的"治未病"理念。

◎生化药理

现代科学研究发现，银耳的胶质多糖可以通过保湿来保护肺部黏膜，可能是自然界唯一一种分子量高达百万的天然保湿剂。

银耳子实体和孢子的多糖部分含有糖蛋白 TP、葡萄糖醛酸木糖甘露聚糖；脂类甾醇部分含麦角甾醇、甘油三酯、脂肪酸、磷脂酰胆碱等活性物质。银耳热水浸提多糖能显著促进小鼠 T 淋巴细胞增殖和增强白细胞介素 -2 活性。

银耳生化药理研究证明，具有调节免疫、降血糖、降血脂、抗辐射、抗氧化、抗肿瘤、抗衰老等作用。

🥣 中药药性

中医在临床实践中发现，银耳主要作用是滋肺阴，指滋养肺藏组织，即保护肺藏本身器质性的安全。

中医综合认为："银耳性平，味甘、淡，入肺、胃、肾经，能润肺滋阴、补肾益精、强心健脑，可养肺阴、养胃生津、清肺热、济肾燥，对痰中带血、虚劳咳嗽、虚热口渴等均有一定的疗效。尤为适合体质虚弱、内火旺盛、免疫力低下、阴虚火旺、暮年慢性支气管炎、肺源性心脏病、虚痨、肺热咳嗽、癌症、妇女月经不调、胃炎肺燥咳嗽、大便秘结患者食用，不仅已临床用于治疗肺热咳嗽、肺燥干咳、咯痰带血、久咳喉痒、久咳络伤、胁部痛楚、肺疽肺痿等肺部疾病，还可治疗心脏病、月经不调，以及胃炎胃痛、大便秘结、大便下血、新久痢疾等胃肠疾病"。且银耳还能增强人体免疫力，以及增强肿瘤患者对放、化疗的耐受力，如我国已经用于临床的银耳多糖肠溶胶囊。

🍄 文化溯源

有"菌中之冠"美称的银耳是一种好氧性真菌，因其色白如银，故名银耳。在2000多年前的《神农本草经》中对桑耳的描述中就可见到银耳的影踪。在唐代陈藏器所著的《本草拾遗》，宋代寇宗奭所著的《本草衍义》，明代李时珍所著的《本草纲目》以及清代叶小峰所著的《本草再新》等对银耳都进行过论述。

野生银耳原生于枯木上，胶质，数量稀少，历来都身价尊贵。历朝历代皇室贵族都把银耳看作是"延年益寿佳品""永生不老良药"。清代德龄郡主用英文所著的《御香飘渺录》中说："银耳那样的食物，它的市价非常贵，往往一小匣子银耳就要花一二十两银子才能买到。"据记载，在清同治四年（1865年），银耳已在四川通江等地开始规模化人工栽培。20世纪70年代中期，银耳价格高达1200~1600元

图 16-3　银耳 *Tremella fuciformis* Berk.

/kg。工薪阶层一年工资收入也买不到一斤银耳。如今，随着科技进步，银耳在全国已大量人工栽培，出身高贵的银耳也早已走入寻常百姓家，成为受大众追捧的营养食品。

银耳的英语名称是 snow fungus，即雪白色蘑菇；在日本被称为 shiro kikurage 或 hakumokuji。在越南，它被称为 nấm tuyết 或 ngân nhĩ。1856 年，英国真菌学家迈尔斯·约瑟夫·伯克利（Miles Joseph Berkeley）根据探险家和植物学家理查德·斯普鲁斯（Richard Spruce）在巴西采集制作的标本进行了首次描述并予以了二项式命名并沿用至今。期间在 1939 年，日本真菌学家小林义雄（Yosio Kobayasi）描述了和银耳非常相似但表面有分散的深色刺的物种，并命名为 *Nakaiomyces nipponicus*。但后来科学家发现这个所谓新种其实就是银耳，只不过被子囊菌 *Ceratocystis epigloeum* 寄生，形成了黑色的刺。因此，*Nakaiomyces nipponicus* 可以算作是银耳的同种异名。

营养成分

银耳子实体中含有丰富的营养成分，总糖含量73.6%、蛋白质10.07%、氨基酸总量为 7.69%。银耳还含有植物中少见的维生素 D，含量达到 132.9mg/100g，高于肉制品、鸡蛋和鱼类，可作为素食者的维生素 D 摄入源。详见图 16-4 银耳的基本营养成分占比、图 16-5 银耳氨基酸占比。

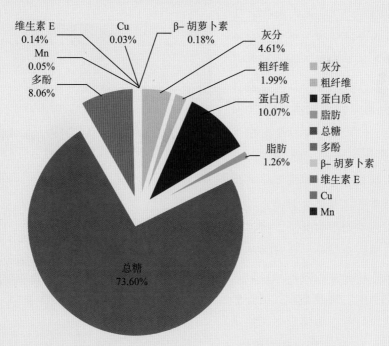

图 16-4　银耳 *Tremella fuciformis* Berk. 的基本营养成分占比

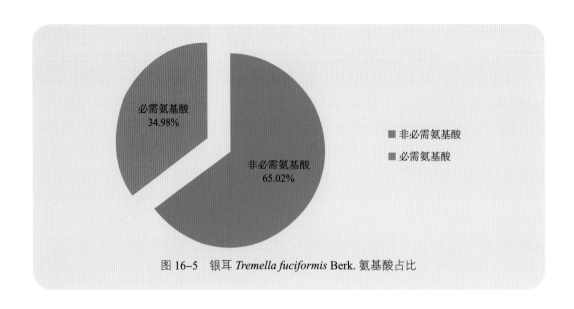

图 16-5 银耳 *Tremella fuciformis* Berk. 氨基酸占比

必需氨基酸
34.98%

非必需氨基酸
65.02%

■ 非必需氨基酸
■ 必需氨基酸

食药应用

现代人生活的复杂环境，如雾霾、粉尘、油漆、抽烟等，使得肺部非常容易受到伤害，因此应该加强对肺部的保护。中医将雾霾等侵入人体可带来各种不适的情况，统称之为"外邪"。现代人熬夜、工作压力大、饮食不规律，都会导致肺气受损。诸气不足皆源于肺，肺气不足，就会在邪气的侵袭下，产生各种问题，即所谓"邪之所凑，其气必虚"。因此，中医对此类问题的根本解决办法就是扶正气、固根本。另外，肺与大肠相表里，肺主外，大肠主内，肺部毒素通可过大肠排出。因此，中医在此类问题的解决方面，除了在肺经清肺通窍以外，还需润肠通便，排出毒素。对于这类问题，中医治法为扶正固本、清肺通窍止咳、润肠通便，从本到标全面照顾到。按下方配伍调理：桦褐孔菌、东方肺衣、蜜环菌、甘草、石耳、蛹虫草、银耳、百合、罗汉果，将这些药食两用菌物药和植物药制成茶，常喝常养。

图 16-6 银耳 *Tremella fuciformis* Berk.

Ophiocordyceps sinensis（Berk.）G.H. Sung et al.

分类地位 子囊菌门 Ascomycota，粪壳菌纲 Sordariomycetes，肉座菌目 Hypocreales，线虫草科 Ophiocordycipitaceae，线虫草属 *Ophiocordyceps*。

别　名 中华线虫草、冬虫草、中华虫草、中华丝虫草。

形态特征 子座从寄主前端长出，常单个，罕见 2 个，全长 5~10cm，长棒形或圆柱形，基部粗 1.8~3.5mm，向上渐细，灰褐色，初期内部充实，后变中空，尖端有 1.2~5cm 的不孕顶部。子囊壳（350~500）μm×（120~220）μm，椭圆形至卵形，半埋生，黑褐色。子囊（220~450）μm×（11~15）μm，圆柱状，无色，细长。子囊孢子（150~450）μm×（5~6.5）μm，线状，无色，薄壁，成熟后多分隔。

图 17-1　冬虫夏草 *Ophiocordyceps sinensis*（Berk.）G.H. Sung et al.

经济价值 药用菌。

生　境 生于鳞翅目蝙蝠蛾幼虫体上。自然分布于海拔 3000~5000m 青藏高原的高山草甸及高山灌丛带中。

标　本 2011-05-11，采于青海省果洛州玛沁县东倾沟乡，存于广东省科学院微生物研究所真菌标本馆。

冬虫夏草——能平衡人体阴阳的中华仙草

纵论阴阳

阴阳，既是中国哲学的根基，也是中医的根基。在中医的诊断学中，人体一切都逃不开阴与阳，并由此延伸出了虚实、寒热、表里等六纲，加上阴阳就是中医的八纲辨证。实际上，阴阳之别在中医中无处不在，如女性常常气血不足，但很多人并不知道气血不足中的气与血是什么关系。有些人还能引用"气为血之帅，血为气之母"这样的描述，但并没有更直观的认识。本质上，气血说的都是我们现代所理解的血液系统，是对血液系统的不同角度描述，即一体两面，以气为阳，以血为阴。狭义到这里的气就是指的血液循环不息的运行功能，而"血"指的是血液本身这种物理存在。在中医概念体系中，阳就是运动的，因此，血液的运动就是阳，称为气；阴相对阳而言的，是静止的，血液本身除去运动功能在中医看来就是始终存在于血管之中的红色液体，是静止的，属阴。

我们经常能听到阴虚、阳虚这样的词，如肾阳虚、肾阴虚，二者用药也截然不同，但却不会自我判断，使得不敢用药。但只要掌握以下要点，实际上我们自己完全可以辨别自身阴阳。

🍄 首先可以简单将人体整体阴阳总分数定为100分，阴有50分，阳有50分。阴虚的"虚"指的是"少"，就是说阴从50分变成了40分或者更低，但阳还是50分，所以阴少了就是阴虚。同样逻辑，所谓阳虚，就是阳从50分变成了40分甚至更低，但阴还是50分，阳少了就是阳虚。也就是说，阴虚是阴相对阳而言变少了；阳虚是阳相对阴变少了。

🍄 在自我体感上，阴可以和寒等同，阴虚就是指寒虚。寒少了，人就会自我感觉热。因此，阴虚的自我感觉就是比一般人怕热。

🍄 同理，在体感上，阳可以和热等同，阳虚就是热虚，就是热少而相对的好像是寒多了，所以，即便体温正常，但自我感觉容易冷，就是阳虚。

🍄 更简单一点，怕热的人对应的辨证恰恰是和热意思相反的"阴"虚；怕冷的人对应的辨证恰恰是和冷意思相反的"阳"虚。

接受现代教育的很多人对阴阳概念并不以为然，认为这是一种哲学，而不是科学。但实际上，阴阳概念已经越来越广泛地被西方科学界用于人体健康的研究，如将"氧化－抗氧化"理论从阴阳角度进行研究，将"交感－副交感"神经系统从阴阳角度进行分析，将神经系统中的骨桥蛋白从阴阳角度进行研究等等。阴阳理论在现代医学中的地位也越来越高，以至于有些因子都被以阴阳来命名，如一种多功能蛋白因为可根据细胞环境激活或抑制基因表达，有阴阳一体之妙，被命名为转录因子 YY1。YY，就是阴阳的拼音缩写。甚至有西方科学家将阴阳理论称之为阴阳动力学并加以研究。

阴阳虽然是从宏观角度诞生的概念，但人体有很多微观领域的功能也可以用阴阳来进行表述或研究，如抑制与刺激、分解与合成、促进与破坏、协同与对抗、攻击与防御、分泌与吸收、凋亡与增殖、氧化与抗氧化、修复与损伤等等。无论是从宏观还是从微观看，阴阳的失衡都会引起连锁反应从而导致健康问题产生。

中医用最直观的阴阳对立和统一观点，衍生了复杂且系统的理论体系。如在中医临床中，常说的"热者寒之，寒者热之"，"虚则补之，实则泻之"一针见血地描述了中医治疗疾病的基本策略，同时，也描述了疾病治疗的禁忌。

从禁忌来看，糖尿病患者一般都属于阴虚，于中医中属"消渴"范畴。所谓消渴，关键词是"渴"，渴的根源是"热"，因为"热"所以"渴"。人体表现出了"热"的现象，究其本质就是"阴"相对"阳"而言变少了，"寒"无法有效地抑制人体的"热"，从而使"热"成为了胜利者。此时，我们应该通过药物来增加人体内的"寒"，从而使寒热达成平衡。所用的药物，既然要增加人体的寒，就需要用"寒凉药"。但如果用了"温热药"，反而会加重体内的热，使糖尿病病情更严重。

我们日常生活中常会遇到"滋补"这个词，如逢年过节要给老人买一些滋补品等。很多人不知道的是，滋补品中的"滋"和"补"是意义截然不同的概念。滋即滋阴，就是针对阴虚人群的；补即"温补"，是针对阳虚人群的。如果买了滋补品却不匹配老人的情况，不仅没有益处，往往还会有害处。如家中老人是糖尿病患者，身体本质为阴虚，儿女却偏偏买了以人参为主要原料的大补品，老人如果用了反而会加重糖尿病对身体的伤害。

再比如，现在就很流行食用冬虫夏草来滋补。很多人并不知道其中的原因所在，只是人云亦云，知道冬虫夏草好，但为什么好，是不是适合自己却并不知晓。冬虫夏草被中医认为是一味能够平衡人体阴阳的中药。人体的阴阳平衡是动态的，当我们患了某种疾病，身体如果只是简单的阴阳失衡现象，通过适当的滋阴或补阳，可以使身体阴阳得到平衡，即疾病得到治疗。冬虫夏草能够平衡人体比较混乱的阴阳平衡问题，因此冬虫夏草就被称为中华九大仙草之一。

◎ 生化药理

生化药理研究证明，冬虫夏草具有抗炎、保肝、护肾、镇静、抗惊厥、抗菌、抗突变（虫草菌）、抗癌（虫草子实体）、抗艾滋病病毒、双向调节免疫、抗心律失常、祛痰、止咳、降血压、降血脂、降血糖、调节性功能紊乱、抗雌激素、抗氧化、抗自由基、抗衰老等作用。现人工冬虫夏草菌丝体培育技术已经非常成熟，由这些菌丝体所制成的中成药已在临床应用多年。

🥣 中药药性

"不为良相，便为良医"。清代著名文学家蒲松龄，《聊斋志异》的作者，不仅满腹才情，还很精通医道。他曾在从医时写过一篇诗说："冬虫夏草名符实，变化生成一气通。一物竟能兼动植，世间物理信无穷。"描述的就是冬虫夏草的特性。中医师们也根据冬虫夏草的这种特性判给了它平衡阴阳的药性。中医认为冬虫夏草味甘，虫体部分性热，草部分性寒，气香，有小毒；同时使用虫草的两部则性平，主入肺肾二经，保肺气，实腠理，补肾益精，可治痰饮喘嗽、肺虚咳喘、劳嗽痰血、咯血、自汗、盗汗、肾亏阳痿、腰膝酸痛、病后久虚不愈、遗精等。

🍄 文化溯源

冬虫夏草的名称使人误以为其冬天是虫，夏天就变草。实际上，该名称本意指的是具有冬季虫体受到真菌感染后到夏天就会长出草这一特性的一种中药。虫草并不是昆虫与真菌的结合体，作为蝙蝠蛾的幼虫感染虫草真菌后实际上已经死亡，虫草菌丝已经遍布虫体，将虫体所有营养都吸收后用于生长草的部分。类似状态还包括蝉花虫草、蛹虫草、古尼虫草等400多个家族成员。

冬虫夏草的拉丁名 *Ophiocordyceps sinensis* 中 *Ophiocordyceps* 是由多个词组成的。其中，Ophio 来自希腊语中的 ophis，是蛇的意思，意指冬虫夏草的虫体属于蛇形虫科；cord 是棍棒的意思；ceps 是帽子的意思；合并成一个单词指蛇形虫科的虫头部长着棍棒形帽子。*sinensis* 的意思是来自中国。这个种最早由欧洲传教士尚加特利茨库在 1723 年从中国西北采到冬虫夏草带到法国，由法国著名昆虫学家勒内·雷奥穆尔（René Reaumur）在法国科学院的学士大会上作了介绍，并登在会议纪要上。之后，1843 年被英国真菌学家迈尔斯·约瑟夫·伯克利（Miles Joseph Berkeley）准确描述，并命名为 *Sphaeria sinensis* Berk., J. Bot.（Hooker）。*Sphaeria sinensis* 的意思是中华球孢菌。到 1878 年，皮尔·安德里亚·萨卡多（Pier Andrea Saccardo）将该物种转移到冬虫夏草属，命名为 *Cordyceps sinensis*（Berk.）Sacc.。2007 年由 Gi-Ho Sung, Nigel L. Hywel-Jones, Jae-Mo Sung, J. Jennifer Luangsa-ard, Bhushan Shrestha, Joseph W. Spatafora 等六人根据形态学观察以及核糖体 DNA 大小亚基等序列，修正了冬虫夏草菌的属名为 *Ophiocordyceps*。

冬虫夏草是国际知名的高级滋补名贵中药材，在我国主要产自西藏、青海、四川等地，在国外主要是尼泊尔、印度锡金、不丹等地，藏文叫 "yartsa gunbu"，冬虫夏草就是由这个藏文直译过来的；英文译为 "Hia Tsao Tong Tchong" "Hea Tsaon Tsong Chung" "Dong Chong Xia Cao" 等；日文译为 "Tochukasu" "Totsu kasu" "Tocheikasa"

等；尼泊尔叫 "Keera jhar" "Jeevan but.i" "Keeda ghass" "Chyou kira" "Sanjeevanibut.i" 等。据考证，最早记录冬虫夏草的是藏文《千万舍利》（1439—1474）中，后在《青藜馀照》（1712—1722）、《四川通志》（1736 年）、《本草从新》（1757 年）、《本草纲目拾遗》（1765 年）等书中都有记载。其中《本草从新》记录有："冬虫夏草四川嘉定府所产最佳，云南、贵州所产者次之。冬在土中，身活如老蚕，有毛能动，至夏则毛出之，连身俱化为草。若不取，至冬则复化为虫。"又有："冬虫夏草有保肺益肾、止血化痰、治咳嗽……如同民间重视的补品燕窝一样。"《本草纲目拾遗》中曰："夏草冬虫，出四川江油县化林坪，夏为草，冬为虫，长三寸许，下趺六足，腔以上绝类蚕，羌俗采为上药。"并引用《七椿园西域闻见录》："夏草冬虫生雪山中，夏则叶歧出类韭，根如朽木，凌冬叶干，则根蠕动化为虫。"还引用《柳崖外编》："冬虫夏草，一物也。冬则为虫，夏则为草，虫形似蚕，色微黄，草形似韭，叶较细。"

图 17-2　冬虫夏草 *Ophiocordyceps sinensis*（Berk.）G.H. Sung et al.

营养成分

冬虫夏草含有丰富的营养及功能活性成分，具有独特的药用价值。冬虫夏草的关键功能成分是虫草多糖、D-甘露醇和腺苷。冬虫夏草菌丝体与野生种的药效成分占比详见图17-3。通过现代生物技术生产具有高含量功效成分的冬虫夏草新型菌丝体是一种缓解资源稀缺的有效途径。

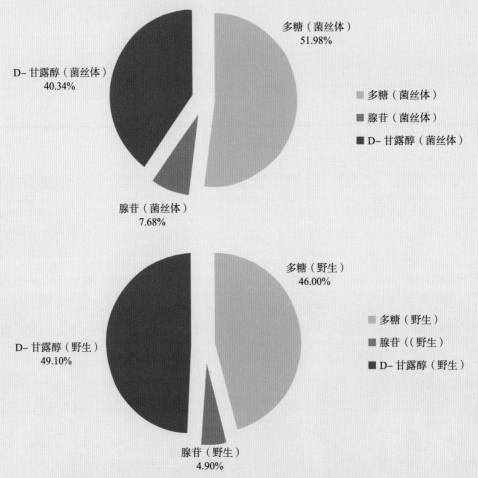

图17-3　冬虫夏草 *Ophiocordyceps sinensis*（Berk.）G.H. Sung et al. 菌丝体与野生种的功能
活性成分占比

🌿 食药应用

中医辨证的根本是阴阳，中医的治疗目标也可简单地概括为阴平阳秘。结合中医藏象学说，人体疾病又可简单理解为是五脏六腑的阴阳平衡。结合气血学说，人体疾病又可简单理解为是气血平衡及气血通畅。因此，如果身体内有非常复杂的阴阳、表里、虚实、寒热、正邪等问题而又无法准确辨证时，就可以将辨证作为"黑箱子"来处理，使用冬虫夏草为主要药物来辅助人体恢复阴阳平衡，达到治疗的目的。

因此，配伍可以冬虫夏草为君，其主要作用就是平衡人体阴阳，并补先天之本源。再以桦褐孔菌为臣，利五脏、益气血；以灵芝为臣，益气血、安心神，并健脾胃以补后天之本源。以灰树花为臣，补虚扶正。以黑牛肝菌为佐，同入脾肾，辅助冬虫夏草和灵芝先天后天同补；香菇辅佐灰树花扶正补虚；黑虎掌菌益气补气、追风散寒，驱风寒之邪；裂褶菌滋补强身，佐香菇、灰树花在扶正补虚时强健体质；紫丁香蘑祛风

图 17-4　冬虫夏草 *Ophiocordyceps sinensis*（Berk.）G.H. Sung et al.

清热、通络除湿，驱风热湿之邪；竹荪补气活血，化瘀毒；茯神安神，强健精神。该方应用范围非常广泛，但仅适用于个体无法清晰辨别病证的情况下使用，如果清楚自身辨证，建议按辨证结果配方施治。

中医复方配伍时以冬虫夏草为君，还可用在治疗肺病和肾病方面。如肺肾双虚导致的咳喘且呼长吸短，可以冬虫夏草为君，配人参、胡桃肉，可以补益肺肾、纳气平喘。而如果肺气虚且肝肾阴亏导致的连续咳嗽以及痰中带血，可以冬虫夏草为君，配麦冬、阿胶、川贝母，可以补肺养阴、化痰止咳。如果肾虚，还可以冬虫夏草为君，配菟丝子、潼蒺藜、巴戟天，专补名门强肾秘精。如果因肺癌导致持续咳嗽、虚喘、咯血、胸痛等症状，可以冬虫夏草为君，配仙鹤草、麦冬、山海螺、象贝母等，抗癌、止咳、平喘、止血、止痛、镇静。

本书对日常亚健康状态的人将冬虫夏草当作保健品以打粉或煲汤的方式来养生并不赞同，因为不仅中医认为冬虫夏草有毒，生化药理研究也证明了这一点，并建议具有自身免疫缺陷的如系统性红斑狼疮、风湿类风湿性关节炎、多发性硬化症等患者慎服。《四川中药志》也标注说："有表邪者慎用"。所谓表邪者，就是有外邪入侵后的症状，如发烧、恶寒、鼻塞等。

《中华本草》等认为"蛹虫草、蝉花等相似种可以在临床时替代冬虫夏草且能起到同样的作用，因此，可以日常多服蛹虫草等来替代冬虫夏草"。有关报告也称蛹虫草无毒，且其虫草素含量是冬虫夏草的40倍。因此，本书推荐在临床或食疗中可以蛹虫草、蝉花等代替冬虫夏草。

蛹虫草（第四部分神经系统）、蝉花（第五部分循环及血液系统）等可见本书相关内容。

4

第四部分
神经系统

金针菇——益智菇

Flammulina filiformis（Z.W. Ge，X.B. Liu & Zhu L. Yang）P.M. Wang，Y.C. Dai，E. Horak & Zhu L. Yang

分类地位 担子菌门 Basidiomycota，蘑菇纲 Agaricomycetes，蘑菇目 Agaricales，膨瑚菌科 Physalacriaceae，冬菇属 *Flammulina*。

别　名 冬菇、毛柄金钱菌、构菌、冻菌、朴菰、毛柄小火焰菇。

形态特征 菌盖直径 2.5~7.5cm，幼时扁半球形，后渐平展中部微凸起，中部颜色较深呈淡黄褐色至黄褐色，向边缘颜色变淡呈乳黄色，表面光滑，稍黏，边缘具细条纹。菌肉较薄，白色。菌褶弯生，不等长，稍密，白色至淡黄色。菌柄长 3~6cm，直径 0.5~1.3cm，圆柱形，顶部黄褐色，向基部颜色加深呈暗褐色至近黑色，被绒毛，纤维质，内部初松软，后中空。担孢子（8~12）μm×（3.5~4.5）μm，椭圆形至长椭圆形，光滑，无色或淡黄色，非淀粉质。

图 18-1　金针菇 *Flammulina filiformis*（Z.W. Ge，X.B. Liu & Zhu L. Yang）P.M. Wang，Y.C. Dai，E. Horak & Zhu L. Yang

经济价值 食用菌、药用菌。金针菇已可人工栽培。

生　境 初春和晚秋至初冬季节生于阔叶树腐木桩上或根部，丛生。

标　本 2021-01-03，采于贵州省贵阳市云岩区兰花坡森林公园，标本号 HGASMF01-13009，存于贵州省生物研究所真菌标本馆。

图 18-2　金针菇 *Flammulina filiformis*（Z.W. Ge，X.B. Liu & Zhu L. Yang）P.M. Wang，Y.C. Dai，E. Horak & Zhu L. Yang

纵论记忆

记忆是什么？有哲人认为记忆就是我们自己。可以将每一个刚出生的人都比作是一张白纸，记忆就是这张白纸上呈现出来的那幅画。经历丰富的人生可能堪比"清明上河图"，经历简单的人也可能会是一幅"虾趣图"。这幅画中，有沉入底层的颜料，有远景中模糊不清的人影，有对比鲜明的山水，有沉入水底不可见的泥沙，有不时跃出水面的鱼……因为有了这些画面，才有了个性鲜明的个体。如果记忆出现问题，就像画被撕掉了一部分，这个人的生命就有了缺陷，不再完整。

但在日常生活中，大多数人都面临着下面这些不同程度的记忆问题。

🍄 出门走了好远，突然感觉不对，会问自己：门锁了吗？没锁吗？

🍄 走在大街上，迎面和一个人擦身而过，突然会很疑惑：这个人一定见过，但他是谁？

🍄 拿出手机要拨打一个电话，突然愣住了：要给谁打电话来着？

🍄 早上出家门时，家人再三叮嘱要做一件事，忙碌一天回到家，看到家人会突然想起：好像忘了什么？

记忆是如此重要，但迄今为止，我们依然不能清楚把握它的生理本质。但也正因为如此，科学家们通过不断努力，正逐渐破解有关记忆的深层奥秘。在导致记忆力变差方面，科学家们罗列出如下 12 种因素。

🍄 甲状腺功能障碍，会引起记忆滞后问题。

🍄 女性更年期常见的潮热，会导致记事能力变差。

🍄 失眠，会促成记忆力衰退。

🍄 焦虑、抑郁以及情感障碍类疾病会导致记忆力损伤。

🍄 抽烟、酗酒、吸毒会导致记忆力减退。

🍄 长期摄取高热量、高脂肪食物，会导致记忆力损伤。

🍄 长期高压力下生活、工作，会导致记忆力损伤。

🍄 许多处方药和非处方药可能会干扰或导致记忆丧失，如抗抑郁药、抗组胺药、抗焦虑药、肌肉松弛药、镇静剂、安眠药和手术后给予的止痛药等。

🍄 某些营养缺乏会影响记忆力，如优质脂肪、蛋白质以及维生素 B 族等。

🍄 头部受伤，如摔倒、车祸、斗殴、意外等，有可能会造成记忆伤害。

🍄 某些脑部疾病，如中风、肿瘤、阿兹海默症等，会导致记忆力受损。

🍄 年龄增长会使记忆力随之不断减弱。

要解决记忆相关的健康问题，首先要了解记忆是怎么形成的。这和我们大脑内的神经元细胞密切相关。科学家在电镜下观察到，我们的大脑神经元细胞外形很像一只尾巴上长着钳子的蝎子。这只蝎子的身体就是主要细胞体，由细胞膜、细胞质、细胞核组成；蝎子的腿以及钳部、尾部就是神经元细胞的突触。突触可以比作神经元的手，神经元细胞之间的联系都是靠手拉手的方式来实现，记忆就是由这些突触开始的。

人类的记忆可以分为三期，短期、中期和长期记忆，其关系是层层递进的。也就是说，先有短期记忆，之后经过一个不断重复的过程使之变成中期记忆，再强化变成长期记忆。因此，追溯记忆，就必须从短期记忆的形成开始。

短期记忆和我们的兴奋值有关，而兴奋值又和我们的兴趣有关。当我们对某个事物或事件感兴趣时，相关联的脑神经元细胞的手（突触）就会激动的共振并快速生长然后连接在一起，从而形成一个短期记忆组合。如有的神经元细胞对声音非常敏感，当我们听到了某种天籁之音，并使我们的兴奋值大幅提高时，这些神经元细胞的突触就会变长，并主动寻找因同样原因兴奋起来的主管图像、文字、颜色等神经元细胞的变长突触，然后互相之间手拉手，形成了一个小圈子，就是我们人体对这件事情形成的一个短期记忆编码。

如果我们对这个声音非常感兴趣，然后不断模仿学习，这个神经元小组合就会因为不断得到强化，最终形成固定组合，突触也不会再缩回去，细胞结构就此定型，便是我们所说的中期记忆、长期记忆。

因此，短期记忆是人体应激反应产生的一种生理生化反应，中长期记忆则有细胞结构的改变，尤其是记忆组合中突触与突触之间的连接通畅度决定了记忆关联度。另外，神经元细胞之间由多巴胺进行信息传递，主要负责人类的情绪控制。如多巴胺分泌减少，神经元细胞的兴奋度就会下降，记忆编码的形成就变得更加困难。

在记忆形成和保存过程中，一些健康问题会对其产生影响。如甲状腺出现问题时，甲状腺激素会影响大脑发育以及脑神经元细胞突触的行为模式，还会影响注意力。当女性进入更年期时，雌激素的分泌减少、睡眠质量下降、情绪容易激动，这些都会影响脑神经突触正常的生理功能，也自然会影响到记忆以及回忆。

有专家认为失眠或少眠是健忘的主要"凶手"。大脑在睡眠障碍情况下长期处于弱兴奋状态，脑神经突触不活跃，无法有效形成短期记忆单元，也就谈不上中长期的记忆形成了。

过度抽烟、酗酒乃至吸毒或长期抑郁、高压下生活工作等会导致脑细胞产生疲劳、血液流动降低，从而影响到神经元细胞，使之活力不足，由此引起记忆问题。长期摄入高热量以及高脂肪食物，会降低人体多巴胺的分泌，也会伤害到神经元细胞的特定功能，甚至会影响我们的认知能力。

　　大脑和人体其他所有组织相同，都要靠各种营养才能正常工作，营养不足必然会导致大脑工作出现问题。和记忆相关的主要营养素包括赖氨酸、维生素 B 族等。疾病及药物更多涉及脑神经细胞的伤害或死亡，从而引起各种不可预测的记忆问题。

图 18-3　金针菇 *Flammulina filiformis*（Z.W. Ge，X.B. Liu & Zhu L. Yang）P.M. Wang，Y.C. Dai，
E. Horak & Zhu L. Yang

科学家们针对记忆健康问题提出了包括科学膳食、经常锻炼大脑、情绪管理、注意休息、避免常用化学药物在内的很多建议，对于记忆改善更多建议集中在多吃一些有助于此的膳食补充剂，其中，金针菇被频繁提及。

◎生化药理

金针菇，又被称为益智菇。生化药理研究证实了金针菇有益智作用，金针菇多糖对超氧化物歧化酶（SOD）和谷胱甘肽过氧化物酶（GSH-PX）的活性以及神经递质水平都有显著的提高。此外，学习和记忆相关的信号通路被金针菇多糖激活，连接蛋白 36 和 P-CaMKII（磷化—丝氨酸/苏氨酸蛋白激酶）的表达增强。这些专业结论最终认为金针菇多糖是一种可以针对认知障碍以及学习记忆的有效药物来源。

生化药理研究表明，金针菇还能调节免疫，抗癌，降血压、血脂和胆固醇，保肝，抗疲劳，抗炎等。

目前，金针菇菌丝体加工制品已用于癌症及慢性肝炎的临床辅助治疗，可调补气血、扶正固本。

🥣 中药药性

中医认为"金针菇味甘、咸，性寒，入肝胃经，补肝、益肠胃、抗癌、益智，主治肝病，胃肠道炎症、溃疡，癌症等"。在中医体系中，肝肾同源是一个非常重要的理论。《素问·五运行大论》云："北方生寒，寒生水，水生咸，咸生肾，肾生骨髓，髓生肝。"且脑为髓之海，因此金针菇之所以益智，就在于它入肝，且味咸，性寒。

🍄 文化溯源

金针菇在亚洲、欧洲、北美洲、澳洲等地区广泛分布，其发现及食用历史起源于唐代。古人所说的"烂构木两三日即生菇"，就是指金针菇从构木上生长出来。但在当时被叫做小火菇或冬菇、冻菇。叫小火菇是因为野生金针菇连成一片，外形呈火红色，像一团正在燃烧的火焰；叫冬菇或冻菇是因为野生金针菇通常在 15℃ 之下才有机会生长。1872 年，金针菇由美国真菌学家摩西·阿什利·柯蒂斯（Moses Ashley Curtis）描述并命名为 *Agaricus velutipes*。1947 年，德国真菌学家罗尔夫·辛格（Rolf Singer）将金针菇移到了 *Flammulina* 属（金针菇属），命名为 *Flammulina velutipes*（毛腿冬菇）。*Flammulina*，是火焰的缩小形，指小火焰菇属；种名加词 *"velutipes"* 意思是"似天鹅绒的"。金针菇起源于冬菇，中国、日本的冬菇在形态上与欧洲的十分相似，大部分把两者当作近亲，因此该学名一直延续用了 80 多年。近年来，我国真菌学家杨祝良等研究发现分布于中国的金针菇和欧洲毛腿冬菇是两个完全不同的物种，因此，给金针菇起了一个新学名 "F. filiformis"。金针菇在日本叫做 enokitake，enoki 是朴树的意思，take 意思是采摘的蘑菇。英语名称来自日语，叫 enoki mushroom。

图 18-4　金针菇 *Flammulina filiformis*（Z.W. Ge、X.B. Liu & Zhu L. Yang）P.M. Wang，Y.C. Dai，E. Horak & Zhu L. Yang

🍄 营养成分

金针菇富含营养及功能活性成分，包括植物血凝素、甲壳质、N-乙酰氨基葡萄糖等，其中油酸、亚油酸、牛磺酸是脂肪酸的主要组成成分。金针菇新鲜子实体含水率为90.02%，其他成分占比见图18-5。

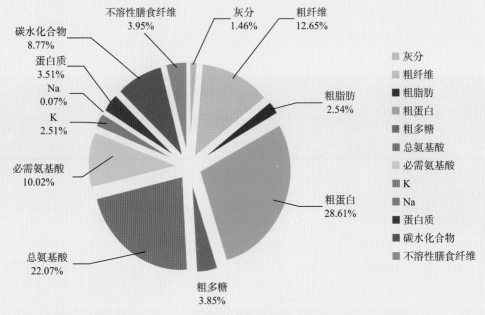

图 18-5　金针菇 *Flammulina filiformis*（Z.W. Ge, X.B. Liu & Zhu L. Yang）P.M. Wang, Y.C. Dai, E. Horak & Zhu L. Yang 基本营养成分占比

🌿 食药应用

常见记忆力下降或不足，排除其他疾病因素，年轻人一般都是因为劳神过度或休息不足导致，中年人则可能还有肾虚精亏的原因。因此，对于年轻人而言，日常要注意规律生活，少熬夜，且不要暴食暴饮。此外，日常可将金针菇、香菇、猴头菇三种菌菇混合烹饪，既是美食，也能提高记忆力。中医认为"脑为髓之海""髓生肝"，而金针菇入肝经，可滋肝阴，意味着其可修复或减少肝脏损伤，降低髓的消耗，从而提升脑的功能。而香菇可补虚扶正，猴头菇可健脾安神。对于中年人，还可加蛹虫草、黑松露和茯苓，其中蛹虫草补肾精，平衡人体阴阳，黑松露抗衰老，茯苓健脾、安神、除湿浊。

Pholiota adiposa（Batsch）P. Kumm.

黄伞——清神醒脑每一天

分类地位 担子菌门 Basidiomycota，蘑菇纲 Agaricomycetes，蘑菇目 Agaricales，球盖菇科 Strophariaceae，鳞伞属 *Pholiota*。

别　名 黄伞、黄蘑、黄丝菌、多脂鳞伞、柳蘑、柳树菌、柳松菇、肥柳菇、刺儿菌、黄环锈菌、肥鳞儿、柳钉等。

形态特征 菌盖直径 5~12cm，初扁半球形，后渐平展至中部稍突起，柠檬黄色、谷黄色、污黄色，表面具黄褐色块鳞，湿时黏至胶黏，干时有光泽，边缘常内卷，具纤毛状菌幕残片。菌肉较厚，白色至淡黄色，味道柔和，无特殊气味。菌褶近弯生至直生，稍密，黄色至锈黄色。菌柄长 4~10cm，直径 0.6~1.5cm，等粗或基部稍细，中生，与菌盖表面同色，表面黏，纤维质。担孢子（6~8.5）μm×（3~5.0）μm，卵圆形至椭圆形，光滑，薄壁，锈褐色。

图 19-1　黄伞 *Pholiota adiposa*（Batsch）P. Kumm.

经济价值 食用菌、药用菌。

生　境 夏秋季生于杨树、柳树以及桦树等树干上、枯枝基部或枯枝树洞中，单生至丛生，易引起树干基部腐朽或木材杂斑状褐色腐朽。

标　本 2021-03-26，采于辽宁省丹东市凤城市，标本号 HGASMF01-16470，存于贵州省生物研究所真菌标本馆。DNA 序列编号：ON557687。

图 19-2　黄伞 *Pholiota adiposa*（Batsch）P. Kumm. 二维码

纵论提神醒脑

在高节奏的现代社会，学业、工作、家庭、社交以及信息轰炸围绕着人类，身心俱疲的同时，也带来了下面这些严重的健康问题。

- 焦虑、抑郁等心理问题。
- 神经衰弱、反应迟钝、记忆力下降、对刺激过度敏感等神经精神问题。
- 耳机耳、电脑颈、鼠标手、玻璃胃、憋尿膀胱等损伤。
- 由于长期熬夜、工作疲劳、大量吸烟饮酒、无节制网上娱乐等导致失眠、脱发、易疲劳等症状高发。
- 手机依赖症、拖延症、晚睡强迫症等"现代常见病"。

人首先是一个生物体。我们到医院检查，经常看到化验单中的每一项都会标注出一个"最低－最高"的范围值。从这里可以侧面看出，我们的身体同样拥有一个类似范围。低于这个范围的下限，身体会因此得患各种"懒病"，免疫力低下；高于这个范围的上限，身体也会因为长期紧张而得患各种疾病。

如果将人体比作一辆车，那么，神经系统就是这辆车的控制系统。人每日所摄入的脂肪、水、碳水化合物、蛋白质、维生素、矿物质、纤维素等就是这辆车运行所需要的混合能源。汽油通过燃烧为汽车提供动力，营养素则是通过氧化反应为人体提供能量。汽油燃烧转化为动能、电能为汽车行走提供动力；营养素氧化后转化为化学能，为人体的生命活动提供动力。这种化学能在人体主要储存在腺苷中。

众所周知，脱氧核糖核酸（DNA）和核糖核酸（RNA）是人类细胞核内最主要的遗传物质，因此，核酸是人体细胞最重要的生物分子。而组成核酸的是核苷酸。

腺苷就是一种核苷酸。其中最重要的腺苷是经过磷酸化后所得到的三磷酸腺苷，英文简称ATP。这种三磷酸腺苷，不仅是细胞的电池，储存和释放化学能，也参与核酸的合成。葡萄糖和脂肪酸在ATP合成酶的作用下在细胞的线粒体内，通过氧化及磷酸化的化学过程合成三磷酸腺苷。线粒体，是细胞里的细胞器之一。因此，ATP随着细胞而在人体无处不在。如果我们过于劳累，人体细胞需要更多能量，而细胞所产生的ATP不能满足这些需求，那么人体无处不感觉累。

这种累的感觉也会传递到大脑，因为ATP还是一种信号物质，是神经元之间传递信息所需的能量。在过多消耗时，它就会促使大脑产生睡意，释放出希望人体得到休息的信息。我们在思考时，神经元放电频率会非常高，能量消耗也就会非常大。这个时候ATP会水解成为ADP、AMP，就像是电池放电后会缺电一样，神经元兴奋度的下降会导致疲劳、累等感觉。

ATP 还是心脏的保护神。ATP 从心肌中释放，来响应人体氧供需比例的变化，防止心肌缺血情况的出现。它还能帮助冠状动脉和侧支血管舒张，为心脏提供更大量的氧气。在心肌缺氧时，它还能通过增加糖酵解量来促进能量产生。ATP 还保护着我们的血管，能通过抑制自由基的产生来防止血管内皮细胞损伤，还能通过抑制血小板聚集限制血管损伤。

ATP 还会在我们生活的很多方面体现它重要的作用。如饭后容易犯困，是因为 ATP 水解代谢物浓度升高，抑制了下丘脑食欲素神经元的兴奋水平，催促神经系统进入睡眠状态。另 ATP 水解代谢物浓度上升还会使血清素水平降低，人就容易烦躁、易怒、注意力不集中。并且 ATP 水解代谢物浓度上升，还会抑制多巴胺神经元的活动，减少多巴胺分泌，导致人的情绪低落。

基于这些研究所开发的各种 ATP 以及衍生类药物已经用于临床治疗心脏病等。但目前只能用于临床一些重大疾病的治疗。因此，科学家们将目光转向了植物和菌物，希望能够找到更好的选择。

◎生化药理

科学家研究发现，从黄伞中提取的腺苷，可促进人体 ATP 的合成，增强抗炎细胞因子 IL-10 的表达，抑制炎症因子 IL-6、IL-2 和 IFN-γ 的表达，从而发挥抗炎作用。

生化药理研究表明，黄伞除了可以恢复精力、脑力以外，还可抗肿瘤、抗感染、抗氧化、降血脂、提高免疫、抗自由基等。因此，黄伞为少数可以提神醒脑、抗疲劳且无副作用的优质选择。

🥣 中药药性

中医认为"黄伞味甘，性平，入肾、脾、胃经，可补益脾胃、化积消食、清神醒脑"。中医认为脾胃属土居中，其他脏腑均赖脾胃而得以生存。即"脾胃乃后天之本"。因此，通过调理脾胃，可有益神志。黄伞入肾，肾乃先天之本，且肾主髓，脑乃髓之海，又入脾胃，补后天之本。黄伞同补人体先天、后天本源，自然有益人之神志。日常生活中可用黄伞煲汤，可益肠胃、化痰理气、消肿解毒、清神醒脑。

🍄 文化溯源

黄伞在英国叫 chestnut mushroom（栗子蘑菇）、fat pholiota（胖鳞伞），在日本叫 numerisugitake，在荷兰叫 slijmsteelbundelzwan。1786 年，德国博物学家奥古斯特·约翰·乔治·卡尔·巴奇（august johann georg karl batsch）首次描述黄伞并命名为 *agaricus aurivellus*。1888 年，德国真菌学家保罗·库默（paul kummer）将黄伞移入了 *pholiota* 属，有了至今为止依然在使用的学名 *Pholiota aurivella*。词源 *Pholiota* 的意思是有鳞的，特定加词 *aurivella* 意思是金色的羊毛，综合意思是指这个蘑菇上有鳞片状的金色毛刺。

📌 营养成分

黄伞子实体富含蛋白质、碳水化合物、维生素及钙、镁、铜、锌等营养成分。其基本营养成分占比如图 19-3 所示。

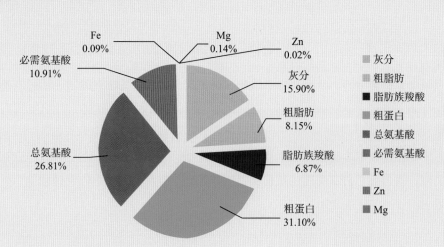

图 19-3　黄伞 *Pholiota adiposa*（Batsch）P. Kumm. 子实体中的基本营养成分占比

🌿 食药应用

过了 30 岁，人体内生命本源就会不断流失。而生命本源实际上就是中医所指的"精、气、神"。精，特指人体从外界摄取或自身合成的物质性的营养物质；而气，则是这些营养物质转化而成的生命活动所需要的各类能量；神则是生命的主宰，是人体各大系统正常运转的指挥中心，也是身体内外信息传递的交互中心。因此，身体要健康，就要保证精、气、神的有序循环。精化气，气养神，神还虚，这正是人体精气神掌控人体的关键。虚，特指一种轻松、没有负担的状态，实际上就是身体健康的状态。

因此，对于生命本源不仅要补还要固。补，可外源性补充；固则包括五脏之护、气血之益，代谢之顺。因此，可以桦褐孔菌为君，利五脏、调运化、益气血、疏肝郁、解浊毒；以黄伞为臣，补先天和后天之本源；以蛹虫草为臣，补精髓；以茯苓为佐，除湿浊，以桑黄为佐，活血化饮；以猴头菇为佐，安心神并健脾胃；以姬松茸为佐，强精力。可将该方制成茶饮，每日代茶饮，可补生命本源，延缓衰老，充满活力精神。

Ganoderma applanatum（Pers.）Pat.

分类地位　担子菌门 Basidiomycota，担子菌纲 Basitdiomycetes，多孔菌目 Polyporales，多孔菌科 Polyporaceae，灵芝属 *Ganoderma*。

别　名　扁灵芝、老牛肝、木灵芝、老木菌、老牛肝、对口菌、平盖灵芝、树舌、树舌扁灵芝、扁芝、扁木灵芝、基腐灵芝、高腐灵芝、白皮壳灵芝、白皮壳树舌、梅花蘑、白斑腐菌、扁蕈、皂荚蕈、皂菌耳、赤色老母菌、老母菌、皂角菌、树基、梨菌、枫树菌、菇老爷、树耳朵、柏树菌。

形态特征　子实体多年生，无柄，单生或覆瓦状叠生，木栓质。菌盖外伸可达 30cm，宽可达 53cm，基部厚可达 9cm，半圆形，灰褐色至锈褐色，边缘颜色较浅呈奶油色至浅灰褐色，表面被明显的环沟和环带，边缘钝圆。菌肉新鲜时浅褐色，厚可达 3cm。菌管宽可达 6cm，褐色。孔口圆形，表面灰白色至淡褐色。担孢子（5.5~8.5）μm×（4.5~6.5）μm，广卵圆形，淡褐色至褐色，双层壁，外壁无色、光滑，内壁具小刺，非淀粉质，嗜蓝。

图 20-1　树舌灵芝 *Ganoderma applanatum*（Pers.）Pat.

经济价值　药用菌，可栽培。

生　境　春季至秋季生于多种阔叶树的活立木、倒木及腐木上，单生或叠生，造成木材白色腐朽。

标　本　2019-10-30，采于贵州省遵义市赤水市葫市大顺村，标本号 HGASMF01-6983，存于贵州省生物研究所真菌标本馆；2021-09-25，采于贵州省黔南布依族苗族自治州都匀市斗篷山景区靠近岔河厂，标本号：HGASMF01-15441。

图 20-2　树舌灵芝 *Ganoderma applanatum*（Pers.）Pat. 二维码

树舌灵芝——人类精神世界保护伞

纵论抑郁

在我国，抑郁已经成为一种非常严重的健康问题。有关数据显示，我国抑郁人群高达 3%~5%，也就是说，我国有 4000~7000 多万的抑郁症患者。更惊人的是，2018 年《中国城镇居民心理健康白皮书》报告称"约有 73.6% 的人处于心理亚健康状态，心理完全健康的城镇居民仅有 10.3%"。这些人随时可能因为某件事情或某个疾病，从亚健康状态转为抑郁症人群。抑郁症非常可怕，有 40% 以上的抑郁症患者死于自杀。因此，如果有以下表现，就需要额外注意预防抑郁。

- 对任何事情都提不起兴趣。
- 经常性的情绪低落，无论怎样都高兴不起来。
- 经常性的疲惫。
- 注意力集中非常困难。
- 自我评价和自信心降低，认为自己没本事。
- 自觉没有存在价值，即便突然死亡也没什么可惜的。
- 自认为事业没有前途和未来。
- 出现睡眠障碍。
- 食欲出现变化，吃什么都没味道或暴食。

抑郁的产生往往是综合因素，不仅仅是生理或心理方面的原因。长期抑郁导致的抑郁症可归属入精神类疾病中。抑郁症在全球高发，我们经常会在新闻中看到一些因为抑郁症自杀的患者。

从抑郁到抑郁症到自杀，伴随着一系列的生理、心理变化。抑郁，从起因看往往属于心理范畴。但心理和生理又密不可分。人体会因为抑郁而在微观的生化方面产生应激反应，即激素分泌异常，表现在外就是各种异常行为。长期抑郁会使人体激素异常加重，演变为抑郁症。如果还得不到有效治疗，加之导致抑郁状态的病因没有消除，多种原因促使下，很大一部分抑郁症患者会不断复发乃至最终产生自残、自杀等行为。

科学家在研究时发现，一般被诊断为抑郁症的人普遍在工作、社交或教育环境中因为表现不佳或受到舆论排斥而感到孤独或绝望。这种情绪下他们会躲避很多有助于他们走出抑郁的活动，如运动、聚会等。由此，会逐渐使全身的生理变化都受到影响。

抑郁会促使交感神经系统的"战斗－逃跑"模式打开。这种模式指的是人在面临困难时是主动迎难而上还是逃避。不同的选择下，人体的压力荷尔蒙分泌就会有不同的结果。人体神经系统分为运动神经、感觉神经、自主神经三种。运动神经是指控制我们行动的神经系统，感觉神经是指能够帮助我们看、闻、听、尝和感觉的神经系统；自主神经指的是人体自主运动的神经系统，非常重要，如心脏的跳动、肾脏的水代谢、肝脏的解毒、胃消融食物、肠道吸收营养等等的活动，都是自主的，基本不受意志支配的。这种分类是人类为了研究方便而人为定义的，但实际上各神经系统并不孤立存在，互相之间有着密切的联系。如抑郁首先就是从感觉神经开始，先有挫折等感受，然后影响到自主神经，使心率不定或血压不稳等，并进一步影响到运动神经，使人懒动、逃避等。

抑郁还会由神经系统传导到消化系统，影响到食欲。食欲和是否饥饿不同。饥饿感主要是因为身体缺乏能量而在大脑控制下发出的能够让人不舒服的感觉。而食欲虽然也和人体的能量代谢过程有关，但也和人体的奖赏与应激反应有关。食物是否美味的感觉与饥饿时填饱肚子带来的饱腹感有所不同。饥饿时，即便没有食欲，人类也会选择摄入食物。但没有食欲又不饥饿时，人类往往不会选择摄入食物。抑郁影响的就是食欲，会丧失人类最基本的生存愉悦感。正所谓"民以食为天""不可居无所，不可食无味"，也有俗语说"人生不过吃喝玩乐"等，都在反证抑郁对这种人体的破坏力。

抑郁还会进一步传导到循环系统，导致心率增加、血管收缩等。这些情况都会导致高血压的产生，而高血压又是一系列心血管系统慢性疾病的起因。这种状态是由人体"战斗－逃跑"机制带来的。不同抑郁症患者会因为不同的因素而产生抑郁，如工作、婚姻、学习、性取向等等。因此，处于学习状态的学生，如果因学习成绩不佳而抑郁，那么，每次考试都会使身体进入"战斗－逃跑"状态，即便实际上学习成绩已经大为好转，也会因为这种机制而发挥失常，进而导致更严重的抑郁状态。

抑郁对免疫系统同样有伤害。人体的神经、内分泌、免疫系统之间的交互作用非常复杂，如免疫系统和神经系统都和人体的防御－适应机制有关，均参与身体和环境的相互作用，二者还都有标记再认以及信息传递的功能等。因此，抑郁往往会导致免疫力下降。如科学家研究发现外部决定因素（如家庭）、应对机制和内部决定因素（如性别）会同时影响抑郁症－免疫配对，有的作用于免疫力，有的作用于抑郁症。也就是说，免疫力低会产生抑郁，而抑郁同样会使免疫力降低。免疫力降低，我们身体的防御能力自然减弱，随之而来的是肿瘤、哮喘等各种免疫相关疾病的发病率升高。

当我们高兴时、悲伤时，大脑都会分泌相应的神经递质，激活让我们感觉良好或悲伤的荷尔蒙。尤其是我们大脑的海马体，它靠近大脑中心，不仅储存记忆而且还调节皮质醇——压力荷尔蒙。抑郁症患者大脑长期沉浸在高皮质醇环境中，会导致海马体神经元萎缩以及抑制新神经元产生。人体的记忆由此产生问题。皮质醇一般在早上最高，晚上最低。患有抑郁症时，皮质醇水平会很高，由此导致失眠。而失眠又会进一步导致大量健康问题出现。

抑郁症可以选择的药物很多，但基本都是化学药，会引起困倦、口干、视物模糊、便秘、心跳加快、排尿困难、体位性低血压等副作用，最新研究还发现有增加脑出血的风险。因此，科学家一直在植物和菌物方面寻找更为安全有效的替代解决方案。

◎生化药理

树舌灵芝曾以民间自产自用为主，近年来越来越多的应用到临床。生化药理研究表明，树舌灵芝具备调节机体免疫系统、消肿抗菌、降血糖、调节血压、抗肿瘤、抗病毒、阻碍血小板凝集和强心作用，能用于治疗消化系统疾病、癌症、肝炎、心脏病、神经系统疾病、糖尿病及其并发症等。

计算生物学家使用计算机辅助药物开发技术和分子对接技术对树舌进行了化学成分与抗抑郁、抗焦虑、镇痛作用相关的受体计算研究，并认为树舌在这些方面具有非常重要的药用价值，可谓是人类精神世界的保护伞。

🥣 中药药性

《中华本草》记载树舌："性平味苦，入脾胃经，能消炎抗癌，主治咽喉炎、食管癌、鼻咽癌等。"但按照中医药性辨别中的"苦入心"原则以及其强心、治疗肝炎等功能可知，树舌还入心、肝等经。能消炎，意味着树舌还有清热解毒之能；能抗癌，意味着树舌具有扶正、散结之能。研究证明树舌对神经系统疾病具有很好的治疗作用，说明树舌可能还有通络之能。

🍄 文化溯源

树舌灵芝生长在阔叶树树干上或根部，具有较高的药用价值，是我国传统的天然药物。树舌在英语语境中叫 artist's conk，意思是艺术家的架子菌，这个词来源于西方，因树舌白色部分被刮掉会变成棕色，艺术家利用这一特性制作一些复杂画作或工艺品。树舌还有一些俗称，如 white reishi（白灵芝）、bear bread（熊面包）。熊其实并不吃树舌，但大猩猩会常吃。1800 年，系统真菌学奠基人、南非真菌学家克里斯蒂安·亨德里克·佩尔松（Christiaan Hendrik Persoon）对树舌进行了首次详细描述并将其命名为 *Boletus applanatus*。1887 年，法国真菌学家纳瑟斯·T·帕图拉德（Narcisse Theophile Patouillard）将树舌转移到了 *Ganoderma* 属（灵芝属），命名为 *Ganoderma applanatum*（Pers.）Pat.，并沿用至今。

树舌灵芝的中文名称第一次出现是在刘波教授的《中国药用真菌》。但在我国民间应用已经非常广泛。有学者认为《本草纲目》记载的皂荚蕈可能就是树舌，但李时珍

图 20-3　树舌灵芝 *Ganoderma applanatum*（Pers.）Pat.

图 20-4　树舌灵芝 *Ganoderma applanatum*（Pers.）Pat.

认为该菌有毒，因此这一判断还有争议。树舌在我国的分类学中应用过于宽泛，很多多孔菌科的菌物都被俗称为了树舌，这也是争议产生的原因所在。

图 20-5 树舌灵芝 *Ganoderma applanatum*（Pers.）Pat.

🔖 营养成分

　　树舌灵芝是一种大型担子菌，含有丰富的营养及功能活性成分，包括麦角甾醇，灵芝 -22- 烯酸 A、F、G，灵芝酸 A、P 甲酯，树舌环氧酸 A、B、C、D，赤杨烯酮，棕榈酸、亚油酸等脂肪酸等。树舌灵芝子实体中的基本营养成分占比如图 20-6 所示。

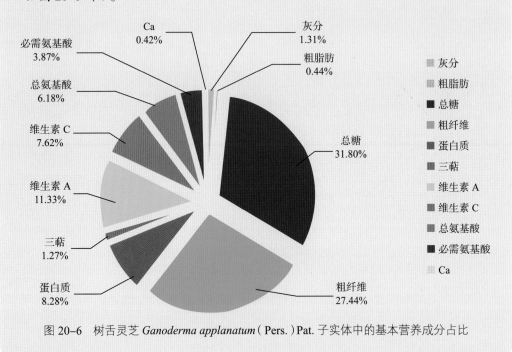

图 20-6　树舌灵芝 *Ganoderma applanatum*（Pers.）Pat. 子实体中的基本营养成分占比

🌿 食药应用

　　抑郁，在中医看来和肝气郁滞密切相关，可根据该辨证选用厚皮木层孔菌为君，能平肝潜阳、镇心安神。以茯苓为臣，健脾安神；以硫磺菌为臣，补益气血；以灵芝为臣，益心气、增智慧、安心神；以僵蚕为佐，祛风化痰；以树舌为佐，扶正通络；以蜜环菌为佐，息风平肝、祛风通络；以紫丁香清肝胆之湿热；以蝉花为佐，疏散肝风。整个配方都围绕肝，多角度疏解肝气郁结。其中的风、湿、热、痰都是郁结在肝脏的邪气，也是导致肝气郁结的病理物质。此外，抑郁症需要在药物之外配合工作、学习、家庭等环境的综合调理，单一方式对该病证的治疗效果是有限的。

Gymnopus androsaceus (L.) Della Magg. & Trassin.

分类地位 担子菌门 Basidiomycota，蘑菇目 Agaricales，类脐菇科 Omphalotaceae，裸脚菇属 *Gymnopus*。

别　　名 地梅裸脚伞、点地梅小皮伞、鬼毛针、茶褐小皮伞。

形态特征 菌盖直径 0.5~2.0cm，半球形至平展形，中部稍凹陷至脐状，浅褐色、黄褐色、灰褐色，中部颜色较深呈暗褐色，表面光滑，具放射状沟纹。菌肉较薄，奶油色。菌褶直生，稀疏，不等长，污白色至浅杏黄褐色。菌柄长 3~8cm，直径 0.2~0.4cm，光滑，浅红褐色至黑褐色，细长针状，基部常具黑褐色至黑色的细长菌索。担孢子（5~8.5）μm×（3~4.5）μm，长椭圆形，无色，光滑，非淀粉质。

图 21-1　安络小皮伞 *Gymnopus androsaceus*（L.）Della Magg. & Trassin.

经济价值 药用菌。

生　　境 初夏至秋季生于较阴暗潮湿环境的植物残体，特别是枯树枝层上，群生。

标　　本 2020-04-22，采于贵州省铜仁市江口县梵净山景区内索道下，标本号 HGASMF01-7051，存于贵州省生物研究所真菌标本馆。

图 21-2　安络小皮伞 *Gymnopus androsaceus*（L.）Della Magg. & Trassin.
二维码

纵论疼痛

疼痛是一种复杂的生理心理活动，与已发的或潜在的组织损伤有关。随着医学的进步，人类对于疼痛的认知也逐步加深。2000 年世界卫生组织提出"慢性疼痛是一类疾病"，并将疼痛作为继血压、心率、体温、呼吸之后的第五大生命体征。2001 年，在悉尼召开的第二届亚太地区疼痛控制学术研讨会上，"缓解疼痛是基本人权"被提出。2004 年，国际疼痛学会（IASP）将每年 10 月中旬的第 1 周定为"世界疼痛日"。2017 年，全球疼痛指数中国调研报告指出 91% 的中国人经历过身体疼痛，34% 的人每周都会经历身体疼痛。

为了更准确地描述疼痛，不同的机构提供了不同的分级参考，还有针对聋哑人或儿童等需要临床人员通过疼痛表情来判断的疼痛量表。临床中广泛使用的是由医疗机构认证联合委员会（JCAHO）制定的 11 级数字疼痛评定量表（NPRS）以及用脸部表情来标注疼痛级别的 Wong-Baker Faces 疼痛评定量表。世界卫生组织也在 1986 年制定了根据止痛药物效果来判断的三级疼痛阶梯。

三级镇痛阶梯因为和药物挂钩，描述更准确，至今依然是临床中重要的评判标准。

- I 级，轻度痛，为间歇式的可忍受的疼痛，使用非阿片类镇痛药，例如非甾体抗炎药（NSAID）或对乙酰氨基酚即可解除痛苦。其中，我们最熟悉的是对乙酰氨基酚，它也是一般的感冒治疗药物。
- II 级，中度痛，为持续性疼痛，且超过了一般人的忍受度，必须依靠止痛药来缓解，使用弱阿片类药物（氢可酮、可待因、曲马多）可缓解。
- III 级，重度痛，为持续痛，远超过一般人的忍受度，必须依靠强效止痛药来缓解，使用强效阿片类药物（吗啡、美沙酮、芬太尼、氢考酮、丁丙诺啡、他喷他多、氢吗啡酮）等可缓解。

诱发疼痛的原因较多，如三叉神经痛、带状疱疹、脑卒中后疼痛、帕金森相关慢性肌肉骨骼疼痛、癌症相关性疼痛、术后或创伤后慢性疼痛等等。疼痛的分类较为繁杂，可根据病程、病因、部位等多种标准进行分类。疼痛的治疗提倡早期干预、积极治疗原发病，有效缓解疼痛及伴随症状，药物、康复、心理、物理等多模式综合治疗。

疼痛是人体自我保护机制，由一系列神经传导产生，但大脑并没有疼痛中心。疼痛的产生就像跑接力赛一样，需要点亮很多关键节点后才能产生。所以，疼痛又是一种非常主观的东西。如心理因素也可以导致疼痛，有时如果医生告诉你并没有什么健康问题，一切都正常，疼痛就会神奇的马上缓解甚至消失。

疼痛是由我们人体的感觉神经产生的，感觉神经系统分布在我们人体各处，它一端是感受器，一端是大脑，连接二者的是神经细胞。感受器监控着人体的各种变化。外感受器，感受声、光、温、触、压等；本体感受器，接受肌、腱、关节、韧带、筋膜的刺激；内感受器，接受内脏和血管的刺激，还包括嗅觉、味觉等。各种感受器都能够产生痛觉信号。

当身体某处受到刺激时，分布在该处的感受器就会产生感觉，包括痛觉，然后连接感受器和大脑的感觉神经就像数据传输线路一样将这种信号传入到脊髓再传入到大脑。关键节点有感受器、脊髓、丘脑、大脑皮层等，就像一个又一个相距不远的烽火台一样。点燃了第一个烽火台上的烽火，第二个烽火台就会采用相同模式进行点燃，依次会传输到前线情报中心按照烽火的形状进行情报判断。

痛觉信号又好似一种放电现象，如在神经病理性疼痛中，受损的部位是神经，此时，神经细胞的轴突部分和其他神经细胞进行信息交换的通道开放特性就会发生改变，这种改变会产生类似高低压差一样的放电现象，这就是神经区感受器产生痛觉信号的机制。轴突的损伤，是感受器感受到的异常情况；然后，感受器会以背根神经节神经元细胞为烽火台，以钠离子为燃料，点燃出异位放电式的烽火。

再如，痛觉信号还和一些蛋白的表达有关。科学家在研究慢性疼痛时发现，人体的脊髓中枢致敏反应往往会和这种疼痛相关联，进一步研究发现，这种疼痛往往会引起人体一种核蛋白转录因子——Fos蛋白的表达，使神经元细胞与细胞之间产生了持续性的疼痛信号传递效应。

图 21–3　安络小皮伞 *Gymnopus androsaceus*（L.）Della Magg. & Trassin.

疼痛表面上看似不伤害人体，但实际上，疼痛不仅反映了人体的某种疾病状态，而且会剧烈地压迫我们的精神，不堪忍受。很多临床上常用镇痛药物，有的对神经病理性疼痛无效，有的具有成瘾性。因此，能否在天然植物或菌物中寻找到不成瘾的镇痛药，成为了科学家们的挑战之一。

◎ 生化药理

生化药理研究表明，安络小皮伞还具有调节免疫、抗肿瘤和抗休克等作用。此外，临床实践发现多种类型的神经痛和神经炎痛用安络小皮伞治疗均有很好的疗效。其机制可能是因为安络小皮伞的活性成分能够阻断神经元信号蛋白的磷酸化，即阻断这些疼痛信息的表达，起到神经镇痛作用。

🥣 中药药性

《中华本草》记载："安络小皮伞味微苦、性温，入肝经，可活血定痛，主治跌打损伤、腰腿疼痛、骨折疼痛、偏头痛、各种神经痛、风湿痹痛等。"《新华本草纲要》补充认为"安络小皮伞还有消炎的功能，还可用于腰肌劳损等症"。在中医体系中，肝主筋。筋，就是肌腱、韧带等纤维结缔组织，主要起联络骨节以及运动的作用。因此，和筋有关的疾病，应用入肝经的药物。入肝经的药物有很多，但功能又有不同。安络小皮伞入肝通过活血止痛的方法治各种筋脉疼痛。

图 21-4　安络小皮伞 *Gymnopus androsaceus*（L.）Della Magg. & Trassin.

🍄 文化溯源

安络小皮伞遍布全球，个体非常小，不单独出现，往往以 5~50 个子实体为一组的形式出现，外形非常像一个个小小的降落伞，所以，在英文中称 horsehair parachute（马毛降落伞）或 horse-hair fungus。世界各国都有不同的称谓，在丹麦语中称 trådstokket fladhat，在威尔士地区称 parasiwt rhawn，在瑞典语中称 tagelbrosking。1753 年瑞典分类学之父卡尔·林奈（Carl Linnaeus）第一次描述并将其命名为 *Agaricus androsaceus*。2004 年，美国胡安·路易斯·马塔（Juan Luis Mata）和罗纳德·H·彼得森（Ronald H Petersen）将该物种移到了 *Gymnopus* 属，有了现在公认的拉丁名称。在这 200 多年时间里，还有很多科学家对安络小皮伞进行过重新分类，但都没有得到认可，只能作为安络小皮伞的同种异名，如 *Agaricus pineti*、*Merulius androsaceus*、*Marasmius androsaceus*、*Androsaceus vulgaris*、*Chamaeceras androsaceus*、*Androsaceus androsaceus*、*Setulipes androsaceus* 等。

📌 营养成分

安络小皮伞含有多糖、氨基酸、胆固醇醋酸酯、腺苷、甘露醇、倍半萜内酯、麦角甾醇、总生物碱等营养及功能活性成分。其中三十酸、2,3,5,6- 四氯 -1,4- 二甲氧基苯、倍半萜内酯和麦角甾醇等具有镇痛作用。安络小皮伞发酵菌丝体中功能活性成分丰富，如图 21-5 所示。

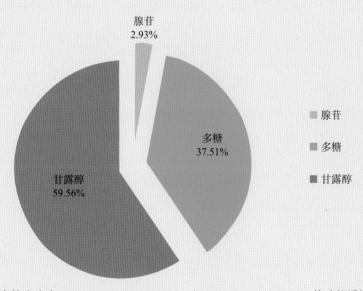

图 21-5　安络小皮伞 *Gymnopus androsaceus*（L.）Della Magg. & Trassin. 的功能活性成分占比

🌿 食药应用

目前，我国研发出的"安络痛""安络解痛片"等药物的大规模生产主要是应用安络小皮伞的人工培育菌丝体。临床应用 40 多年，有效证明安络小皮伞不成瘾且镇痛的神奇作用，不仅应用于外伤止痛，还包括各种神经痛和关节炎疼痛。目前看来，安络小皮伞安全、有效、不成瘾的镇痛作用已经远超其他各类镇痛药。

安络小皮伞主要用于药物，虽然有研究称其无毒，但其肉质坚韧、味苦，不建议食用。

Isaria cicadae Miq.

分类地位　子囊菌门 Ascomycota，粪壳菌纲 Sordariomycetes，肉座菌目 Hypocreales，虫草科 Cordycipitaceae，棒束孢属 *Isasia*。

别　名　蝉棒束孢、蝉茸、冠蝉、胡蝉、蟪蝈、蝉蛹草、蜩、唐蜩。

形态特征　分生孢子体由从蝉蛹头部长出的孢梗束组成。虫体表面棕黄色，为灰色或白色菌丝包被。孢梗束长 1.6~5cm，直径 1~2mm，分枝或不分枝。上部可育部分长 5~8mm，直径 2~3mm，总体长椭圆形、椭圆形或纺锤形或穗状，具大量白色粉末状分生孢子。不育菌柄长 1~5cm，直径 1~2mm，黄色至黄褐色。分生孢子梗（5~8）μm×（2~3）μm，瓶状，中部膨大，末端渐细或突然窄细，常成丛聚生在束丝上。分生孢子（6~13）μm×（1.8~3.5）μm，长椭圆形、纺锤形或近半圆形，具 1~3 个油滴。

图 22-1　蝉花 *Isaria cicadae* Miq.

经济价值　药用菌，可人工栽培。

生　境　夏季生于疏松土壤中的蝉蛹上，散生。

标　本　2019-09-24，采于贵州省遵义市务川仡佬族苗族自治县泥高乡上坝，标本号 HGASMF01-5666；2019-09-01，贵州省黔东南苗族侗族自治州雷山县自然保护区雷公山自然保护区，标本号 HGASMF01-1887，存于贵州省生物研究所真菌标本馆。

图 22-2　蝉花 *Isaria cicadae* Miq. 二维码

蝉花——衍生芬戈莫德治疗多发性硬化症的神奇虫草

纵论多发性硬化症

如果你的年龄在20~40岁，突然有一天感觉视力减退、色觉不清、眼球活动时有疼痛感，在休息一段时间后症状有所缓解，但一段时间后又再次出现，如此来回反复，那么你就要注意，可能有一种叫做多发性硬化症的疾病找上了你。这种疾病在神经内科非常常见。据统计，目前全世界范围内年轻的多发性硬化症人群有100多万人。虽然该病在我国发病率较低，但近些年呈现上升趋势。

这种疾病有以下特点，吸烟人群、中青年人、居住在高纬度地区的人群、缺乏维生素D人群、喜欢喝咖啡和浓茶的人群、患有甲状腺等免疫性疾病的人群应该注意。

🍄 具有家族遗传性。

🍄 越往北方患病率越高。

🍄 女性发病率高于男性。

🍄 好发于20~40岁人群。

🍄 可能会导致失明、瘫痪、癫痫等。

无论是哪种高科技设备仪器，都无法和人体的精密度相媲美。而最能体现这种精密程度的就是神经系统，其中中枢神经为最中之最。

由脑和脊髓组成的最主要神经系统就是中枢神经系统，相当于是控制人体的核心芯片。由芯片延伸出来的线路板上的线路就相当于其他神经系统。我们人类区别于其他动物所拥有的自我认知以及价值判断等思维活动皆包含在中枢神经系统中。

在人体还是胚胎时，分布在胚胎背侧的神经管向上向下发育成中枢神经。向上是神经管的头部，发育成了人类的脑；向下是神经管的尾部，发育成了人类的脊髓。

中枢神经系统的各种信息传递是靠神经元细胞来完成的，这些细胞形态各异。和一般体细胞不同的是，神经元细胞质中含有神经原纤维。这些原纤维在细胞质里不断伸长，一端织成网包围着神经元细胞核，另一端向外伸展，使神经元细胞长出很多很细很长的触角。这些触角就像蚂蚁之间的交流一样，通过互相碰触就完成了特定神经信息的传递。神经元细胞的触角就叫神经纤维。很多神经纤维的外面包裹了脂蛋白保护层，叫髓鞘。

神经纤维的数量和质量影响着大脑的发育。所见越多、思考越多，神经元细胞上的触角数量就变得越多，密度也越高，就意味着大脑发育得越好，接收信息的能力越强，人也就越聪明。

神经纤维根据形态和功能分为了树突和轴突。树突的主要功能是接收刺激并把信号传入细胞体内。轴突，顾名思义就像轴承一样。把神经元需传递的信号再传输给其他神经元细胞是轴突的主要作用，也就是说树突传入信息，轴突传出信息。

就像电路受损电流会断路一样，如果神经纤维受到伤害，神经信号就无法正常地传入或传出，相当于神经断路，所以必须保护神经纤维的健康和安全。人体为了保护神经纤维，给神经纤维穿上了防护服。防护服的防御能力比神经纤维本身的防御能力强大。而多发性硬化症就是在某种机制下使得人体自身的免疫系统误判，错误地将防护服标记为人体异物，免疫细胞进而对神经元细胞的保护鞘进行攻击，导致神经纤维受损，干扰甚至中断了神经元细胞之间的信息传递，从而引发一系列的健康问题。依靠神经元细胞之间信息的准确传递，人体能够有机且协调的运动，当信息传递混乱或中断，人体相关的运动就会失去协调，乃至失去运动能力。因此，多发性硬化症外在表现差异非常大，有的只是暂时麻痹或视力模糊，而有的可能是直接瘫痪或失明，这取决于神经纤维受损的程度以及受损部位。

科学家们积极地探索多发性硬化症的深层发病机制。已经明确的是，人体免疫细胞攻击神经元细胞纤维的保护鞘，使得保护鞘受损的部位产生了炎症反应，人体又会自主地修复这些受损的保护鞘，直到在人体免疫系统完成修复，或持续不断地攻击下，少数神经细胞彻底无法修复，变成永久性损伤。虽然至今还不清楚免疫系统将保护鞘标记为异物的原因，但能确定的是，先天免疫细胞在激活后天免疫细胞时，B 细胞作为后天免疫部队中的情报员，产生了对神经元细胞保护鞘有害的抗体，这些抗体又和自由基、活性氧、一氧化氮等相关。也就是说，人体免疫系统在对身体内某种有害物质或有害因素进行对抗时，误伤了神经元细胞，导致多发性硬化症的产生。

一般多采用泼尼松、地塞米松或干扰素等治疗多发性硬化症，然而激素类药物在临床上一般是在缺乏对症药物时应急使用，且会使机体产生依赖性，还会导致肥胖等问题。干扰素的副作用更大，可能会导致更大的免疫问题。

◎生化药理

科学家们从蝉花子实体活性物质中筛选获得了芬戈莫德。芬戈莫德主要是促使淋巴细胞回迁至淋巴结，远离中枢神经系统，使之不再破坏神经元细胞的保护鞘。因此，芬戈莫德具有靶向性强、副作用小的优点，成为第一个口服治疗多发性硬化症的新型药物。

生化药理研究表明，蝉花还具有增强免疫、补肾、抗衰老、抗肿瘤、抗疲劳、促进人体造血功能、镇痛、镇静、解热、助眠等作用。

🥣 中药药性

《中华本草》记载："蝉花味甘、性寒、无毒，入肺、肝经，可疏散风热、透疹、息风止痉、明目退翳，主治外感风热、目赤肿痛、翳膜遮睛、麻疹初期疹出不畅、发热、头昏、咽痛、小儿惊风、夜啼等。"

🍄 文化溯源

1838 年，荷兰植物学家弗里德里希·安东·威廉·米克尔（Friedrich Anton Wilhelm Miquel）首次描述并给了蝉花二项式拉丁名 *Isaria cicadae* Miq.，应用至今。1895 年，英国真菌学家乔治·爱德华·马西（George Edward Massee）曾试图将蝉花归入到 *Cordyceps* 属（虫草属），但在 1982 年，小林义雄否定了马西的结论，认为马西所描述的和米克尔所描述的不是同一个种。1974 年，荷兰真菌学家罗伯特·阿奇博尔德·萨姆森（Robert Archibald Samson）将蝉花归入了 *Paecilomyces* 属（拟青霉属）。我国生物防治和昆虫真菌学专家李增智认为以上拉丁名所描述的都不是中国中药中常用的蝉花，并认为蝉花应该归属入虫草属，并在拉丁名里加入 chanhua 字样。但不管最终的结果如何，目前蝉花国际通用的拉丁名还是 *Isaria cicadae* Miq.，在 *Isaria* 属（棒束孢属）内，不在虫草属。

我国历史上很早就将蝉花作为一种药物进行了临床应用。《雷公炮炙论》《经史证类备急本草》《本草纲目》等都有关于蝉花的记录。但蝉花资源的紧缺性比冬虫夏草还要有过之而无不及。值得庆幸的是，近些年我国的蝉花人工化栽培技术已经成熟，将其更大规模的应用于各类药品、食品已近在眼前。

图 22-3　蝉花 *Isaria cicadae* Miq.

图 22-4　蝉花 *Isaria cicadae* Miq.

📌 营养成分

　　蝉花孢梗束含有丰富的蛋白质、脂肪、腺苷和甘露醇等营养和功能活性成分。蝉花孢梗束的营养和功能活性成分占比如图 22-5 所示，蝉花氨基酸占比见图 22-6。人工培育蝉花虫草还会有孢子粉产品。孢子粉含的粗蛋白量更高，但孢梗束含的多糖及粗脂肪更高。可以确定的是，无论是孢子粉还是孢梗束都不含有虫草素。

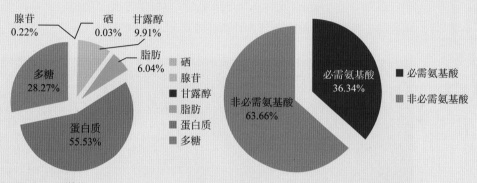

图 22-5　蝉花 *Isaria cicadae* Miq. 孢梗束的营养和功能活性成分占比

图 22-6　蝉花 *Isaria cicadae* Miq. 氨基酸占比

🌿 食药应用

　　明代出版的《葆光道人眼科龙木集》记录了一个治疗白内障的蝉花方：蝉花 1 两、粉花 4 两、白蒺藜 2 两，分别炮制好并混合研磨成粉，用水冲服。同样是明代出版的《普济方》记载了一个治疗风痰证的蝉花方："粉草 2 钱、蝉蜕 20 个（去足）、天麻 1 两，全蝎（炒）1 两、蝉花 2 对、白茯苓 3 钱、朱砂半两（水飞）、龙脑 1 钱，玄胡索半两、茯神 3 钱、乌蛇肉（酒浸，去皮）1 两、白僵蚕 1 两混合拌匀并研成粉末，每次半钱温酒服下。"风痰的症状有口眼歪斜、口舌发硬、言语不清、半身不遂、肢体麻木等。

　　芬戈莫德在治疗多发性硬化症方面虽然效果明确，但副作用也逐渐凸显，有可能和严重急性感染、心动过缓、大脑炎症以及出血等有关。可以按照中医原理，选择配合单方蝉花熬煮后服用。

Chroogomphus rutilus（Schaeff.）O.K. Mill.

血红铆钉菇

——能治神经性皮炎的食用菌之王

分类地位 担子菌门 Basidiomycota，蘑菇纲 Agaricomycetes，牛肝菌目 Boletales，铆钉菇科 Gomphidiaceae，铆钉菇属 *Chroogomphus*。

别　　名 红蘑、松树伞、松蘑、肉蘑。

形态特征 子实体小型。菌盖宽 3~8cm，浅咖啡色，光滑，初期钟形或近圆锥形，后平展，中部凸起，湿时粘，干时有光泽。菌肉带红色，近菌柄基部带黄色，干后淡紫红色。菌褶延生，不等长，较稀，青黄色，伤后变至紫褐色。菌柄长 6~15cm，直径 1.5~2.5cm，近圆柱形，向上渐粗，上部具菌环，易脱落，稍粘，与菌盖色相近且基部带黄色，内实。

图 23-1　血红铆钉菇 *Chroogomphus rutilus*（Schaeff.）O.K. Mill.

经济价值 食用菌、药用菌。

生　　境 夏、秋季生于松树林杂草丛林中，单生、散生或群生，与松树、栎树等形成外生菌根。

标　　本 2019-11-23，采于贵州省铜仁市印江土家族苗族自治县合水镇高寨村，标本号 HGASMF01-2708，存于贵州省生物研究所真菌标本馆。

图 23-2　血红铆钉菇 *Chroogomphus rutilus*（Schaeff.）O.K. Mill. 二维码

纵论神经性皮炎

皮肤痒，有些是暂时性的，有些却经常发生；有的只限在个别地方，有的则遍布全身；有的是固定位置；有的则此起彼伏。痒带给人们的难受感甚至超越了疼痛，为了止痒，宁愿用痛感来代替痒感，因此临床中常见因挠痒而挠破皮肤的情况。痒只是一种症状，本质是由各种皮肤疾病引起，其中神经性皮炎最常见。目前该疾病已经影响全球超过 10% 的人口，其中女性多于男性，脑力劳动者多于体力劳动者，生活忙碌不规律的人居多，最常见于 30~50 岁的人群，儿童相对少见。

痒是一种非常痛苦的体验。因此，很多人并不去辨别痒的本质是什么，就急切的应用激素类软膏来止痒，往往会导致这类疾病不断深入发展。有些皮肤病发展到最后甚至会危及生命。因此，在遭遇经常性或反复性瘙痒的时候，应通过临床诊断明白具体原因，再针对性地选择药物止痒。

我们常会将神经性皮炎误诊为以下疾病。

🍄 **慢性湿疹**：湿疹有渗出倾向，还可能出现水疱，一般发生在手足、小腿、肘窝、乳房、外阴、肛门等地方，而神经性皮炎则没有渗出，好发于颈项、腰部及四肢外侧等地方。

🍄 **扁平苔藓**：神经性皮炎会有比较大的丘疹，多数会变成紫红色，但扁平苔藓没有。另外，神经性皮炎的丘疹多泛发于小腿以及躯干，但扁平苔藓没有。

🍄 **银屑病**：银屑病最主要的特征是皮损处有银白色光泽的干燥鳞屑并层层脱落，神经性皮炎的鳞屑则不容易脱落。但都能发生在手足以及四肢关节，应注意区别。

🍄 **原发性皮肤淀粉样变**：分布形态不同，这种皮肤病的分布形态类似于念珠，不会形成一片片的形态。

望诊在疾病诊断中非常重要，临床常望气色、皮肤、舌苔等等，也就是说，皮肤可以被当作是人体是否健康的一个反馈。另外，当人在面对一些压力而感到紧张时，皮肤也可能会发生局部瘙痒。

皮肤占体重的 14%~16%，覆盖于人体的整个外表面，是人体最大的器官。皮肤对外是抵御病原体、紫外线、化学物质和机械损伤的初始屏障，由最上层的表皮，中间层的真皮层，位于表皮和下皮层之间的皮下组织三层组成。

皮肤最外层的表皮，有独立的免疫细胞。科学家发现表皮细胞拥有很多只有神经元细胞才会有的受体，会非常敏感地对外界环境刺激做出反应，因此表皮还是感觉器官。表皮往内，在皮肤的中间部位是真皮层。真皮层在显微镜下看像一张网，和表皮相连的部位有很多规律性的凸起，被称为乳头层，神经末梢就藏在这里。真皮和皮下组织相连的部分是血管、淋巴管、感受器等所在部位，能感受到皮肤所受到的压迫、震动等刺激。

很多神经性皮炎产生的初期是由于情绪紧张等心理问题而引起的简单皮肤瘙痒，在反复挠痒刺激下，逐渐形成了神经性皮炎。科学家研究发现，环境因素、疾病因素、心理因素等都有可能引起皮肤瘙痒，并进一步发展成为神经性皮炎。也正因如此，神经性皮炎才会被称为是"单纯"的皮肤增厚性疾病。虽然诱发神经性皮炎的原因通常很简单，并不像牛皮癣等和人体免疫缺陷或某种慢性疾病密切相关，但也会和以重复行为或心理反刍为特征的精神疾病（如强迫症、焦虑症、抑郁症）结合，发展成为一种慢性的、使人神经衰弱的疾病。

神经性皮炎主要特征就是"痒"，且越挠越痒。因此，该病的治疗目的往往是想办法缓解瘙痒，代替患者的抓挠，打破"痒－抓－更痒－更抓"的恶性循环。临床上一般首选糖皮质激素软膏、霜剂或溶液涂抹在痒处。如果持续地瘙痒和抓挠妨碍了个人的睡眠，可以用一些抗组胺药来减轻瘙痒和促进睡眠。如果皮肤瘙痒处肥厚比较严重，还可以局部注射糖皮质激素治疗。如果最初的瘙痒是由过敏性疾病引起的，如风疹、湿疹等，还可以使用免疫抑制药物或口服皮质类固醇药物。如果最初的瘙痒和心理疾病有关，则需要进行心理治疗，如采用认知行为疗法（CBT）、习惯逆转疗法等，还可以适当服用一些抗抑郁药物。另外，改变日常生活习惯也可以减轻瘙痒，包括穿宽松的衣服、冷敷患处、使用非处方保湿霜减少皮肤干燥等。

神经性皮炎治愈后容易反复发作，目前临床上以药物治疗为主，但因不能长期使用，常会影响最终的治疗效果。因此，科学家们正努力从植物或菌物中筛选对神经性皮炎具有疗效且无副作用可长期食用的药物或非药物。

◎生化药理

生化药理研究表明，血红铆钉菇有调节免疫、降血糖、降血脂、抗肿瘤、抗辐射、养胃、抗菌消炎、抗衰老等作用，可用于防治糖尿病、心脑血管疾病，抑制肿瘤以及治疗神经衰弱、失眠、耳鸣、眩晕、四肢麻木、癫痫等神经性疾病。

此外，血红铆钉菇因为在中医中常用于治疗神经性皮炎，且效果显著，所以成为了科学家们研究的对象之一。

🥣 中药药性

中医认为"血红铆钉菇味甘性平，入脾、胃经，能健脾益胃、清热解毒，主治消化不良、脾虚食积、神经性皮炎等症"。

🍄 文化溯源

血红铆钉菇是非常重要的野生食用菌之一，肉质肥嫩、鲜美可口，有"素肉"之称。血红铆钉菇俗称 the brown slimecap（棕色粘菌）、the copper spike（铜穗），1774 年，德国真菌学家雅各布·克里斯蒂安·谢弗（Jacob Christian Schäffer）首次描述并将其命名为 *Agaricus rutilus*。1964 年，美国真菌学家小奥森·K·米勒（Orson K. Miller, Jr.）将其转移到 *Chroogomphus* 属。*Chroogomphus* 来自希腊语"gomphos"，是一种带有大头的大锥形（楔形）钉子或螺栓，由金属或木材制成，主要用于造船。前缀 chroo- 表示颜色。血红铆钉菇子实体的楔形使它们看起来非常像那些古老的螺栓，由此而得名。

血红铆钉菇广泛分布于世界各地，在我国主要分布在黑龙江、吉林、河南、山西、青海、云南、内蒙古、西藏及台湾等地。因此，描述过该菌的科学家有很多，但大多没有得到世界公认，如 *Agaricus rutilus*，*Agaricus gomphus*，*Cortinarius rutilus*，*Gomphidius rutilus*，*Gomphidius viscidus*，*Chroogomphus rutilus*，*Chroogomphus corallinus*，*Chroogomphus britannicus* 等，只能作为同种异名。

图 23-3 血红铆钉菇 *Chroogomphus rutilus*（Schaeff.）O.K. Mill.

图 23-4 血红铆钉菇 *Chroogomphus rutilus*（Schaeff.）O.K. Mill.

营养成分

血红铆钉菇营养价值极高，含有蛋白质、脂肪、碳水化合物、膳食纤维、核黄素以及钙、磷、钾、铁等营养物质。血红铆钉菇（干）的基本营养成分占比详见图 23-5。

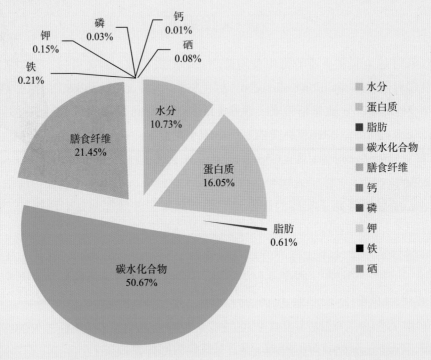

图 23-5　血红铆钉菇 *Chroogomphus rutilus*（Schaeff.）O.K. Mill.（干）基本营养成分占比

食药应用

中医将五脏按五行进行了分类，其中脾属土，肺属金，而土生金。因此，血红铆钉菇入脾胃经，壮土而养金。肺又主皮毛，因此，虽然血红铆钉菇不入肺经，但却从根源上滋补肺经，从而治疗神经性皮炎等皮肤类疾病。另外，中医认为神经性皮炎的病理是脾胃湿热导致气血不足，而血虚则会导致血燥生风，致皮肤瘙痒。因此，祛除脾胃湿热是核心，其次应补充气血，并祛风止痒。因体内有燥，故去湿热不能用燥湿法，而用利湿法。可以血红铆钉菇为君，清热健脾从而去湿热；以桦褐佐为臣，养血益气；以肺衣为臣，祛风止痒；以金耳为佐，入肺经滋阴、润肺、调气、平肝阳；以竹荪为佐，补气活血形成复方，煎水常服。

5

第五部分

**循环及
血液系统**

Hymenopellis raphanipes（Berk.）R.H. Petersen

黑皮鸡枞——擅降压的假鸡枞

分类地位 担子菌门 Basidiomycota，蘑菇纲 Agaricomycetes，蘑菇目 Agaricales，膨瑚菌科 Physalacriaceae，拟奥德蘑属 *Hymenopellis*。

别　名 长根小奥德蘑、黑皮鸡枞、长根金钱菌，贵州叫三八菇、三孢菇，台湾、福建等地叫鸡肉丝菇，在广东称为鸡枞，潮汕则叫鸡肉菇，福建也叫鸡脚菇或桐菇，在四川被称斗鸡菇、伞把菇、水鸡枞或斗鸡公。

形态特征 菌盖直径 3~7cm，大者可达 10cm，幼时半球形，成熟后逐渐平展，中央一般呈脐状或有较宽阔的微突起，盖表面光滑，湿时稍黏，浅褐色、橄榄褐色至深褐色，具辐射状条纹。菌肉较薄，肉质，白色。菌褶弯生，灰白色，稍密，不等长，较宽。菌柄圆柱形，长 6~20cm，直径 0.5~2.3cm，顶部白色，其余部分浅褐色；近光滑，有纵条纹，脆骨质，内部菌肉纤维质，稍松软，基部稍膨大，向下延伸形成的假根很长。担孢子（14~18）μm ×（12~15）μm，球形至近球形，光滑，无色。

图 24-1　卵孢小奥德蘑（黑皮鸡枞）*Hymenopellis raphanipes*（Berk.）R.H. Petersen

经济价值 食用菌，药用菌。

生　境 夏秋季生于阔叶林中地上，具有假根，附着生长于地下腐木，单生或群生。

标　本 2019-10-31，采于贵州省遵义市赤水市两河口镇赤水大瀑布，标本号 HGASMF01-6936，存于贵州省生物研究所真菌标本馆；2021-05-15，采于贵州省毕节市大方县靠近中国百里杜鹃风景名胜区，标本号 HGASMF01-13673。

图 24-2　卵孢小奥德蘑（黑皮鸡枞）*Hymenopellis raphanipes*（Berk.）R.H. Petersen 二维码图

纵论高血压

我们时常会看到有人突发脑出血去世的新闻，实际上，突发脑出血与高血压有着密切关系。之所以高发，就是因为大家只重视疾病，却对引起疾病发生、发展、发作的原因不够重视。在我国，高血压是一个被严重低估的重大健康问题。血压忽高忽低，会导致一系列心脑血管问题。

很多人对高血压的认识有以下误区。

> 🍄 血压只要正常，哪怕有其他相关健康问题，也不存在高血压隐患。
> 🍄 降血压药物只在血压高的时候吃，血压正常可以不吃药或无须定时吃药。
> 🍄 血压高出正常范围不多，用药有些早。
> 🍄 降压药都是化学药，容易伤肝肾。

因为包括但不限于以上罗列的误区存在，我国民众普遍对高血压重视不够，实际上高血压病会对大脑、心脏、血管、肾脏等造成持续、隐性且重大伤害。伤害从血压高出正常指标时就已经开始，故称高血压为"隐形杀手"。

现代生活节奏快，"996"工作制的出现绝非个例或偶然，而是代表了这个时代的一个主要特征。重压下很多人都成了"拼命三郎"，但是持续的高压会导致精神紧张，使身体分泌出更多的血管收缩激素，并使心跳加速，进而导致高血压。精神放缓人体又会清除这些激素，并解除这种偶然的血压异常问题。但长此以往人体积蓄过多血管收缩激素且无法及时清除，导致高血压，高血压又进一步造成血管损伤，形成恶性循环。这部分人群的高血压演化比一般人要快得多，因没有更多时间和精力去了解、管理自己的高血压，非常容易倒在工作岗位上。

只要非同日三次所测血压值不在正常范围，基本就可以确诊高血压。目前，我国高血压群体已达3.8亿，患病率达27.9%。

高血压在全球造成了严重后果。

> 🍄 全球每年有850万人因为高血压继发心血管疾病而死亡，远超过新冠病毒的伤害。
> 🍄 预计到2025年，在原有的基础上，全球高血压负担会再增加60%，全球将有约16亿成年人受影响。

高血压还往往会和其他问题联合起来一起伤害人体健康，如糖尿病、肾病等。如果肾病合并高血压，其进程会加速，过快地进入到肾衰竭阶段。此外，妊娠期女性并发高血压，会导致早产等，还会增加年老时患高血压的风险。

高血压还是一些疾病的表现症状，如果发现了高血压，应留意身体是否会有以下这些危险疾病。

🍄 糖尿病。　　　　　　　　　🍄 长期肾脏感染。
🍄 阻塞性睡眠呼吸暂停。　　　　🍄 激素问题。
🍄 红斑狼疮。　　　　　　　　　🍄 硬皮病。

另外需要注意的是，有一些药物也会引起高血压，如下所示。

🍄 避孕药。　　　　　　　　　　　　🍄 类固醇。
🍄 一些治疗咳嗽和感冒的药物。　　　🍄 一些中药：尤其是含有甘草的。
🍄 一些上瘾性药物：如可卡因和安非他明。

高血压不受重视的原因有多种，最主要的原因之一是高血压在人们心中的定位不是病，只是一种指标异常状态。因此，很多高血压患者对医生每日服用降压药的建议有抵触心理，只在血压升高或感身体不适时服用降压药控制血压，使得高血压长期不稳定，诱发心脑血管疾病。

我们要充分认识到，降血压的目的并不是单纯的降低血压，衡量指标也不仅仅是血压的高低，而是对心脏、大脑、肾脏等的保护。值得注意的是，对于一些糖尿病以及心脑血管疾病的人群而言，血压指标不能用 140/90mmHg 作为衡量指标，而将130/80mmHg 作为个体衡量标准。

一般把降血压的药物分为以下 5 类。

🍄 利尿剂：主要目的是减少血液中的含水量，使血液总量减少而降压。

🍄 β受体阻滞剂：主要目的是减少心脏的搏动次数，通过减少心脏向血管的射血量而降压。

🍄 血管紧张素转换酶抑制剂：主要是通过减少血管紧张素的产生，达到降压目的。

🍄 血管紧张素Ⅱ受体拮抗剂：主要是通过降低血管受体对血管紧张激素的敏感性而达到降压目的。

🍄 钙通道阻滞剂：能阻止血液中的钙离子转移到血管平滑肌细胞内，即通过阻止血管收缩而降压。

针对高血压的研究、大型临床试验成果证明，通过减肥、减少食盐摄入、控制饮食、加强运动以及减少酒精摄入、控制情绪及减轻工作压力等都可以起到降压作用。但同时，依然需要长期摄入相应的药物。因此，从植物、菌物等天然生物体研发对人体伤害低的新型降压药物及膳食补充剂正成为科学家们的研究热点。

◎生化药理

科学家研究发现，黑皮鸡枞含有长根菇素（小奥德蘑酮）。这种功能活性成分的结构式是特异的三酮化物，是一种天然化合物，可以通过限制人体儿茶酚胺合成来调控血压，与人工化合物相比，有着明显的降压效果，且没有任何副作用。黑皮鸡枞还能镇静安神，调控血管收缩素的分泌，清除自由基。因此，黑皮鸡枞可以多途径、多靶点的安全调控人体血压，是高血压人群可以放心长期食用的膳食补充剂，也可按照中医原理将其配伍制成降血压的中药长期服用。

生化药理研究证明，黑皮鸡枞还可抗菌、护胃、抗肿瘤、提高免疫、抗基因突变等。

🥣 中药药性

中医认为黑皮鸡枞"味甘性平，入胃经和肝经，能平肝阳、抗肿瘤"。

🍄 文化溯源

卵孢小奥德蘑通体暗褐色，形似鸡枞，故贸易中被称为"黑皮鸡枞"，云南习称

"水鸡枞"。因肉质脆嫩，味道鲜美，是一种药食兼用型真菌，享有"菌中之王"的美誉。虽然黑皮鸡枞与鸡枞属的子实体基部都有一个"根"，但黑皮鸡枞的"根"长在土中腐木上，是腐生菌；而鸡枞的"根"长于白蚁巢穴上，与白蚁共生，因此黑皮鸡枞并非鸡枞。英国真菌学家迈尔斯·约瑟夫·伯克利（Miles Joseph Berkeley）在1850年最先进行了科学的描述并将其命名为 *Agaricus raphanipes*。美国真菌学家罗纳德·H·彼得森（Ronald H. Petersen）在2010年将其移入到 *Hymenopellis* 属，定为卵孢小奥德蘑 *Hymenopellis raphanipes*。该菌还曾被误认为是原产于欧洲的长根小奥德蘑 *Oudemansiella radicata* 和分布于北美的鳞柄小奥德蘑 *Oudemansiella furfuracea*。

图 24-3　卵孢小奥德蘑（黑皮鸡枞）*Hymenopellis raphanipes*（Berk.）R.H. Petersen

🔖 营养成分

　　黑皮鸡枞子实体中含有丰富的营养成分，蛋白质高、脂肪低，且总糖含量达到 72.67%，是一种极具开发潜力的食药用菌。卵孢小奥德蘑子实体中的基本营养成分占比详见图 24-4。

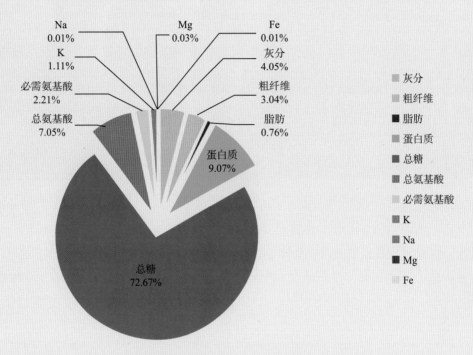

图 24-4　卵孢小奥德蘑（黑皮鸡枞）*Hymenopellis raphanipes*（Berk.）R.H. Petersen 子实体中基本营养成分占比

🌿 食药应用

　　中医复方应用黑皮鸡枞，可与桦褐孔菌、黑木耳、猴头菇、香菇、茯苓、大红菇、人参、黄精、松茸、红曲等配伍治疗心脑血管疾病。心脑血管疾病是循环系统动脉血管的粥样硬化导致的，按现代中医的辨证，应分为气滞血瘀、痰瘀交阻、多虚多瘀 3 种证型。其本质是以虚为主。因此，以桦褐孔菌为君，入心、肝、脾、胃、大肠经，益气、活血化瘀并滋养五脏之虚，具补虚、益气、血瘀三种作用。以黑皮鸡枞为臣，平肝阳，解气郁而导致的气滞问题；以猴头菇为臣，健脾养胃，补脾胃之虚；以香菇为臣，扶正补虚并化痰理气，在君药补虚之际起扶正作用，同时，通过理气作用

图 24-5　卵孢小奥德蘑（黑皮鸡枞）*Hymenopellis raphanipes*（Berk.）R.H. Petersen

解决气滞问题。以茯苓为佐，健脾利湿；以大红菇为佐，养血逐瘀；以人参为佐，大补元气；以黄精为佐，补气；以松茸为佐，理气化痰，还可联合茯苓起利湿别浊作用；以红曲为佐，活血化瘀。该方通过多味药来强化相关作用，可较好地调治心脑血管类疾病。

Morchella importuna M. Kuo, O'Donnell & T.J. Volk

分类地位 子囊菌门 Ascomycota，盘菌纲 Pezizomycetes，盘菌目 Pezizales，羊肚菌科 Morchellaceae，羊肚菌属 *Morchella*。

别 名 羊肚蘑、编笠菌、羊肚菜、黑羊肚（山西）、阳雀菌（云南）、高羊肚菌。

形态特征 菌盖高 4~10cm，宽 3~7cm，卵形、椭圆形至长椭圆形，顶端钝圆，表面有不定形至近圆形、近长方形的凹坑，宽 4~15mm，白鸡蛋壳色至淡黄褐色，棱纹色幼时较浅，老熟较深，不规则地交叉。菌柄长 5~7cm，直径 1.5~3.5cm，近圆柱形，中空，近白色至奶白色，上部光滑，基部膨大，有不规则的浅凹槽。子囊（260~300）μm×（18~20）μm，圆筒形，每个子囊内含 8 个子囊孢子，呈单行排列。子囊孢子（19~22）μm×（11~13）μm，长椭圆形，无色，光滑。

图 25-1 梯纹羊肚菌 *Morchella importuna* M. Kuo, O'Donnell & T.J. Volk

经济价值 食用菌、药用菌，已经大量栽培。

生 境 冬季、春季生于阔叶林地上，单生或群生。

标 本 2020-04-26，采于贵州省铜仁市印江土家族苗族自治县靠近冷水溪，标本号 HGASMF01-3995，存于贵州省生物研究所真菌标本馆。

图 25-2 梯纹羊肚菌 *Morchella importuna* M. Kuo, O'Donnell & T.J. Volk 二维码

纵论动脉硬化

动脉粥样硬化是最常见也最重要的动脉硬化之一，常发生在各种脏器的血管中，如心脏、大脑、肾脏等部位。但发生在心、脑部位的动脉粥样硬化疾病是现在面临的主要健康问题之一。一般论及动脉粥样硬化会将其和动脉硬化等同，其实动脉硬化范围更广，还包含动脉中层钙化硬化、细小动脉硬化等。

动脉是人体能量流通的主通道，但对其硬化问题的认识常常存在一些误区。

🍄 动脉硬化是老年病，年轻人不用担心。

🍄 动脉硬化是高血脂、高血糖、高血压等引起的，只要降血脂、血糖、血压就行。

🍄 动脉硬化吃药就能痊愈或控制。

动脉是血管的一部分。动脉血管从心脏出发，由粗到细开始不断分叉，一直连接到毛细血管。器官和组织就像是过滤网，将营养物质拦截，并将代谢物排放出来，穿过滤网并携带代谢物的血液又会从毛细血管开始，经静脉流回心脏。

动脉血管从外形看就像城市的下水排污管道。管道纵切面分三层：最外层和土壤接触，放管道时要涂抹一层防土壤腐蚀的涂料，被称之为外膜；最里层，和污水等常年接触，不仅要防腐蚀，还要防渗漏，这层防腐防渗的涂料就是内膜；内膜和外膜中间的部分就是中膜。因此，中膜最难硬化，内膜最易硬化。

假如把血液（含血浆、血细胞等）比喻成河流，那么我们的红细胞、胰岛素、低密度脂蛋白、高密度脂蛋白等等都相当于载重船，氧气、二氧化碳、血糖和胆固醇以及一些代谢物等都是军人。红细胞运载氧气或二氧化碳；胰岛素运载血糖；低密度脂蛋白运载胆固醇；高密度脂蛋白则充当候补船，当胆固醇出故障或者掉下船来就需要由高密度脂蛋白重新装载起来。所以这条河流并不安全，一些河盗随时可能无差别伏击，如自由基、化学药物、酒精、细菌、病毒、癌细胞等。因此船队也有警卫和信号兵等，就是白细胞和一些酶。而血管壁就是这条河流的河道。河道非常光滑，即便掉落的胆固醇没能被高密度脂蛋白及时运载，也会被冲走，如果没能被带走，会长期顺着河流不断地流动。但河道还会因为河盗与免疫系统的战斗（炎症反应）、过快的血液流速（血压升高）、血液黏稠（血脂高、血糖高）等造成损伤。损伤的河道，光滑度下降，游离胆固醇就会停留在损伤段，停留的胆固醇越来越多，就会造成河道狭窄。

河道有很多支流，如果堵塞的河道恰恰在某一个支流，就会导致堵塞部位后的支流末端河道干涸。干涸的河道会使河道两边的土壤失去养分，从而导致疾病。如，肾脏缺营养，可能会导致肾小球失养，肾功能减退；冠状动脉部分堵塞会导致心肌梗死；在大脑则会导致脑梗死，对大脑造成损伤。

动脉硬化是逐渐累积的，并不是发现的时候才发生。就比如河道，刚修建的河道状态最好，但只要通上水，河道自然就会受到侵蚀，虽然刚开始时侵蚀力还无法撼动河道，但量变引起质变，越到后期则损伤力越大，抵抗侵蚀的力量也越弱。血管也一样，虽然可以通过各种方法降低血液中的血糖、血脂、血压，但损伤已经形成，并不是只降血压、血糖、血脂就可以使血管得到保护。因此，科学家开始寻求综合解决方案，不仅要降血糖、降血压、降血脂，还要抗炎、抗衰老、抗氧化，进一步修复受损血管。羊肚菌就是在这种情况下，因其特性而进入科学家的视野。

◎生化药理

科学家研究发现，羊肚菌多糖预防动脉粥样硬化的产生是多角度的，改善动脉粥样硬化的程度也是多层次的。羊肚菌多糖主要是通过激活 $AMPK\alpha$ 信号通路，以及抑制 SREBP2 表达来抑制合成胆固醇；通过抑制 $LXR\alpha$ 表达降低血清甘油三酯水平；还通过抗炎作用，减少持续炎症反应带来的血管增厚问题；并进一步通过抗氧化作用降低血管内自由基水平，活化血管内皮细胞来抗衰老。羊肚菌所富含的真菌多糖和其他菌类所含有的真菌多糖一样，具有修复细胞损伤的作用，进而对血管内膜损伤起到一定的修复作用。因此，羊肚菌对于人类进行血管保护具有重要的价值。

生化药理研究表明羊肚菌不仅有保护心脑血管系统、肾脏、肝脏和胃黏膜的作用，还具有调节免疫、抗疲劳、抗肿瘤、抗衰老等作用。

🥣 中药药性

《食物本草》认为羊肚菌"味甘，寒，无毒"。《本草纲目》则认为"羊肚菌，性平，味甘，具有益肠胃、消化助食、化痰理气、补肾纳气、补脑提神之功效"。《寿世传真》认为其"性寒。益肠胃，化痰理气。动气发病，不可多食"。中医治疗疾病遵循"理法方药"原则。理，即病理；法，即治法；方，即配方；药，即药物。其中配方时，会根据不同的病理来选择适当的药物。如，对于阴虚者往往会选择性质寒凉的药物来滋阴，而平药则适合阴阳盛衰不明显的人群。现代中医认为羊肚菌"味甘、性寒或平、无毒，归肺、胃、大肠、肾等经，益肠胃、理气、补脑、提神、补肾、化痰，对脾胃虚弱、消化不良、头晕失眠、痰多气短等都有良好的治疗作用"。实际应用发现，很多人生吃羊肚菌，会导致腹泻、腹痉挛问题，只有吃熟食才有益肠胃，故羊肚菌的性质可能偏寒凉。因此，在补肾方面，羊肚菌起到的应该是补肾阴，而不是壮阳作用。在理气方面，入胃经，则主要针对脾胃气逆的情况，使气沉降而不是上逆。在脾胃虚弱方面，主要是针对胃阴虚，如口干、易饿、反酸、胃隐痛等。

🍄 文化溯源

羊肚菌，因其菌盖色深，表面凹凸不平，状似羊肚而得名，是世界公认的、著名的珍稀食药用菌。在我国，羊肚菌食用历史由来已久。道家集大成著作《道藏》中就有相关记载。据说在万历三大征时，明神宗因累成疾，名相申时行将羊肚菌煮汤让皇帝服下，几天后皇帝病情痊愈，面色红润，自此以后羊肚菌便是"皇家贡品"中食药用品的首选。羊肚菌在许多欧美国家一直被视为高级的营养补品，在美国被称为"陆地鱼"。就像鲍鱼在中国高级餐厅是必备菜肴一样，羊肚菌在法国高档餐馆中也是必不可少的招牌菜肴。

图 25-3　梯纹羊肚菌 *Morchella importuna* M. Kuo，O'Donnell & T.J. Volk

图 25-4　梯纹羊肚菌 *Morchella importuna* M. Kuo，O'Donnell & T.J. Volk

在以前，人们以为羊肚菌全世界只有 3 种，但近些年已经确定羊肚菌有数十种之多。本文所描述的羊肚菌就是 2012 年美国科学家发现的 14 种羊肚菌中的一种，也是我国传统经常食用的羊肚菌物种。1822 年，瑞典真菌学家埃利亚斯马·格努斯·弗里斯（Elias Magnus Fries）第一次科学描述并予以 *Morchella elata* 这个名字，后来一直沿用。羊肚菌的英语通用名为 black morel（黑羊肚菌）。但 2012 年，美国真菌学家迈克尔·郭（Michael Kuo）、克里·奥·唐纳（Kerry O'Donnell）、托马斯·J·沃克（Thomas J.

Volk）等研究发现，弗里斯所命名的种和新种虽然同为羊肚菌属，但并不相同，因此对其进行了全新的科学描述并予以重新命名，才有了现在世界公认的新拉丁名：*Morchella importuna*。

📌 营养成分

羊肚菌子实体营养成分中含量较高的是粗蛋白和粗纤维，含17种氨基酸，其中含量最高的是谷氨酸。羊肚菌（干）子实体中基本营养成分占比详见图 25-5。

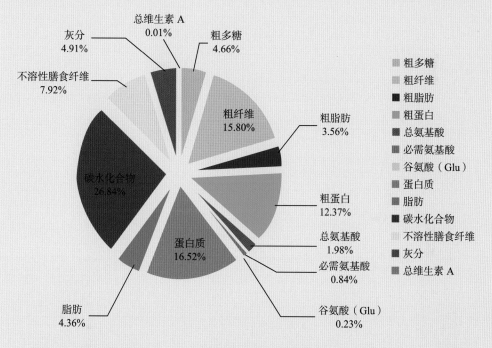

图 25-5　梯纹羊肚菌 *Morchella importuna* M. Kuo，O'Donnell & T.J. Volk（干）子实体中基本营养成分占比

🌿 食药应用

羊肚菌和很多菌物类似，有着广泛的适用范围，因此可以借其特点联合起来相互配伍，组成一个全方位调理亚健康的大复方。

亚健康人群表现在外和隐含在内的问题非常广泛。中医认为，"五脏之病，脾肾为要"，"脏腑健旺，生机乃荣"，"谨察阴阳所在而调之，以平为期"。故亚健康状态的人体，应从先天、后天两个本源脏腑脾、肾入手，并平衡人体阴阳、健旺脏腑，从而消除人体隐患，得以预防疾病。因此，可以通过健脾胃、固本元、利五脏、安心神、通气血、平阴阳的治则来全面调理，消除亚健康状态，预防疾病。

全方如下：猴头菇、姬松茸、茯苓、香菇、白参菌、蛹虫草、灰树花、银耳、绣球菌、柱状田头菇、紫丁香蘑、血红铆钉菇、榆黄蘑、硫黄菌、松茸、竹荪、羊肚菌、金耳、黑松露、蜜环菌、黑牛肝菌、鸡油菌、红菇、珊瑚菌、金针菇、凤尾菇、草菇、双孢蘑菇、白灵菇、鸡腿菇、杏鲍菇、黑木耳、滑子菇、松蘑、白黄侧耳、青头菌、大杯伞、美味牛肝菌、奶浆菌、鹿茸菌、榆耳、黑皮鸡枞、海鲜菇、秀珍菇、白葱牛肝菌、蟹味菇、白玉菇、黑虎掌菌、干巴菌。需要将这些菌菇混合做成深加工产品后日常食用。

Naematelia aurantialba（Bandoni & M. Zang） Millanes & Wedin

分类地位　担子菌门 Basidiomycota，银耳纲 Tremellomycetes，银耳目 Tremellales，耳包革科 Naemateliaceae，耳包革属 *Naematelia*。

别　名　黄银耳、橙黄银耳、黄木耳、金木耳、黄耳。

形态特征　子实体胶质，鲜时宽 2.5~7cm，高 1~5cm，呈脑状皱褶或不规则块状，新鲜时柔软、有弹性，黄色、橙黄色至橘红色，干后坚硬，变暗金黄色，成熟时有的裂瓣稍膨大中空，基部较窄。菌肉厚，有弹性，胶质。担子（13~23）μm×（10.5~17.5）μm，十字形纵分隔或稍斜分隔成 4 瓣，宽椭圆形至卵圆形。孢子（8.0~14.0）μm×（6.0~10.5）μm，近球形至宽椭圆形，光滑，近无色。

图 26-1　金耳 *Naematelia aurantialba*（Bandoni&M. Zang）Millanes & Wedin

经济价值　食用菌、药用菌。已经大量栽培。

生　境　夏秋季生于阔叶树的枯枝或倒木上，寄生在毛韧革菌，单生或群生。

标　本　2020-05-20，采于贵州省黔东南苗族侗族自治州榕江县县城附近，标本号 HGASMF01-7486，存于贵州省生物研究所真菌标本馆。DNA 序列编号：ON557692。

图 26-2　金耳 *Naematelia aurantialba*（Bandoni & M. Zang）Millanes & Wedin 二维码

金耳——能抗血栓的脑耳

187

纵论血栓

血栓是血液里的"血凝块"，像塞子一样堵住了血管，导致血液不能供应到相应的脏器或无法回流，进而引起脏器受损。无论是动脉还是静脉中都可能会产生血栓。

血栓的杀伤力如此巨大，人们对此充满恐惧，但存在以下认知误区。

🍄 定期输液使血液稀释就能防脑血栓？实际上这种做法反而非常危险，输液有可能会使黏连在血管壁上的血栓快速脱落而不是逐渐溶解，易导致突发性的脑栓塞、肺栓塞，从而对生命安全造成威胁。

🍄 只要多运动、素食就能预防脑血栓？素食，有可能代表着高碳水，然而高碳水却是血栓形成的主要原因之一。多运动有益于能量的消耗，会降低代谢综合征引起的血栓形成，但对于 LDL-C 过高，还有年龄、性别影响以及家族史的人而言，危险因素是不可改变的，只能减缓不能预防血栓。

目前，因血栓而导致的各种疾病不仅危害着中老年人，而且年轻化趋势明显，所以必须正确认识血栓的形成。血管、血液是我们人体生存输送能量的"路"和"车"，是生命存在的基础要素之二。我们的健康和血管是否畅通息息相关。人体内，血液从心脏泵出时携带着营养，穿过主动脉、大动脉、小动脉、微动脉将营养输送给细胞，又把代谢物从微静脉、小静脉、大静脉、主静脉带回心脏，形成一个大循环，维持着生命活动。一旦某条血管堵塞了，营养物质就无法输送给其余组织的细胞，细胞会因营养缺失或毒素积累而死亡，对健康造成严重危害。

造成血管堵塞的通常就是血栓，血栓就像下水道堵塞物。堵塞物通常是由一些黏性物质连着毛发以及一些大的垃圾形成的，血栓也一样。首先，血管壁受损会激活人体修复机制，吸引血液中的血小板并黏附在受伤部位。同时，导致血管受损的炎症反应还会使血小板之间形成纤维蛋白，并杂乱地形成网状，就像是下水道堵塞物中的毛发一般。最后，这些网还会把大量血红细胞困在其中，像渔网网住鱼一样，形成了聚合物即血栓。如果血栓发生在上肢或下肢的动脉，可能会出现肢体发凉、失去血色、麻木或有刺痛感觉、肢体无力等症状。

静脉血量和动脉血量相同，但流速不同，静脉也会出现血栓，轻者肢体会出现发红、疼痛、肿胀等，重者甚至会发展成肌肉坏死。如下肢静脉血栓脱落导致肺栓塞时，可出现胸痛、呼吸困难等，严重的可伴有休克。

从血栓的形成机制入手，现代医学已经拥有了治疗血栓病的药物体系，包括阿司匹林、氯吡格雷等抗血小板药和华法林、肝素等抗凝血药。但损伤更深层的血管以及代谢等机制，也会发生血栓病，目前的药物不能够实现兼治。因此，科学家依然在不断地寻找防治血栓的药物。

◎生化药理

科学家通过各种实验发现，金耳具有抗凝血、抗血栓的生化药理作用。另外，金耳还可改善脑血流动力，可用于一些脑血栓疾病的治疗，有效率非常高。加上金耳可通过增强免疫来减轻血管因炎症反应造成的伤害，通过抗衰老提高血管弹性等等，使得金耳被称为能抗血栓的脑耳。

生化药理研究表明，金耳还有抗肿瘤、降血脂、抗衰老、降胆固醇、保肝护肝、抗氧化、抗肺结核、润肤等作用。

🥣 中药药性

中医认为金耳"味甘性平，入肺经，可滋阴润肺、生津止渴，主治虚劳咳嗽、津少口渴、痰中带血、骨蒸潮热、盗汗，还可化痰、止咳定喘、调气、平肝阳，并治肺结核病、虚劳骨蒸、潮热盗汗等"。中医认为气是人之三宝之一，归肺管。这意味着金耳不仅能够入肺治疗各种肺疾，还可通过调气、益气功能，参与人体各种健康问题的调治。

🍄 文化溯源

金耳的外形像大脑的形状，因此被称为"脑耳"，又因颜色金黄艳丽，荣获了"真菌皇后"的美称。全球都有分布，在我国，主要分布在四川、云南、贵州、山西、福建、陕西、西藏等地区。金耳需要与粗毛硬革菌共同培育才可生长、发育。大自然中，因野生金耳比银耳还要稀少，因此，古时为皇家专用。1769 年，瑞典植物学家安德斯·贾汉·雷齐乌斯（Anders Jahan Retzius）第一次科学描述并将金耳（英语俗称 yellow brain fungus，黄脑耳）命名为 *Tremella mesenterica*。在我国，邓叔群在描述我国的金耳时首先采用了该名称，之后我国出版的各类真菌书籍基本沿用该标准。随后，在 1976 年，黄年来认为我国产的金耳与国际上所描述金耳 *T. mesenterica* 存在差异，认为中国的金耳应该是 *T.encephala* Pers.；有部分学者认为中国的金耳是 *T.aurantia* *Schw.*ex Fr。直到 1990 年，臧穆等人在充分研究我国金耳标本的基础上，认为我国的金耳标本不同于上述物种，将我国标本定名为金耳 *Tremella aurantialba* Bandoni & M.

图 26-3　金耳 *Naematelia aurantialba*（Bandoni & M. Zang）Millanes & Wedin

Zang，是我国分布的独特物种。之后，西班牙学者 Millanes A.M 等人研究发现 *Tremella* 属（银耳属）的 42 个物种中，具有异质型子实体的 3 个物种可单独形成一个小群，并建议并入 *Naematelia* 属（耳包革属），以区别于子实体为同质型的 *Tremella* 属。由此中国金耳准确名称为 *Naematelia aurantialba*（Bandoni&M. Zang）Millanes & Wedin。

📌 营养成分

金耳子实体含有丰富的氨基酸、蛋白质、多糖，以及磷、硫、锰、铁、镁、钙、钾等营养成分，具有极高的食药价值，其 β- 胡萝卜素和核黄素分别是银耳的 17 倍和 90 倍，是香菇的 44 倍和 25 倍，被国际市场称为"名山珍"。金耳新鲜子实体含水率为 88.9%，其他成分占比详见图 26-4。

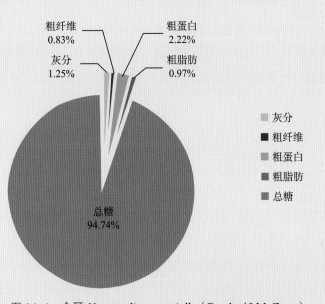

图 26-4　金耳 *Naematelia aurantialba*（Bandoni&M. Zang）Millanes & Wedin 新鲜子实体的基本营养成分占比

🌿 食药应用

　　中医认为，血栓是由气虚痰浊所致，气虚故血行变慢，痰浊混于血液之中进而导致瘀滞。因此，补益气血、活血化瘀、除湿化痰是治疗血栓的基本法则。可以猴头菇为君，健脾养胃，强化运化之能。以金耳为臣，滋阴润肺。肺主气，因此气机的调理，首重调肺。以木耳为臣，补气养血。以山楂为佐，化滞消瘀；以灵芝为佐，益气血、健脾胃；以榆黄蘑为佐，滋补，强壮体质；以黑松露为佐，宣肠益气；以地龙为佐，通经活络。全方既调运化又强气机，不仅对血栓有效，对初期代谢综合征也有一定的防治作用。

　　该类疾病还可进一步进行辨证，如临床中可以灰树花、红菇、黑木耳、金耳、蛹虫草、生山楂、生甘草、地龙等配伍治疗脑血管类疾病。在中医辨证中，脑血管疾病和心血管疾病发病机制有所不同。中医将脑血管疾病辨证为中风，和风邪有关，分为风证、痰证、火热证、血瘀证、阴虚阳亢证、气虚证等，可以补虚扶正、益气活血、泻火解毒、止血化痰、祛风逐瘀、滋阴潜阳等治疗。该方配伍：灰树花为君，益气健脾、补虚扶正；红菇为臣，益血通经、祛风逐瘀；黑木耳为臣，补气养血、润肺降压；金耳为佐，滋阴清热、强精补肾、润肺养胃；蛹虫草为佐，滋肺阴、补肾阳，平衡阴阳，止血化痰；山楂为佐，化瘀滞、行结气、行瘀血；地龙为佐，平肝息风、通经活络；生甘草为使，泻火解毒、调和诸药。可将以上菌、药混合煎煮，用于调治中风及中风后遗症。

图 26-5　金耳 *Naematelia aurantialba*（Bandoni & M. Zang）Millanes & Wedin

Calvatia gigantea（Batsch）Lloyd

分类地位 担子菌门 Basidiomycota，蘑菇纲 Agaricomycetes，蘑菇目 Agaricales，马勃科 Lycoperdaceae，秃马勃属 *Calvatia*。

别　　名 大马勃、白马勃、马屁包、马粪包、巨马勃。

形态特征 子实体直径 15~35cm，球形、近球形或不规则球形，外包被薄，易脆，初白色或污白色，后变浅黄色或淡绿黄色，初具微绒毛，光滑或粗糙，有时具网纹，成熟后开裂成不规则块状剥落。产孢组织幼时白色，柔软，后变硫黄色或橄榄褐色。无柄，由粗菌索与地面相连。担孢子（3.5~5.5）μm×（3~5）μm，球形、卵圆形或杏仁形，光滑或有时具细微小疣，厚壁，淡青黄色或浅橄榄色。

图 27-1 大秃马勃 *Calvatia gigantea*（Batsch）Lloyd

经济价值 食用菌，药用菌。

生　　境 夏秋季生于旷野的草地上，单生或群生。

标　　本 2019-01-08，采于贵州省赤水市葫市大顺村；2020-07-24，采于贵州省遵义市习水县东皇镇硝场村，标本号 HGASMF01-9793，存于贵州省生物研究所真菌标本馆。

图 27-2 大秃马勃 *Calvatia gigantea*（Batsch）Lloyd 二维码图

纵论出血性疾病

常见的出血性疾病包括脑出血、尿血、咯血、消化道出血等，都表明身体出现重大健康问题。

常见的出血性疾病的原因包括以下几种。

🍄 血管结构或功能异常，可继发于某些疾病，也可能是机械刺激或外伤等引起。

🍄 血小板数量或功能异常。

🍄 凝血因子异常。

人体的血量一般情况下比较稳定，占到人体重量的 7%~8%。如果一个人的体重是 50Kg，那么他的血液在 3500~4000mL，相当于七八瓶矿泉水。如果少了 1 瓶的血量，就会出现各种不适症状，而如果出血量持续增加且不及时止血，血液减少到人体不能承受的限度，会造成休克，进而会导致全身的脏器衰竭，危及生命。

动脉中的血液流速非常快，因此压力也非常大。如果动脉破裂导致出血，高压力下可见喷射或大量涌出。临床急救时，对于此类出血，往往需要按压近心端。静脉中的血液流速缓慢，因此静脉破裂往往会导致血液均匀流出。毛细血管破裂流血，色泽介于动、静脉血液之间，多为渗出性点状出血，大多能自动凝固止血或稍加压迫就可止血。

区分动脉和静脉能够帮助我们了解身体的运作。在日常生活中不小心受伤时，最重要的急救方式就是立即止血。但其他各类出血就不仅仅是止血这么简单，常需要根据相关致病因素来止血。因此，科学家们希望能够找到一种或多种可以预防出血或在不明确具体原因的情况下能够缓解出血情况的恰当方法。马勃是中国历史上应用最悠久的止血药，深受科学家的重视。

◎生化药理

科学家研究发现，马勃是一味天然化学成分众多、药理活性物质丰富的天然止血药物。临床上常简单用马勃粉末直接外敷或与明胶海绵、凡士林油纱布联用或制备为复方液体制剂等来止外伤之血。但近些年有科学家认为，马勃内服也有缓解人体内部出血的作用，其中有人认为和马勃具有的抑制肿瘤、抗菌、抗炎、抗溃疡等作用有关，但机制尚未完全明确。马勃应用前景非常广阔。尤其马勃可作为食品日常食用，对于有遗传性出血健康问题或慢性疾病导致出血问题的人群而言，具有一定的预防作用。

生化药理研究表明，马勃还具有抗氧化、消毒等作用。

中药药性

马勃是我国一味著名中药。最早出现在汉朝的《名医别录》中，但到南北朝时期陶弘景所著《本草经集注》才有详细描述。《中华本草》记载"马勃味辛性平，入肺经，可清肺利咽，解毒止血，主治咽喉肿痛、咳嗽失音、吐血衄血，诸疮不敛"。在临床中，还用于治疗吐血、咯血、便血、尿血、月经过多、毒蛇咬伤、烧伤等。《本草从新》《千金翼方》《蜀本草》《玉楸药解》《本草衍义》《本草纲目》《新修本草》等中医典籍对马勃的应用都有详细论述。《本草从新》还特别强调"内服外敷，均有捷验，诚不可以微贱之品而忽之"。

文化溯源

马勃广泛分布于世界各地，在中国主要分布于内蒙古、甘肃、江苏、云南、辽宁、安徽等省区。成熟的马勃子实体又圆又鼓，且成熟之后含有大量的粉末状孢子。触碰成熟的马勃，子实体上面的孔口内会喷出尘埃状的"烟雾"，因此，马勃又称为"地烟"或"烟雾炮弹"，也被称为"灰包"。其喷发的"烟雾"并非真正的烟雾，也不是带有毒性的气体，而是马勃的孢子，这是它们进行传播繁殖的方式。

1786 年，德国博物学家奥古斯特·约翰·格奥尔格·卡尔·巴奇（August Johann Georg Karl Batsch）首次科学描述并将大秃马勃命名为 *Lycoperdon giganteum*。*Lycoperdon*，指马勃属；*giganteum* 来源自希腊语 gigante，意思是巨大的，eum 一般是拉丁学名的后缀用法，合起来称马勃属的巨大型，即巨型马勃。1904 年，美国真菌学家柯蒂斯·盖茨·劳埃德（Curtis Gates Lloyd）将其转移到 *Calvatia* 属（秃马勃属），有了现在公认通用的拉丁名，按词意可译作是巨型秃马勃、大秃马勃。

这种大秃马勃直径可以长到近1米，重大数公斤，一次喷发的孢子数可高达数万亿个。幸好不是所有孢子都可以存活并在其他地方变成大秃马勃，否则，地球会被这种菌物完全占据。马勃在英语中俗称puffballs。ball，是球的意思；puff 是一

图 27-3　大秃马勃 *Calvatia gigantea*（Batsch）Lloyd

个动词，意思是能喷出烟雾；合称起来即能喷烟雾的球状蘑菇。因为遍布全球，描述它的科学家也有很多，因此还有一些同种异名词，如 *Bovista gigantea*、*Langermannia gigantea*、*Lasiosphaera gigantea* 等。

📌 营养成分

大秃马勃含有蛋白质、氨基酸、脂肪酸以及多糖、微量元素等营养成分，还含有甾体、萜类化合物等功能活性成分，不仅可食用，还是一种具有良好开发前景的药用真菌。野生大秃马勃的基本营养成分及功能活性成分占比见图27-4。

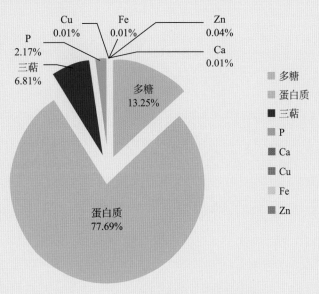

图 27-4　野生大秃马勃 *Calvatia gigantea*（Batsch）Lloyd 的基本营养成分及功能活性成分占比

195

🌿 食药应用

使用马勃最简单的方法是取得马勃粉后，直接外敷到疮口处，如痔疮、刀伤、恶疮，不仅止血，还有清热、解毒的作用；还可少量含服，用于治疗咽喉类疾病，如肿、痛、炎、咳、吞咽困难等；还可内服，用于消化道出血等病。

《杂病源流犀烛》记录了一个治疗耳窍内流脓的马勃方：马勃、薄荷、桔梗、杏仁、连翘、通草，将以上药物制成中药散剂，温水调服即可。

还可以灵芝、树舌、木蹄层孔菌、桦褐孔菌、红缘层孔菌、茯苓、松萝、云芝、马勃等组成一个泡脚方，不仅可以有效治疗足部真菌感染、干裂等问题，还可疏通经络、安神定心、除风驱寒，对于老寒腿、失眠等疾病有很好的治疗作用。

实际应用中和马勃具有类似作用的还有粗皮马勃（柄孢小灰包、粗皮灰包、马屁包）、梨形马勃（马屁包）、黑紫心马勃（莫尔马勃、黑紫灰包、黑心马勃）、赭色马勃（粒皮马勃、赭色灰包）、栓皮马勃（皮树丝马勃）、袋形秃马勃（褐孢马勃、袋形马勃）等。

Auricularia polytricha (Mont.) Sacc.

分类地位 担子菌门 Basidiomycota，蘑菇纲 Agaricomycetes，木耳目 Auriculariales，木耳科 Auriculariaceae，木耳属 *Auricularia*。

别　名 木菌、木蛾、云耳、耳子、光木耳、木茸、构耳、粗木耳、黄背木耳、白背木耳。

形态特征 子实体韧胶质，宽 2~13cm，新鲜时呈盘状、碗状、耳壳状或漏斗状，赭色、棕褐色、红褐色至黑褐色，干后收缩成不规则形，变硬、脆、胶质，浸水后可恢复成新鲜时形态及质地，子实层的上表面变为紫灰色至黑色，下表面则变为青褐色，浅茶褐色至瓦灰色，表面平滑，除基部具明显且稍有皱纹，罕有皱纹。不孕面被长绒毛，初期赭色，后期灰白色、浅灰色、暗灰色，分布较密。担孢子（11~16）μm×（4.5~6）μm，圆柱形，光滑，无色，壁薄，弯曲。

图 28-1　毛木耳 *Auricularia polytricha* (Mont.) Sacc.

经济价值 毛木耳是我国广泛栽培的木耳品种，其栽培在 1975 年被首次报道。毛木耳朵形大，栽培子实体耳片肥厚，质地脆嫩，口感好，市场上极为畅销，年产量仅次于平菇、香菇、双孢菇、黑木耳和金针菇，位居第六位。

生　境 夏秋季生于阔叶树朽木或腐木上，群生或覆瓦状叠生。

标　本 2020-07-18，采于贵州省铜仁市印江土家族苗族自治县靠近驷马河，标本号 HGASMF01-14654；2020-04-21，贵州省铜仁市江口县亚木沟风景区亚木沟景区步道旁，标本号 HGASMF01-7099，存于贵州省生物研究所真菌标本馆。DNA 序列编号：ON557693。

图 28-2　毛木耳 *Auricularia polytricha* (Mont.) Sacc. 二维码

纵论跌打损伤

跌打损伤是诸伤之总论，泛指人因跌、打、碰、磕等原因所致的损伤，主要指急性软组织损伤，可能还会伴有骨折、脱臼、部分内脏损伤等，多表现为淤血阻滞，局部肿胀，伴有疼痛感。受伤后可按轻重程度做不同处理。

🍄 受伤的程度较轻，只是关节扭伤或者轻微撕裂，可伴有轻微疼痛感，肿势不明显或无，不影响日常活动。这种情况只需自己处理，不需要就医。

🍄 受伤的程度中度，部分韧带、软组织或骨骼出现撕裂或断裂的情况，不动时也会感觉到疼痛，而且伤处瘀血阻滞，肿势明显，影响正常活动。需及时就医，或进行石膏固定，以免再次受伤。

🍄 受伤严重时，部分韧带、软组织或骨骼完全断裂，且伴有严重的肿胀、淤血、剧痛，伤者受伤部位完全丧失生理功能，无法自主活动。需要立即就医，进行手术。

跌打损伤会导致人体运动系统的局部破坏。运动功能损伤越大越痛苦，如果发生瘫痪，甚至会因彻底丧失运动能力而产生自毁心理。

广义的人体运动系统指的是整个人体的运动，由神经系统、骨骼肌肉系统、代谢支持系统组成。在狭义上，运动系统一般特指骨骼肌肉系统。而跌打损伤大多指的都是狭义上的软组织、骨和部分内脏因外部物理压力因素而导致的健康问题。

在我们运动或劳动时，组织常会发生损伤，即出现跌打损伤问题。中医在数千年的历史发展中，已经总结出了非常成熟的内外检查、治疗的方法，一般治宜活血化瘀、消肿止痛、续筋接骨，可选用内服、按摩、拔罐、针灸、推拿、正骨等进行治疗。现在中医疗法已经被西医广泛接受，尤其是运动损伤，中医的物理疗法不仅得到承认而且已经广泛应用。但中药近些年因为原料质量和资源紧张等问题迫切需要进行新品类的开发，因此很多中医专家及科学家以菌物为新型中药资源，从中寻找相关突破。

◎生化药理

科学研究表明，毛木耳治疗跌打损伤的主要有效成分是毛木耳多糖。这种多糖具有促血小板聚集、抗血栓的生化药理作用。毛木耳中还含有对机体有益的蛋白质和多种微量元素，蛋白质在木耳粗多糖诱导血小板产生聚集的过程中发挥着重要作用，当去除蛋白质后，粗多糖对血小板聚集的诱导作用消失。因此，毛木耳可以被看作是天然的复合药剂，不宜将其活性成分进行分割应用。

生化药理研究表明，毛木耳还具有抗凝血、抗血小板聚集、抗血栓、提高免疫、降血脂、抗动脉粥样硬化、抗衰老、降血糖、升白细胞、耐缺氧、抗癌、抗突变、抗辐射、抗溃疡、抗菌消炎等作用。

🥣 中药药性

中医认为毛木耳"味甘性平，入肝、脾、肺、肾、胃、大肠经"，和黑木耳功能相同，"可补气养血、润肺止咳、抗癌、止血、降压，主治气虚血亏、肺虚久咳、咯血、衄血、血痢、痔疮出血、妇女崩漏、宫颈癌、阴道癌、高血压、眼底出血、跌打伤痛等"。中医的归经，与现代医学中的靶向概念相类似。木耳于五脏中可入四脏，应用范围相当广泛，尤其是在消化道、呼吸道的出血性疾病方面具有很好的效果。

🍄 文化溯源

毛木耳的野生资源丰富，在我国分布遍及贵州、山东、浙江、江西、云南、四川、西藏、安徽、江苏、吉林、黑龙江、广西、广东、福建等多个省市地区；在南美洲和北美洲也有分布。木耳是热带和亚热带地区广泛分布的食用菌之一，古今中外都有不同的称谓。如木耳在西方曾有一个俗称"Jew's Ear"，即犹大的耳朵，现在这个名字已经基本不再使用，但在相当长的历史中木耳被如此称呼。《神农本草经》在描述桑根白皮时，载："桑耳黑者，主女子漏下，赤白汁，血病，症瘕积聚……"又曰："五木耳名糯，益气不饥，轻身强志。"到了科学时代，木耳分类更加详细，如黑木耳、毛木耳、白木耳等。但在最初，毛木耳被归为黑木耳。

最初，木耳在国内民间有"细木耳"和"粗木耳"之分，"粗木耳"就是"毛木耳"。木耳虽然在我国应用非常早，但分类研究却比较晚，始于20世纪30年代。当时我国菌物学家邓叔群对我国的木耳分类进行了统计，记录了6种木耳，即毛木耳、黑木耳、皱木耳、毡盖木耳、黑皱木耳以及褐毡木耳。到20世纪80年代，我国对木

图 28-3　毛木耳 *Auricularia polytricha*（Mont.）Sacc.

耳的研究进入了快车道，又相继发现了一些新种，如网脉木耳、西沙木耳、海南木耳、象牙白木耳、毛木耳银白变种等。木耳属 *Auricularia* 是法国植物学家让·巴蒂斯特·弗朗索瓦·皮埃尔·布利亚德（Jean Baptiste François Pierre Bulliard）在 1780 年建立的。由于木耳属真菌，颜色、大小、形状等外部形态特点，受到外界生态环境的影响。毛木耳早在 1834 年就已经进入到科研工作者的视野中，但是由于其表观形态特征被分到黑耳属，并定名 *Exidia polytricha* Mont.。直到 1885 年才被意大利真菌学家皮尔·安德烈·萨卡多（Pier Andrea Saccardo）分到木耳属，并定名 *Auricularia polytricha*（Mont.）Sacc.，应用至今。

📌 营养成分

毛木耳氨基酸种类丰富，含7种人体必需氨基酸。毛木耳子实体氨基酸占比详见图28-4。

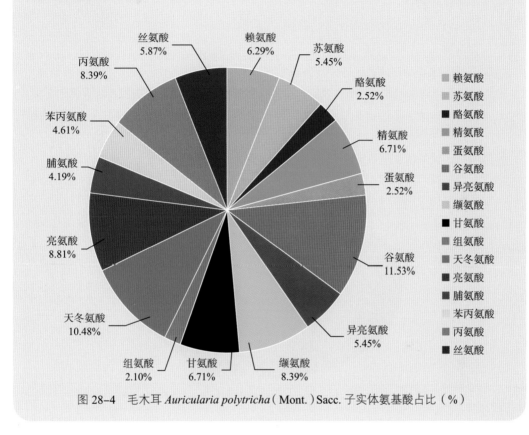

图 28-4 毛木耳 *Auricularia polytricha*（Mont.）Sacc. 子实体氨基酸占比（%）

🌿 食药应用

《北京市中药成方选集》中记录了一味以木耳命名的丸药——木耳丸："虎骨（炙）1两、苍术（炒）1两、杜仲炭6钱、川乌（炙）6钱、草乌（炙）6钱、川附子6钱、肉桂（去粗皮）6钱、乳香（炙）6钱、牛膝1两、木耳（蛤粉炒）16两等混合制成3钱一颗的蜜丸，具有祛风散寒、强健筋骨的作用，可治疗腰腿寒疼、筋骨酸痛、麻木不仁、手足抽痛。"

我国临床中已经在用的木耳舒筋丸，则是由木耳、当归、川芎、枸杞子、苍术、杜仲、牛膝、白巨胜子配伍而成，具有舒筋活血、补肝肾、祛风湿的功效，用于治疗腰膝酸痛无力、抽筋、肢体麻木等。

黑木耳和毛木耳具有相同的功效，在实际应用中常互相替换。

黑木耳

Auricularia heimuer F. Wu，B.K. Cui & Y.C. Dai

形态特征 子实体新鲜时胶质，不透明，耳状或不规则形，无柄或似具柄，边缘全缘，最宽处直径可达 12cm，厚 0.6~1.8cm，浅黄褐色或红褐色，干后变灰褐色或近黑色，不孕面具明显白色柔毛，子实层面光滑或略具皱褶。担子（40~67）μm×（3~6.5）μm，棒状，3 横隔。担孢子（11~13）μm×（4~5）μm，腊肠形，光滑，壁薄。

习　性 夏秋季生于杨树等阔叶树死立木、倒木、树桩或腐朽木上，单生或群生。

图 28-5　黑木耳 *Auricularia heimuer* F. Wu，B.K. Cui & Y.C. Dai

Russula rosea Pers.

分类地位 担子菌门 Basidiomycota，蘑菇纲 Agaricomycetes，红菇目 Russulales，红菇科 Russulaceae，红菇属 *Russula*。

别　　名 鳞盖红菇、革质红菇、朱菇、红蘑、大红菇、红菌子、青杠菌。

形态特征 菌盖中至大型，直径5~10cm，平展，中央微凹，粉红色至灰紫红色，中心色深，湿时黏，被茸毛，有条纹。菌肉厚2~6mm，白色略带黄色。菌褶宽3~10mm，直生，白色，等长，有分叉，有横脉。菌柄长4~10cm，直径1~2cm，中生，圆柱形，白色。孢子（7~9）μm×（6~8）μm，近球形，微黄色，有小刺，弱网纹。

图 29-1　玫瑰红菇（大红菇）*Russula rosea* Pers.

经济价值 食用菌、药用菌。

生　　境 夏秋季生于阔叶林或混交林中地中，单生或散生。

标　　本 2020-06-08，采于贵州省黔南布依族苗族自治州平塘县牙舟镇鸡场村，标本号 HGASMF01-8645，存于贵州省生物研究所真菌标本馆。DNA序列编号：ON557694。

图 29-2　玫瑰红菇（大红菇）*Russula rosea* Pers. 二维码

纵论贫血

血液是生命源泉，一旦血液出现问题，将影响多种细胞的正常功能，也因此，贫血问题不可忽视。世界卫生组织曾发布信息称，全世界每四个人中就有一个人有贫血问题。我国也做过统计，孕妇缺铁性贫血患病率平均高达19%以上，妊娠早、中、晚患病率分别为9.6%、19.8%、33.8%。

有很多女性以及老年人、慢性病人群都有贫血问题，但认识普遍不足，一般会有以下认识误区。

🍄 贫血，就是缺铁了？的确有缺铁性贫血，但有很多贫血和缺铁无关，而很可能和人体的造血功能下降、营养摄入不足，以及患有慢性疾病有关。

🍄 女性每个月都有经期，所以贫血很正常，不用过于担心？一些贫血可能意味着人体造血功能失常，贫血必须要查明白原因。

🍄 头晕眼花就是贫血？导致头晕眼花的因素有很多，如贫血、低血糖、低血压等。因此，头晕眼花未必就贫血。

🍄 减肥会导致贫血？快速节食减肥可能会导致贫血。

血液由血浆和血细胞两部分组成。将血浆比作一条河，河中虽然水最多，但也少不了一些溶于水或生活在水中的生物或杂质，而血细胞就可以看作是河中的鱼。血细胞分为红细胞、白细胞和血小板。白细胞是免疫细胞，红细胞是运输氧气和二氧化碳的细胞，血小板是血管壁的守护者。我们常说的贫血，实际上主要指的是红细胞缺乏。红细胞缺乏，则血液运输氧气和二氧化碳的能力下降。此外，红细胞还和免疫系统息息相关，因此，红细胞不足时也会导致免疫系统功能下降。

在中医体系之中，血常和气一起被讨论。中医常说"人之所有者，血与气耳""气血通，百病消"，说明血和气对人体健康非常重要。气不足，血液流动变慢，可能产生瘀堵。这在现代医学中一般会具体到心脏的收缩、舒张能力。血是气的载体，所以，如果血不足，其承载功能自然也不足，如输送各种营养物质的能力。因此，血和气是一体两面，不可分割。

气和血各自有一个循环链条。在气的方面会有"补气→益气→理气"链条，针对气虚、气逆、气滞等问题。补气，指的是通过外源性方法，直接补充人体不足的气；而益气，指的是通过外源性方法，强化人体精气转化功能，从而使气可以源源不断地从内部产生；理气，指的是疏理人体气机，使其升降正常。在血的方面会有"补血 – 益血 – 活血 – 止血"链条，针对血虚、血瘀、出血等问题。

在现代医学体系中，如果确诊为缺铁性贫血，就应较长时间服用补铁剂来解决贫血问题。也可结合中医治疗气血不足的方法，从气、血两个角度来补血。

◎生化药理

有科学家进行实验后发现，红菇提取液对血红蛋白含量以及红细胞的数目增加有促进作用。现代生化药理研究还表明，红菇具有促心肌收缩、降血糖、降血脂、保肝护肝、抗氧化、抗衰老、抗癌、提高免疫、抗疲劳、抗菌、治疗痢疾等作用。

🥣 中药药性

红菇在民间常被当地人当作治疗风湿骨痛和补血的药物，但在中药本草典籍中并无记载。网络上有很多文章说《本草纲目》有记载，不属实。《中华本草》记录"红菇味甘性微温，可养血、逐瘀、祛风，主治血虚萎黄、产后恶露不尽、关节酸痛"。现代中医经过辨析还认为红菇入肝、肾、脾经。养血实际上是中医治疗血虚证方法的统称，包括补血、益血。另外，红菇还具有逐瘀作用。瘀，指的是血瘀。红菇逐瘀，说明它还具有活血作用。也就是说，红菇同时具备了补血、益血、活血的功能，因此可以称之为补血之王。

🍄 文化溯源

玫瑰红菇的英语称谓是 rosy brittlegill，rosy 是玫瑰色的，brittlegill 是脆性蘑菇的意思。1796 年，德国真菌学家克里斯蒂安·亨德里克·佩尔松（Christiaan Hendrik Persoon）科学描述其并命名了至今还在使用的拉丁名。1886 年法国真菌学家陆斯恩·奎·莱特（Lucien Qué let）将 *Russula aurora*（极光红菇）描述成了玫瑰红菇，一度引起争议和混乱，直到后来学者确认莱特描述的实际上是极光红菇而不是玫瑰红菇之后，才使该物种的命名之争得以平息。玫瑰红菇在全球都有分布，描述这个物种的科学家有很多，也因此，它还有很多同种异名：*Russula lepida*、*Agaricus lacteus*、*Russula lactea*、*Russula linnaei* 等。在野生菌贸易中，灰肉红菇 *Russla griseocarnosa* X. H. Wang, Zhu L. Yang 也作为大红菇交易。

营养成分

红菇科野生食用菌含有丰富的营养成分，有较高的食药用价值。其氨基酸中鲜味氨基酸和甜味氨基酸含量非常高，并含有芳香族氨基酸，味鲜美香甜。玫瑰红菇（大红菇）的基本营养成分占比详见图 29-3、玫瑰红菇（大红菇）氨基酸占比详见图 29-4。

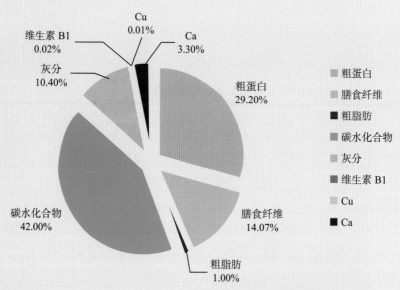

图 29-3　玫瑰红菇（大红菇）*Russula rosea* Pers. 新鲜子实体的基本营养成分占比

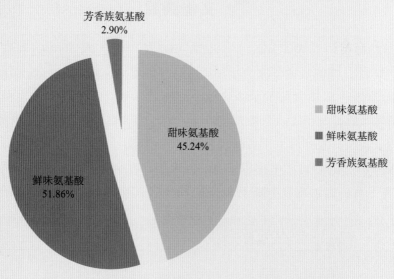

图 29-4　玫瑰红菇（大红菇）*Russula rosea* Pers. 氨基酸占比

🌿 食药应用

本文重点讨论了气血对人体的重要性。因此对于气血不足的人来讲，可用红菇和桦褐孔菌、黑松露、蛹虫草、香菇、茯苓、硫黄菌、大枣、龙眼肉、黄精、玫瑰花、人参、白参菌、甘草等配伍形成组方，煮水煎服。气血不足问题需要气、血双管齐下才可，而且还需要从精、神等方面入手一起推动气血的生发。且心主血、肺主气、肾主纳气、肝藏血、脾主统血，需从心肝脾肺肾等五脏入手完成对气血的调补，缺一不可。因此，该方以桦褐孔菌为君，利五脏、益气血、扶正气、调运化、补精髓。同时以黑松露为臣，主补气；以蛹虫草为臣，主补精；以红菇为臣，主补血。再以香菇为佐，主扶正；以茯苓为佐，主安心神，弥补君臣在心神方面的不足；以硫黄菌为佐，加强在脾胃方面的气血补充作用；以大枣为佐，弥补君臣在营卫方面的不足；以龙眼肉为佐，加强各脏腑气血调和作用；以黄精为佐，强化阴液的整体滋养，从而使其他补益气血的药物具有更持续的作用；以玫瑰花为佐，补齐"固-补-益-理-化"气血循环系统中理气的短板；以人参为佐，补齐"固-补-益-理-化"气血循环系统中固脱的短板；以白参菌为佐，强化整体的结果。最后，以甘草为使，调和诸药性为一体，兼顾整体和局部。

图 29-5　灰肉红菇（大红菇）*Russula griseocarnosa* X. H. Wang, Zhu L. Yang

Cordyceps militaris（L.）Link

蛹虫草——富含喷司他丁能防治白血病的北冬虫夏草

分类地位 子囊菌门 Ascomycota，粪壳菌纲 Sordariomycetes，肉座菌目 Hypocreales，虫草科 Cordycipitaceae，虫草属 *Cordyceps*。

别　名 北冬虫夏草、北虫草、虫草花。

形态特征 子实体一年生，单根或多个从寄主虫体顶端发出，高 1.5~5.5cm，直径 2.5~3.8mm，黄色至橙黄色，不分枝。可孕头都棒形，高 0.8~3.0cm，直径 3.3~4.5mm，黄色至橙黄色，顶端钝圆，无不孕顶端。子囊壳（450~800）μm×（125~260）μm，半理生，粗棒形，外露部分近锥形，呈棕褐色。子囊（130~450）μm×（4~5）μm，丝状，壁薄，内生 8 个子囊孢子。子囊孢子（3~4）μm×（1~1.4）μm，圆柱形，无色，光滑，壁薄。

图 30-1　蛹虫草 *Cordyceps militaris*（L.）Link

经济价值 食用菌、药用菌。

生　境 蛹虫草寄生于鳞翅目幼虫的茧和蛹上，多出现于林地枯枝落叶层中。

标　本 2020-10-03，采于贵州省黔东南苗族侗族自治州榕江县 X803 方祥乡交叉路附近竹林里，标本号 HGASMF01-10790；2022-01-21，贵州省贵阳市花溪区龙江巷 1 号，标本号 HGASMF01-16459，存于贵州省生物研究所真菌标本馆。DNA 序列编号：ON557691。

图 30-2　蛹虫草 *Cordyceps militaris*（L.）Link 二维码

纵论白血病

为人父母最关心的是孩子的健康，其次是教育。现在人类的生存环境非常复杂，儿童类疾病也不断高发，如白血病。这种疾病还被称为是"血癌"，位居我国十大肿瘤之列。全球数据显示，我国白血病的发病率和亚洲其他国家差别不大，比之欧美而言明显降低。我国白血病急性人群多于慢性人群，急性又往往常见于儿童。白血病的死亡率很高，是一种十分凶险的恶性肿瘤。

白血病常发于儿童，因此家长应多关注以下导致白血病发生的要素。

🍄 病毒感染：一般多与人类 T 淋巴细胞病毒感染相关，如与 HTLV 病毒、艾滋病毒感染者密切接触者。

🍄 电磁辐射：尽可能远离医源性照射和电磁场，在非必要情况下不做照射性检查。一些经常做辐射检查或放射科工作人员或放射治疗的成人也易患白血病。

🍄 化学因素：避免接触染发剂，不住刚装修的房子，室内不添加、摆放含有苯的新家具，不长期储存汽油，不让孩子接触一些化学药物防止误服。成人长期服用烷化剂、氯霉素、保泰松、乙双吗啉等药物也易患白血病。

🍄 母亲因素：母亲在妊娠期间应不吸烟、不酗酒、不染发，规律作息。

🍄 家族因素：如果其中一个孩子患有白血病，另一个孩子也要注意提前防治。

血液是人体的生命之源，人体所需要的营养能量主要是通过血液运输到全身各处的。红细胞、白细胞、血小板是构成血液的核心细胞。红细胞主要运输氧气，血小板主要止血，而白细胞是免疫系统中重要的一部分。

人体的免疫行动主要通过循环系统进行汇聚。循环系统指的就是血液系统和淋巴系统。当人体遭受病毒或细菌入侵时，免疫系统就会行动起来，就近的免疫系统在和入侵者斗争的同时会召唤更多的免疫细胞前来支援。这些免疫细胞就通过血液和淋巴系统运输前往战场。循环系统非常类似国家建设的高速公路和铁路，平时主要用于民间人员、物资和商业等方面的流通，战时就会成为军队的行军路线。白细胞会在受到召唤时迅速汇聚到病灶附近血管处，并通过变形，穿过血管壁到达战场。

同时，人体还会因为白细胞的调动，迅速生成新的白细胞。所以，在医院进行检查时，白细胞数量已经成为了常规项目。只要白细胞数量增加，就代表体内有炎症。白细胞数越多，代表体内炎症反应越严重。

在人体迫切需要白细胞的时候，人体造血机制就会加快白细胞的分化。但在这个过程中如果发病，白细胞未完全分化，不能被释放到血液中，只能积累在骨髓中，自然就压制了人体正常的红细胞、血小板等的生产，这就是白血病产生的根源。

科学家研究发现，细胞凋亡障碍和白血病的形成有关。人体细胞的死亡有两种情况，一种是细胞死亡，一种是细胞凋亡。如果增殖过多而死亡过少，必然会导致肿瘤的产生。所以，必须有一部分细胞被人体以凋亡的方式淘汰。但因为有些细胞因为能逃离免疫系统对它们的追捕，肿瘤就此诞生。几乎所有肿瘤都和细胞凋亡障碍有关，白血病也不例外。因此，科学家们发现白血病的最佳治疗方法是通过某种途径使永远不会成熟的白细胞重新获得凋亡能力，从而维持细胞凋亡和细胞增殖的平衡状态。目前对白血病的治疗主要依赖化学药物的细胞毒性，而非诱导其细胞凋亡，因此，不仅对肿瘤细胞有毒性，对正常细胞也有毒性，迫切需要找到更好的治疗药物。

◎ 生化药理

研究发现，蛹虫草对多种肿瘤具有细胞凋亡诱导作用，如卵巢癌、肺癌、人胶质母细胞瘤、黑色素瘤、白血病等。且目前已经用于临床的喷司他丁，对于多毛细胞白血病（HCL）的治疗有非常好的效果，有效率为60%，有些甚至达到了84%~90%，已经被用于治疗慢性淋巴细胞白血病（DLL），尤其是用于Ⅲ、Ⅳ期复发的DLL。

喷司他丁的生产成本高，市售价格昂贵，难以满足需求。科学家发现喷司他丁可以从蛹虫草中获取，是一种经济可靠的途径。而蛹虫草菌丝体已经可以大规模人工培育，即便是菜市场都可以买到蛹虫草子实体——虫草花。可以预见的是，随着这种技术的成熟，白血病的治疗费用势必会大幅降低。

生化药理研究表明，蛹虫草还有抗菌、抗炎、抗病毒、抗衰老、调节免疫、抗三高、抗肿瘤、抗氧化及保护肺肾、神经等作用。

🥣 中药药性

中医认为"蛹虫草味甘、性平，入肾、肺经，能补肺益肾、补精髓、止血化痰，用于肺结核、老人虚弱、久病体虚、痰血、盗汗、贫血虚弱、肾虚腰痛等"。《中华本草》认为"蛹虫草和冬虫夏草一样具有平衡人体阴阳的作用，可以在实际应用中由蛹虫草替代冬虫夏草。临床中已经应用的蛹虫草菌粉胶囊可以治疗肾小球肾炎"。

🍄 文化溯源

    蛹虫草在全球都有分布，在我国主要分布在云贵川、安徽、福建、湖北、吉林、内蒙古、山东、陕西、浙江等地。1753 年，瑞典分类学之父卡尔林奈（Carl Linnaeus）第一次描述并将其命名为 *Clavaria militaris*。1833 年，德国真菌学家约翰·海因里希·弗里德里希·林克（Johann Heinrich Friedrich Link）将蛹虫草转移到了 *Cordyceps* 属（虫草属），由此产生了至今沿用的拉丁名。蛹虫草在很多国家都有不同的称谓，如在德国叫 orangegelbe puppenkernkeule，在丹麦叫 puppe-snyltekølle，在荷兰叫 rupsendoder，在挪威叫 raud ameklubb、rød ameklubbe，在瑞典叫 röd larvklubba、larvklubba 等。

图 30-3　蛹虫草 *Cordyceps militaris*（L.）Link

🍄 营养成分

　　蛹虫草含有丰富的营养，包括糖类、不溶性膳食纤维、蛋白质、维生素C、硫胺素、核黄素，以及钙、磷、钾、钠、镁、铁、锌、铜、锰等。不同蛹虫草菌株子实体的功能活性成分也有差异。如图30-4、图30-5所示。

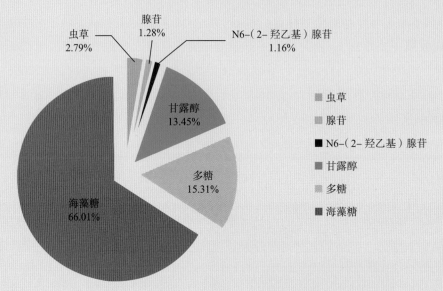

图 30-4　蛹虫草 *Cordyceps militaris*（L.）Link 的功能活性成分占比

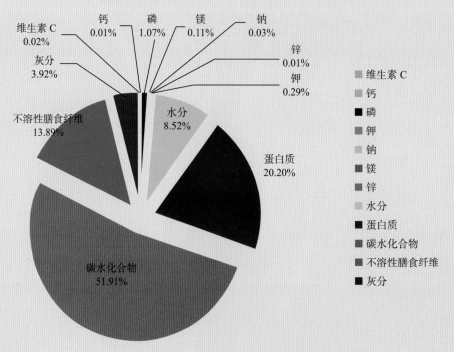

图 30-5　蛹虫草 *Cordyceps militaris*（L.）Link 的基本营养成分占比

🌿 食药应用

中医认为白血病是由气阴两虚、气血两虚等引起的正气内虚以及热毒痰瘀等邪毒伤血所致。因此，对于白血病的治疗主要从养血、补虚、扶正、清热、化痰、化瘀等方面入手。可以蛹虫草为君，补肺益肾、补精髓。补肺，实际上是补气，因肺主气，又因气血一体两面，因此通过补肺可补气血。以桦褐孔菌为臣，利五脏、益气血、活血散结、清热解毒，利五脏有助补虚，益气血有助补正气，活血有助化瘀，清热有助散热毒；以薄树芝为臣，补肾精。以灵芝为佐，进一步益气血并安心神、健脾胃。香菇扶正补虚。乌灵参通络活血从而化血瘀。树舌消炎、清热、解毒并扶正通络。全方主扶正补虚并祛邪毒，也适用于其他各种肿瘤的防治。

在中医配伍应用中，蛹虫草还可以代替冬虫夏草大量用于平衡阴阳的方剂中，也可以补精髓、止血化痰，用于相应的辨证治疗中。如在肺结核的治疗中，需要依靠中医来辅助。中医认为肺结核是"痨虫"（即结核杆菌）感染所致，其根本是阴虚，兼气虚、阳虚，表现在外又有实证，包括痰浊、瘀血等，并可分成肺阴亏损、阴虚火旺、气阴两虚、阴阳两虚、瘀血痹阻等层层递进的辨证类型，需要培元固本、滋阴降火、抗菌消炎、止咳化痰、补肺益肾、益气活血。因此，可以金耳、松萝、东方栓菌、裂褶菌、薄树芝、蛹虫草、硫黄菌、灵芝（平盖）、桑黄、灵芝（松针）等为组方。该方根据《医学正传·劳极》"一杀其虫，以绝其根本；一则补其虚，以复其真元"的要求，以金耳、松萝二者为君，金耳滋阴、润肺、生津，以补肺阴虚；松萝祛痰止咳、清热解毒，以抗结核菌，并降虚火；以东方栓菌清肺止咳，裂褶菌滋补强身，薄树芝培元固本，为三臣；以蛹虫草补肺、益肾、化痰，硫黄菌补益气血，灵芝（平盖）消炎，灵芝（松针）坚气，桑黄活血化瘀，为五佐，全方位治疗。

6

第六部分

内分泌系统

Inonotus obliquus (Ach. ex Pers.) Pilát

桦褐孔菌——能降血糖的西伯利亚灵芝

分类地位 担子菌门 Basidiomycota，蘑菇纲 Agricomycetes，锈革孔菌目 Hymenochaetales，锈革孔菌科 Hymenochaetacea，纤孔菌属 *Inonotus*。

别　名 斜生纤孔菌、白桦茸、西伯利亚灵芝、桦树菇。

形　态 子实体多年生，平伏，长 10~20cm，直径 5~7cm，厚约 5mm。通常生长在树皮下面，贴生，不易与基物剥离，新鲜时木栓质至硬木栓质，孔口圆形，每毫米 6~7 个，褐色至暗红褐色，具强烈的折光反应，边缘厚，全缘，老龄时略呈撕裂状。不育边缘窄或宽，浅黄色，幼时乳黄色。菌肉厚约 1mm，浅黄褐色。菌管长可达 3mm，黑褐色。担孢子（7.9~9.8）μm×（5.2~6.1）μm，宽椭圆形，无色，薄壁，光滑，非淀粉质，不嗜蓝。

图 31-1　桦褐孔菌 *Inonotus obliquus* (Ach. ex Pers.) Pilát

经济价值 药用真菌。

生　境 夏秋季生于桦树的活立木或木上，造成木材白色腐朽。桦褐孔菌对寄主有很强的选择性，主要生于白桦、银桦、榆树和赤杨等树活立木树皮下或砍伐后树木的枯干上。

标　本 2012-02-07，广东省科学院微生物研究所检测样品，标本号 GDGM44750。

纵论糖尿病

糖尿病是现代常见病，分为 1 型糖尿病、2 型糖尿病和其他特殊类型的糖尿病。无论哪种糖尿病，高血糖都是其最基本的特征。目前主流的治疗方法也都集中在如何降血糖或平稳血糖方面。因糖尿病属于高发病，世界卫生组织将每年的 11 月 14 日定为"世界糖尿病日"。关于糖尿病的科普类书籍非常多，很多糖尿病老患者对此病也非常了解，但即便如此，依然存在以下一些认识误区。

- 糖尿病是内分泌疾病？不仅如此，它还是一种很重要的代谢性疾病。
- 糖尿病就是血糖高？不是，血糖高只是糖尿病的表象，实质是胰岛素异常，包括胰岛素分泌不足和胰岛素抵抗等。
- 每天测量血糖值都正常，说明糖尿病控制得很好？不是，血糖值只是一个瞬间值，衡量糖尿病控制是否恰当，C 肽值更有参考意义。
- 有人说打胰岛素会形成依赖，永远都离不开外源性胰岛素，因此不要轻易打？并非如此，外源性胰岛素不仅不会形成依赖，而且还是所有血糖控制药物中副作用最小、效果最好的方法。
- 糖尿病是因胰腺分泌的胰岛素质量不合格或数量不够导致？事实正好相反，绝大多数糖尿病患者的胰腺是因高血糖而受损，并非因胰腺而患糖尿病。

很多人包括临床机构，常将糖尿病归入内分泌科，这源于人们包括科学家刚开始对该病认识的局限性。糖尿病是人体胰腺器官分泌胰岛素的功能出现异常，所以将糖尿病归入了内分泌科进行研究。但随着对糖尿病的研究不断深入，人们发现胰岛素抵抗可能是多数 2 型糖尿病发病的始发因素。

首先应了解胰腺。胰腺中间贯穿了一条管道，叫做胰管，沿途还分出很多"枝杈"，平面看就像一个树叶标本呈现的叶脉一样，"枝杈"的终点是胰泡。胰管和胆总管汇合入十二指肠，把胰腺的胰液分泌至肠道，帮助消化人体的营养素。在腺泡与腺泡之间有一些细胞团，像漂浮在由腺泡细胞组成的"大海"中一样，被叫做胰岛。胰岛遍布在胰腺的各个部位，但分布并不均匀，在胰尾部分分布最密也最多。胰岛是由胰岛 α 细胞以及 β 细胞聚在一起形成的，其中 α 细胞分泌胰高血糖素，β 细胞分泌胰岛素。

人体的任何器官都和血管相连，胰腺也不例外。动脉到胰腺后分成毛细血管进入胰岛，再携带胰岛分泌的胰岛素、胰高血糖素等进入腺泡，一方面调节腺泡分泌胰液，另一方面则进入静脉回流到心脏，继而由心脏输送到人体各个部位。

胰腺分泌胰岛素的功能异常起因不同，引发的糖尿病类型也不同。由于胰腺 β 细胞被自身免疫系统误判攻击或 β 细胞功能先天不全，导致胰腺无法正常分泌胰岛素引发的疾病是 1 型糖尿病。2 型糖尿病发病的两个主要环节则是胰岛素抵抗和 β 细胞受损导致的胰岛素分泌不足。

碳水化合物为人体活动所需的主要能量来源，包括日常所说的大米、面、土豆、红薯等所含有的淀粉以及一些甜食所含的糖分。这些营养进入我们血液时，已经被逐步分解成了葡萄糖。此时，胰岛素会像快递小哥一样，把葡萄糖当作是细胞通过神经系统订购的货物，送货给组织细胞。如果组织细胞因为各种原因不接收货物，快递员就只能把无处可放的货物暂时送到中转仓也就是肝脏中，由肝脏将这些没人要的货物转化成脂肪酸再转到脂肪细胞变成脂肪储存起来。如果肝脏也来不及处理，那么，葡萄糖就会堆积在血液当中，表现在外就是高血糖。血糖浓度高时，人体的神经系统就会命令胰腺分泌更多的胰岛素，但只要人体组织细胞不接收这些葡萄糖，那么，胰岛素分泌得再多也没用，这就是胰岛素抵抗。当然也有部分原因是胰岛素质量不合格导致的，也就是说快递小哥偷懒或出现问题导致货物无法及时送递给细胞，但所占比例很小。

因此，防治 2 型糖尿病应侧重代谢调理和管理血糖。外源性胰岛素并不会导致人体形成依赖性，且不伤害肝肾功能，是目前医疗条件下降血糖的最佳选择，但必须预防低血糖情况的出现。人体组织细胞受体没有及时接收胰岛素所送达的葡萄糖，就像客户虽然订购了商品，但快递小哥上门时客户恰好不在或客户没听见电话及敲门声，就需要多次送、密集送。通过依靠外源性胰岛素或多分泌胰岛素，可以解决部分胰岛素抵抗问题。在众多降糖药物中有一类增敏剂，就是专门用来解决胰岛素抵抗的，如二甲双胍，它们增加的是组织细胞受体对胰岛素的敏感性。科学家们依然在不断努力寻找各类降血糖药物，也有一些科学家试图进一步明确胰岛素抵抗更深层的机理，彻底解决胰岛素抵抗问题。

◎生化药理

科学家研究发现，桦褐孔菌可以通过抗炎、抗氧化的作用影响到人体组织细胞受体表达水平或活性，增加人体对胰岛素的敏感性，达到降低血糖的目的。这种方式预示着科学家可能已经找到了治疗 2 型糖尿病而非简单降血糖的途径。

生化药理研究表明，桦褐孔菌还具有降血压、抗衰老、抗自由基、抗过敏、抗炎、抗病毒、抗溃疡、止痛等作用，还可在胃肠内防止致癌物质等有害物质的吸收，并促进排泄。

🥣 中药药性

中医认为"桦褐孔菌味苦性凉，可入心、肝、脾、胃、大肠经，利五脏、调运化，具有益气养血、滋阴生津、清热解毒、健脾和胃、活血散结、滋补肝肾、疏肝解郁等作用"。

🍄 文化溯源

桦褐孔菌很早就被应用于医学，文字记载可以追溯到公元前 500~ 公元前 400 年间，即《希波克拉底全集》。该书有可能是假借希波克拉底之名而成，但其在医学界的重要性是毋庸置疑的。据记载，希波克拉底就常用桦褐水清洗伤口。在西伯利亚民间，人们也常用桦褐做茶饮，用于治疗癌症等很多疾病。1967 年，苏联诺贝尔文学奖获得者，亚历山大·伊萨耶维奇·索尔仁尼琴（Aleksandr Isayevich Solzhenitsyn）在他的半自传体小说 *Cancer Ward*（《癌症病房》）中讲述了一个民间使用桦褐孔菌治疗癌症的故事，使得桦褐孔菌从此知名度大增。1955 年，苏联卫生部认识到桦褐孔菌作为汤剂的治疗意义，并以 Befunginum 的名义将其写入苏联药典。桦褐孔菌应用历史早，因此，世界各国对桦褐孔菌都有各自的称谓，如在日本叫 abanoanatake；在英语中叫 chaga，来自俄语音译；在丹麦叫 birke-spejlporesvamp；在德国叫 schiefer schillerporling；在荷兰叫 berkeweerschijnzwam；在西班牙语中叫 parásito facultativo；在瑞典叫 sprängticka 等。

1801 年，德国真菌学家克里斯蒂安·亨德里克·佩尔松（Christiaan Hendrik Persoon）首次描述并将桦褐孔菌命名为 *Boletus obliquus*。1830 年，瑞典真菌学之父埃利亚斯·马格努斯·弗里斯（Elias Magnus Fries）等将桦褐孔菌转移到 *Polyporus* 属。1888 年法国真菌学家陆斯恩·奎莱特（Lucien Quélet）不仅将桦褐孔菌转移到 *Poria* 属，而且变更了其种加词为 *obliqua*。1927 年，法国真菌学家休伯特·布尔多（Hubert Bourdot）等再次将桦褐孔菌转移到 *Xanthochrous* 属，并恢复了它最早的种加词 *obliquus*。1936 年、1942 年捷克斯洛伐克真菌学家阿尔伯特·皮拉特（Albert Pilát）两次描述最终确认了现在广泛认可的拉丁名 *Inonotus obliquus*。

生长在俄罗斯西伯利亚、日本北海道、朝鲜、远东地区、北欧，中国黑龙江、吉林长白山等处北纬 40°~50° 地区的桦褐孔菌质量最优，其活性极强，会不断吸取桦树养分，甚至使白桦树枯死。对寄主树而言，桦褐孔菌是树的病害，经营中要根据目的分别对待。

近年来，对桦褐孔菌人工驯化栽培方面的研究相对较少，且重复性较差。主要集中在菌丝体液体深层发酵方面，在菌丝体生物量和多糖、酚类物质研究中，已制成饼干、面包、饮料、调味品、香肠、食用色素等加工食品。

营养成分

桦褐孔菌含有各种功能活性成分，桦褐孔菌菌丝体的功能活性成分占比详见图 31-2。

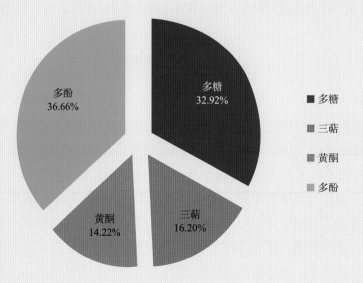

图 31-2　桦褐孔菌 *Inonotus obliquus*（Ach. ex Pers.）Pilát 菌丝体的功能活性成分占比

食药应用

临床治疗糖尿病时，可广泛应用桦褐孔菌。中医对糖尿病的辨证非常清晰，已经突破了传统上将糖尿病归属到"消渴"证范畴的辨证，并将其分为脾瘅、消渴、消瘅三类，分别对应糖尿病前期、糖尿病期、并发症期。可分为阴虚热盛型、气阴两虚型、阴阳两虚型，实质核心都是阴虚，并牵连各脏腑。也就是说，肝肾阴虚为本，燥热为标，日久迁延，阴损及阳，阴阳两虚。因此，治宜养阴润燥、扶正补虚、降血糖、健脾和胃、疏肝理气、生津止渴。

桦褐孔菌具有较高的药用价值，不同的组方药效不同。配伍可以桦褐孔菌为君，滋阴生津、益气养血、利五脏、降血糖、降血压；以榆黄蘑为君，补益肝肾、滋补强壮、润肺生津，并降压、降脂。二君以肝肾局部与五脏整体相合，以应阴虚，覆盖糖尿病的整个过程。以鸡枞菌为臣，降血糖；以猴头菇为臣，健脾和胃，促代谢；以香菇为臣，扶正补虚、化痰理气。以人参为佐，生津液、补元气；以黑松露为佐，宣肠益气、促排泄；以佛手为佐，疏肝理气、和胃化痰；以葛根为佐，散热、生津止渴；以玉竹为佐，生津止渴、养阴润燥。

Phallus indusiatus Vent.

分类地位 担子菌门 Basidiomycota，蘑菇纲 Agaricomycetes，鬼笔目 Phallales，鬼笔科 Phallaceae，鬼笔属 *Phallus*。

别　名 竹荪、竹笙、竹参。

形态特征 菌蕾直径 3~7cm，初近球形至卵球形，近白色或浅黄色，基部有灰白色的菌丝索，成熟时包被破裂伸出笔形的孢托；孢托由菌盖和菌柄组成。菌盖高 2.8~4.5cm，宽 2.8~4.5cm，钟形，顶部具穿孔，表面有深网状突起，上面附着臭黏液状暗绿色的孢体。菌裙白色，从菌盖下垂长达菌柄基部，网状，网眼多角形、近圆形或不规则形，直径 0.5~1.5cm。菌柄长 9~15cm，直径 2.5~3.5cm，圆柱形，中空，白色，海绵状。菌托白色、粉灰色至淡褐色，膜质。孢子（3.5~4.5）μm×（1.5~2.3）μm，椭圆形，平滑，无色。

图 32-1　长裙竹荪 *Phallus indusiatus* Vent.

经济价值 著名食用菌、药用菌。野生资源自然生长条件艰苦，难以获得，在国际市场上也是声誉极高，曾有"竹荪黄金价"之说，随着科学技术发展，已经可以大规模栽培。

生　境 春至秋季生于阔叶林中地上，特别是竹林中地上，单生或群生。

标　本 2020-09-09，采于贵州省铜仁市江口县丁正食用菌专业合作社，标本号 HGASMF01-16446，存于贵州省生物研究所真菌标本馆。

图 32-2　长裙竹荪 *Phallus indusiatus* Vent. 二维码

长裙竹荪——酷爱降脂的菌中皇后

221

纵论高血脂

甘油三酯和胆固醇等是常规检查中一组非常重要的指标。如果这组指标超过了正常范围上限，则说明人体血脂异常，可能继发各种心脑血管类疾病。

我们绝大多数人对血脂的认识存在以下一些误区。

🍄 血脂高和瘦人无关？这里混淆了脂肪和脂蛋白的概念，瘦人同样有很多人血脂高。

🍄 只要是血脂高了，都需要治疗？实际上，较高水平的高密度脂蛋白反而可以降低患冠心病的概率。

🍄 那血脂低了肯定是好事？实际上，血脂对人体而言是一种复合营养物质，如果过低，反映的是营养不良。

🍄 素食主义者是否血脂就不高？素食主义者只是不摄入动物脂肪，并不意味着不摄入油脂。而且血脂是一种复合营养物质，有两个来源途径，外源和内源。在代谢功能出现问题的情况下，即便同时控制摄入油脂的素食主义者，血脂也会偏高。

血脂的生成有两个途径，其一是食含油脂的食物，其二是由人体自身合成。正常情况下，如果食入过多含油脂的食物，人体合成就会减少；而摄入减少时，人体会根据需要自身合成。

血脂包括甘油三酯、胆固醇类、脂蛋白类等多种成分。因此，看化验单时，不能只看某一类组成，而是要综合来看。

血脂中不同脂质的作用也不相同。如脂蛋白相当于物流中的运输工具，主要作用是运输胆固醇等脂质进入人体细胞。脂蛋白分为高密度脂蛋白（HDL）、低密度脂蛋白（LDL）、极低密度脂蛋白（VLDL），是胆固醇的运载工具，胆固醇不溶于水，也不溶于血液，就像人过河需要坐船，而脂蛋白就是胆固醇到达组织细胞所坐的船。

血脂异常虽然检测的是胆固醇、甘油三酯等在血液中的含量指标，但其形成却是系统性的。调理、治疗血脂异常以及由血脂异常导致的心脑血管类疾病，不仅要能够降低血液中的致病血脂含量，还需要介入到血脂形成的过程中，如对肝脏的保护和调理、对糖代谢的调理、对炎症反应的控制等。

◎ 生化药理

目前能够降脂的常用药物有很多，但能够全方位调理这种情况的药物仍缺乏。科学研究发现，长裙竹荪具有抗凝血、抗菌、抗炎症、降血糖、降血压、降血脂、提高免疫力、抗肿瘤、减肥、止痢、防腐、抗氧化等作用，对辅助治疗艾滋病也有一定的疗效。

🥣 中药药性

中医对长裙竹荪的药性认识有差别。《中华本草》认为"长裙竹荪味甘、微苦，性凉"。《蕈菌医方集成》则认为"长裙竹荪味甘性平。长裙竹荪入肺经，能清热润肺、补气养阴、利湿、止咳、活血，主治肺虚热咳、喉炎、白带，还可用于止痛、减肥、慢性支气管炎、痢疾、高血压、高血脂、肿瘤等症的治疗"。贵州民间还常用竹荪治疗细菌性肠炎、痢疾和白血病等。

🍄 文化溯源

竹荪在我国有很悠久的药用历史，最早的文字记载可见于《菌谱》，该书记载："生竹根，味极甘，当与笋通谱，而菌为北阮矣。"《本草纲目》也有相关记载："此即竹荪也。生朽竹根节上。状如木耳，红色。味如白树鸡，即此物也。惟苦竹生者有毒耳。"当年，周恩来总理用"竹荪芙蓉汤"接待美国总统尼克松和日本首相田中角荣等，竹荪成为我国国宴菜肴。竹荪在我国食用菌中地位非常高，加上已经可以人工栽培，因此市场上已经将竹荪当作一种主要原料开发了酒、饮料、罐头等。近年来，竹荪也广泛应用到保健品、化妆品、防腐剂领域。

长裙竹荪生长在热带地区，并且不分季节，什么时候都能看到，在我国南方地区如福建、广东、广西、湖南、贵州、四川、云南等地也可见到；近年来，在我国有多个与长裙竹荪形态相似的物种被报道，如暗棘托竹荪、海棠竹荪、硬裙竹荪等。

1798 年，法国植物学家艾蒂

图 32-3　长裙竹荪 *Phallus indusiatus* Vent.

安·皮埃尔·文特纳（Étienne Pierre Ventenat）首次正式描述并命名长裙竹荪，其拉丁名沿用至今。还有一些科学家也描述了长裙竹荪，但没有得到公认，如 *Dictyophora callichroa*、*Phallus duplicatus* 等都是长裙竹荪的同种异名。在各个国家，长裙竹荪也有不同的俗称，如 the bamboo mushrooms（竹菇）、bamboo pith（竹髓）、long net stinkhorn（长网臭角）、the bridal Veil stinkhorn（臭角新娘纱）、crinoline stinkhorn（裙边臭角）、veiled lady（面纱夫人）等。长裙竹荪因为头顶橄榄色的"帽子"会发出恶臭味用来吸引喜欢这种臭味的昆虫攀附并带走孢子，使得很多俗名中带有臭字。我们食用的长裙竹荪，通常去掉了帽子。有学者认为，在中国广泛分布的长裙竹荪可能并不是原产于南美洲的真正意义上的长裙竹荪，需要进行进一步分类学研究。

营养成分

长裙竹荪子实体富含8种人体必需氨基酸以及粗脂肪、多糖、微量元素等营养成分，香甜味浓，风味独特；鲜品中还含有凝集素、多酚氧化酶等功能活性成分，具有良好的食用和药用价值，因此享有"真菌之花""菌中皇后""山珍之花""雪裙仙子"等美誉。长裙竹荪的氨基酸含量占比详见图32-4。

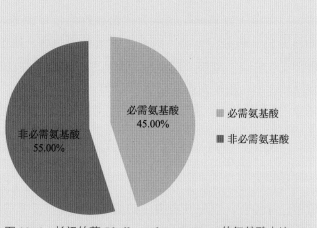

图 32-4　长裙竹荪 *Phallus indusiatus* Vent. 的氨基酸占比

食药应用

现代人因饮食结构问题，如饮食不规律、暴饮暴食、多盐多油等，导致胃肠动力不足，从而累及身体健康引发各种慢性疾病。中医有一"补土派"，以《黄帝内经》中"人以水谷为本"，"有胃气则生，无胃气则死"为基础，确立了"土者生万物"，"内伤脾胃，百病由生"的基本观点。因此，补土派在治疗很多疾病时，以调理脾胃功能为基本切入点，取得了良好的临床效果，成为了中医的主流派别之一。

按照脾胃派的观点看，现代很多疾病都源自饮食问题，正所谓"病从口入"。因此，控制饮食是现代管理心脑血管疾病、糖尿病等疾病首先要做的，即这些疾病都可从脾胃入手进行预防、治疗。

人体消化功能的基本形式是脾升胃降、胃纳脾运。从临床上讲，脾胃派是通过调节脾胃功能以及与脾胃相关的脏腑功能，完成对疾病的治疗。因此，健脾养胃是根本。脾助胃运化水谷、升举清阳、统摄血液。胃主受纳、腐熟水谷；主通降，以降为和。所以，健脾，要益气、运化、祛湿；养胃要祛寒、祛热、补虚。

这一类疾病可以长裙竹荪、猴头菇、茯苓配伍进行调理。这三者都入脾经，猴头菇可健脾养胃，增强胃受纳腐熟水谷的作用，增加胃动力。茯苓健脾和胃的同时还能运化体内水湿，并促胃气下降。二者相合，可以很好地调理代谢。长裙竹荪还入肺经，肺主气，因此，通过补气养阴，可以调理人体气机。三者通过气机代谢调理，可为解决人体代谢综合征奠定良好基础。

长裙竹荪在实际应用中属于常用菌物，还有一些相似种作用和长裙竹荪类似，如硬裙竹荪。

📖 阅读拓展

硬裙竹荪

Phallus rigidiindusiatus T. Li, T.H. Li & W.Q. Deng

分类地位　担子菌门 Basidiomycota，蘑菇纲 Agaricomycetes，鬼笔目 Phallales，鬼笔科 Phallaceae，鬼笔属 *Phallus*。

形态特征　菌蕾近球形至卵球形，(5~6.5)cm×(5~5.7)cm，近白色或粉白色，基部有灰白色的菌丝索，成熟时包被破裂伸出笔形的孢托；孢托由菌柄和菌盖组成；菌盖生于菌柄顶部，钟形，顶部平截并开口，高4~5cm，宽5~6cm，表面有深网状突起，上面附着暗绿色的黏液状恶臭孢体；裙网状，白色，从菌盖下垂长达菌柄基部，上缘宽可达8~20mm，网眼多角形、近圆形或不规则形；菌柄白色，圆柱形，中空，壁海绵状，长15~19cm，粗1.5~4.0cm，向上渐细；菌托近白色、粉灰色至淡褐色，膜质，长3.5~5cm，直径3~4cm。孢子椭圆形，平滑，(3.5~4.5)μm×(1.5~2.5)μm。

生　境　夏季生于阔叶林或竹林，散生或单生。

标　本　2020-5-16，标本采于贵州都匀斗篷山，标本号 HGASMF01-7589，存于贵州省生物研究所真菌标本馆。

图 32-5　硬裙竹荪 *Phallus rigidiindusiatus* T. Li, T.H. Li & W.Q. Deng

黄枝瑚菌

Ramaria flava（Schaeff.）Quél.

分类地位 担子菌门 Basidiomycota，蘑菇纲 Agaricomycetes，钉菇目 Gomphales，钉菇科 Gomphaceae，枝瑚菌属 *Ramaria*。

别　名 疣孢黄枝瑚菌、疣孢黄枝珊瑚菌、珊瑚菇、扫把菌、扫帚菌、扫帚蘑、疣孢黄丛枝、变红黄丛枝、黄珊瑚菌、筈帚菌、刷地菌、锅刷菇、鹿茸菌。

形态特征 子实体高 6~12cm，宽 8~15cm，多分枝，似珊瑚状，柠檬黄色或硫黄色至污黄色，干燥后变青褐色。菌柄长 3~8cm，直径 1.2~2cm，靠近基部近污白色，伤后变红色。小枝密集，稍扁，帚状，节间的距离较长，较脆。菌肉白色至淡黄色，伤后近柄处变红色，味道柔和。担孢子（11.5~15.8）μm×（4.6~5.8）μm，长椭圆形，具小疣，浅黄色至浅褐色，含油滴。

图 33-1　黄枝瑚菌 *Ramaria flava*（Schaeff.）Quél.

经济价值 食用菌、药用菌。

生　境 夏秋季生于阔叶林和针阔混交林中地上，散生或群生。

标　本 2020-10-25，采于贵州省铜仁市印江土家族苗族自治县，标本号 HGASMF01-16451，存于贵州省生物研究所真菌标本馆。

图 33-2　黄枝瑚菌 *Ramaria flava*（Schaeff.）Quél. 二维码

纵论痛风

人们口中常说的"三高"中，近几年备受关注的就是高尿酸。高尿酸就意味着可能会得痛风，得痛风可能导致关节变形、疼痛难忍。因此，啤酒不能喝、海鲜不能吃……种种饮食禁忌让很多人闻之色变。

但令人困惑的事有很多。

🍄 海鲜不能吃，因为海鲜嘌呤含量高，为什么那些生在海边、以海鲜为主食的人大多数并不会得痛风呢？

🍄 如果说导致痛风的原因是高尿酸，那为什么高尿酸的人只有5%得了痛风呢？

🍄 蘑菇是中等嘌呤含量的食物，是不是说多吃蘑菇会导致痛风呢？

🍄 尿酸主要存在于血液中，为什么痛风一般都集中发生在脚趾关节、脚踝、膝盖中，而不是人体其他关节中？

从痛风产生的机制上看，人体摄入或合成嘌呤，再代谢出尿酸，而尿酸又会形成尿酸盐结晶，沉积在关节处，最终形成痛风。

从人体内部看，人体合成嘌呤主要通过两条途径，体内嘌呤不够的时候，会自然合成；体内嘌呤多余的时候，嘌呤合成会自然终止。但在一些疾病状态下，嘌呤会产生过多，导致高尿酸血症。嘌呤代谢后产物是尿酸，其中2/3通过肾脏排泄，1/3通过肠道、胆道等肾外途径排泄。这个过程如果出现问题，就会出现尿酸积累。临床发现，痛风患者绝大多数有尿酸排泄障碍，因此，痛风发生的主要问题不是嘌呤代谢而是尿酸排泄。

科学家们经过深入研究得出的一些基本结论如下。

🍄 高尿酸不意味着肯定会痛风，二者只是相关关系，不是正比例关系，就像抽烟的人不一定会得肺癌一样。

🍄 导致痛风的根源不在于吃了含高嘌呤的食物，而是身体内部可能出现了健康问题，要预防和治疗痛风，首先要治疗的是身体内的其他健康问题，如尿酸排泄障碍。

🍄 通过控制食用高嘌呤食物，不能降低痛风的发病风险，比这类食物风险更大的是疾病、疲劳和人的不良情绪。

🍄 目前还不清楚为什么痛风病灶一般都是特定的关节，因此，目前所使用的各种痛风药物只解决疼痛和尿酸高的问题，并不能治疗痛风。

◎ 生化药理

科学家是从抗自由基、抗氧化的角度，通过对多种菌菇的对比来研究黄枝瑚菌的。科学家发现黄枝瑚菌在 DPPH 体系中对自由基的清除活性能达到 96.75 ± 0.28%，与多种菌物相比，其酚类物质含量、总黄酮含量最高。1958 年提出的用于定量测定生物试样、纯化合物、提取物的体外抗氧化能力的 DPPH 体系被广泛应用，并得到公认。为什么选择这个角度，是因为人体的尿酸实际上是人体最庞大的一群清除自由基和抗氧化的物质，负责人体 50% 以上的抗氧化功能。科学家认为，人体对尿酸的合成是反馈调节式的，因为需要所以合成，因为不需要就不用合成。另外，尿酸对有些自由基的抵抗显得有些力不从心，因此，质不够量来凑，会导致人体分泌更多尿酸。通过外源性地清除人体自由基，人体不需要合成更多尿酸时，自然会降低尿酸对人体的伤害。

黄枝瑚菌不仅可以用于痛风的预防、治疗和调理中，也可用于各类和自由基相关的慢性疾病，如代谢综合征以及胃病等的预防、治疗和调理中。

生化药理研究表明，黄枝瑚菌还具有增强免疫、抗肿瘤、降血糖、降血脂、抗菌消炎、抗氧化、抗衰老等作用。

🥣 中药药性

黄枝瑚菌不仅营养丰富、味道鲜美，还具有重要的临床意义。黄枝瑚菌入肝、肾、胃经。《中华本草》认为"黄枝瑚菌味甘性平无毒，能理气和胃，主治胃气不舒，纳少胀痛"。也有文献认为黄枝瑚菌有小毒。明代出版的《滇南本草》记载："万年松，俗称答帚菌，一名千年菌，生于青草丛中，似松青草，又似瓦松、佛指甲。味苦，性微寒，无毒。采之，治一切疔疮、大毒痈疽发背、无名肿痛，敷之神效。"并配内服方剂"帚菌 9~12g，水煎服，能和胃气，祛风、破血、缓中。"《蕈菌医方集成》中也录有"帚菌、紫藤根各 12g，水煎分两次服用，治痛风"的实验方剂。

🍄 文化溯源

黄枝瑚菌在我国十多个省份都有分布，被称为陆地上的珊瑚。在清代，文学四大家之一的桂馥的随笔疏记《札朴》就记载"滇南多菌……丛生无盖者曰扫帚"。

黄枝瑚菌在国外的分布也很广泛，在地中海和伊比利亚半岛非常常见。其在国外已经被广泛应用于美容抗衰方面，在不同时期拥有不同的命名。1763 年，德国博物学

图 33-3　黄枝瑚菌 *Ramaria flava*（Schaeff.）Quél.

家雅各布·克里斯蒂安·施弗（Jacob Christian Schaeffer）对黄枝瑚菌进行了描述，并起了学名 *Clavaria flava*。*Clavaria* 的意思是珊瑚菌属，*flava* 的意思是黄色的。1790 年，Hjomsköld 引入了 *Ramaria* 这个词汇，这个词汇是由 Ram 和 aria 合成的，Ram 意思是分支，aria 意思是拥有，完整意思是说这个属的菌像珊瑚一样有很多枝权。到 1821 年，国际上还只是将 *Ramaria* 这个词当作是 *Clavaria* 下的一部分。1888 年，法国真菌学家 Lucien Quélet（吕西安·奎莱）用目前公认的学名 *Ramaria flava* 重新描述了这个物种，因此，黄枝瑚菌公认的学名是 *Ramaria flava*（Schaeff.）Quél。到 1933 年，*Ramaria* 这个词才升级到现在的地位，被放置到 Gomphaceae（钉菇科）下。

📌 营养成分

　　黄枝瑚菌子实体中含有丰富的营养成分，其成分占比见图 33-4。黄枝瑚菌营养价值与人体所需营养水平比较接近，是优质的蛋白源，因此黄枝瑚菌是一种高蛋白、低脂肪、富含矿物质的食用菌，具有较高的营养价值和保护开发价值。

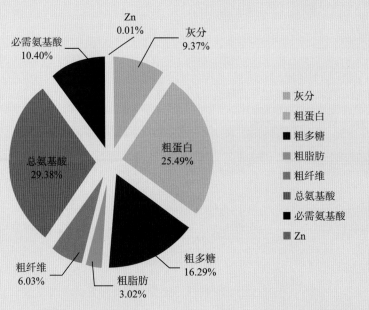

图 33-4　黄枝瑚菌 *Ramaria flava*（Schaeff.）Quél. 新鲜子实体中的基本营养成分占比

🌿 食药应用

　　中医对各种疾病的治疗非常注重辨证。在中医辨证中，从病名"痛风"就能看出来认为和"风"有关，属于痹症中"痛"的范畴。一般人喜欢用现代人对白话文的理解强加给古中文，因此，看到这里必然会发出"明明痛风是由体内尿酸引起的病，怎么会和'风'有关"的疑问。由此这些人就会在心里轻易推翻中医对痛风的理解，得出"中医对痛风的认识受到了古人认知限制"的结论。实际上，这源于现代文化熏陶下的很多人对中医"风"基本认识的不理解。中医所讲的"风"分内风和外风。外风，就是我们常规理解的"风"。但对于内风，因为不够直观，一般人没有太多认知。如中医所讲的"肝风"就是内风的一种，肝属木，木的摆动会形成风，意思是说人类发怒的情绪波动就是一种内风在扰动。这种辨证思维有些像佛家关于"风动、树动、心动"的理解。科学上，风是由气压变化导致的空气流动，其本质是气压变化。情绪在人体内会形成心理压差，这种心理压差导致的人体激素流动就是内风。《临证指南医案》指出："内风，乃身中阳气之变动。"阳气和阴气在人体都代表了功能，如心的跳动、胃的蠕动等，但阳气的作用是促进，阴气的作用是抑制。因此，内风在代表人体功能从正常到不正常，或本应促进脾却促进了肝等等情况的一种变化，它只是一个形象的概念，有其实际的生理意义。《黄帝内经》则认为"风气通于肝"。肝是我们人体代谢的中枢，外源性的糖、蛋白、脂肪等都带有生物特定信息，都需要经过肝脏才能彻底抹掉外来生物印记而进一步转化为我们人体所需的具有人类特征的基本营养素。肝的功能异动会带动人体一系列功能异动。因此，中医认为内风都可以从肝而论。中医范畴中的肝主筋，所以内风动摇，筋就会响应。筋就是我们现代所理解的筋，具体指肌肉、韧带、软组织，也包括神经。所以，和风有关的病都会有"痹"等。痹，就是痛、麻等感受。

中医对痛风的基本认识有两个基础方面，一个方面和肝风有关，一个方面和痛有关。另外，中医经过无数临床认为，痛风还有深层次的脏腑、阴阳、气血、六淫等方面的辨证，可分为脾虚湿阻、脾肾亏虚、湿热痹阻、寒湿痹阻等类型。湿和风类似，也分内湿及外湿，指人体多余的水。湿常和其他六淫合并形成风湿、痰湿、湿热、寒湿等，非常棘手。如热，在中医中也分内热和外热。外热如暑热，内热如脏腑阳气过盛，即脏腑功能过盛或者可以简单理解为人体某处有炎症反应使得人体各功能在该处有过于密集的活动。湿的代谢和脾有关，脾主运化，主要运送的不仅仅是营养物质，还有水湿。如湿热痹阻，这是一种外界因为热而水汽蒸腾或因湿气重而导致闷热的现象来形容人体内多余的水湿与亢进的器官功能之间形成的一种生理现象。寒湿和湿热类似，就像北方人不适应南方冬天天气一样，寒冷和湿气结合，同样是一种难以忍受的痛苦。

根据中医的基本辨证，湿热痹阻型痛风，其核心是风、湿、热，又和脾虚、肝阳等关联，需要清热通络、健脾平肝、化痰理气、祛风除湿。因此，临床上可以黄枝瑚菌为君，入肝经祛风、益气、缓中。以土茯苓为臣，通利关节、解毒除湿；以松茸为臣，化痰理气；以牛肝菌为佐，补肾壮骨；以干巴菌为佐，舒筋通络；以白香菇为佐，祛风清热、通络除湿；以桑黄为佐，活血化瘀，共同组成一个临床验方，治疗痛风。

黄枝瑚菌在实际应用中还可以用近似种美丽枝瑚菌、枝瑚菌、杯冠瑚菌等代替。

美枝瑚菌

Ramaria formosa（Pers.）Quél.

形态特征 子实体高 10cm，宽 7cm，整体呈扫帚状。菌柄偶尔假根状，光滑，近白色至黄色，手摸或擦伤后缓慢变色。主枝 2~4 个，伸展，略呈圆柱形。分枝 3~6 个，圆柱形，淡鲑肉色，常有纵皱纹。节间向上渐短。横截面半圆形或扁圆形。枝顶幼时尖，成熟后指状，奶油色或奶油黄色。菌肉紧密，湿润，非胶质。外层粉黄色，内层近白色。干后柔软，易复水，非纤维质。担孢子（10.8~12.2）μm×（5~5.8）μm，椭圆形，有大块扁平瘤状纹。

经济价值 国外有采食该种中毒的报道，但在中国南方被广泛采食，未见中毒报道。

生　境 夏秋季生于阔叶林或混交林中地上，单生或散生或假簇生至簇生。分布于华中、华南等地区。

杯冠瑚菌

Artomyces pyxidatus（Pers.）Jülich

形态特征 子实体高 4~10cm，宽 2~10cm，珊瑚状，初期乳白色，渐变为黄色、米色至淡褐色，后期呈褐色，表面光滑。主枝 3~5 条，直径 2~3mm，肉质。分枝 3~5 回，每一分枝处的所有轮状分枝构成一环状结构，分枝顶端凹陷具 3~6 个突起，初期乳白色至黄白色，后期呈棕褐色。柄状基部长 1~3cm，直径达 1cm，近圆柱形，初期白色，渐变粉红色至褐色。菌肉污白色。担孢子（4~5）μm×（2~3）μm，椭圆形，表面具微小的凹痕，无色，淀粉质。

经济价值 食用菌。

生　境 夏秋季生于针阔混交林中腐木上，散生。分布于中国大部分地区。

密枝瑚菌

Ramaria stricta（Pers.）Quél.

形态特征 子实体高 5~12cm，宽 4~7cm，近肤色，淡黄色或土黄色，带紫色调，干燥后黄褐色。菌柄长 2~6cm，明显，淡黄色，向上不规则二叉状分枝。小枝细而密，直立状，尖端具 2~3 个细齿，浅黄色。菌肉白色，内实，味道微辣，有时带有芳香味。担孢子（6.5~10.2）μm×（3.6~5）μm，椭圆形，近光滑或稍粗糙，淡黄褐色。

经济价值 食用菌。

生　境 群生于阔叶林中腐木上。分布于东北、青藏等地区。

Laetiporus sulphureus（Bull.）Murrill

分类地位 担子菌门 Basidiomycota，蘑菇纲 Agaricomycetes，多孔菌目 Polyporales，硫黄菌属 *Laetiporus*。

别　名 奶油炮孔菌（硫黄菌）、硫色多孔菌、硫色绚孔菌、硫色干酪菌、硫黄多孔菌。

形态特征 子实体菌盖长 8~19cm，宽 10~30cm，厚 1~3cm，无柄或有短菌柄，半圆形或扇形，覆瓦状叠生。幼时橘黄色，后渐褪色变为肉色，有微细绒毛，后变光滑，有明显的同心环沟或环带，边缘钝或略锐，波状至瓣裂。菌管肉黄色，孔口多角形，每毫米 3~4 个，幼时淡黄色，成熟后变为硫黄色。新鲜时肉质，菌肉乳白色至浅黄褐色，干后干酪质，重量明显减轻。孢子（4.5~7）μm×（4~5）μm，椭圆形至球形，无色，薄壁，光滑。

图 34-1　硫黄菌 *Laetiporus sulphureus*（Bull.）Murrill

经济价值 食用菌，药用菌。

生　境 夏季生于树势衰弱的活立木或枯树上，单生或叠生。

标　本 2019-09-18，采于贵州省黔南布依族苗族自治州平塘县通州镇林场，标本号 HGASMF01-2034，存于贵州省生物研究所真菌标本馆。DNA 序列编号：MZ413280。

图 34-2　硫黄菌 *Laetiporus sulphureus*（Bull.）Murrill 二维码

硫黄菌——治疗艾迪森病的黄芝

纵论艾迪森病

在 1849 年的时候，英国一名叫托马斯·艾迪森的外科医生在一次尸检时发现了一种肾上腺功能不全的疾病，当时并不清楚这种疾病的发病原因，因此，就以他的名字进行了命名，叫做艾迪森（Addison）病。后来，这种病经科学研究后被命名为原发性肾上腺皮质功能减退症，属于内分泌或激素障碍性疾病，也是一种免疫缺陷性疾病。目前在我国没有这个病具体的流行病学调查数据，但从国际范围看，大约每十万人中就有一人患病。这种疾病有一定的遗传性，所以，如果家族中有人患有这种疾病，要更加注意预防。艾迪森病的发病实际上很缓慢，但发病后未能及时治疗者死亡率很高。

但如果在日常生活中注意预防或及时治疗，艾迪森病已不致命，完全可以控制其病情的发展。因此，如果有以下体感，应及时就医诊断。

- 极度疲劳：这是该疾病最常见的症状。现代人常会因为工作而疲劳，而艾迪森病的极度疲劳不同，即便是没有高强度的工作也会极度疲劳。如果因此而到医院进行检查时，可以要求医生对肾上腺做一个检查，以免被临床忽略。
- 体重减轻和食欲下降：如果突然食欲下降伴体重减轻，请就医检查肾上腺。
- 局部皮肤变黑或有白斑：局部皮肤变色，如在疤痕、指关节、皮肤褶皱处以及牙龈等黏膜上出现比周围皮肤更黑的区域，或在前额、面部或肩部出现黑色雀斑，或在身体的一些不同部位出现了一两个或多个较大的白斑，这些都是艾迪森病常见的初始症状，应及时就医检查。
- 血压低，甚至昏厥：就是我们蹲下突然站起而头晕的情况，某些情况下可能出现短暂的晕厥。在就医检查血压时，建议检查肾上腺。
- 低血糖：肾上腺分泌的激素有很多作用，其中一个就是通过平衡胰岛素的作用来控制血糖水平。如果血糖不稳定，忽高忽低，除了检查是否有了糖尿病以外，还应注意检查肾上腺。
- 恶心、腹泻或呕吐（胃肠道症状）：如果这些胃肠道症状在没有暴饮暴食或吃过期、有毒食品的情况下时常发生，就医时就应要求检查肾上腺。
- 腹痛、肌肉或关节疼痛：和呕吐等类似的是，在排除一般致病因后依然不清楚原因的，应检查肾上腺。
- 易怒、抑郁或其他异常行为症状：肾上腺分泌激素的能力和脑垂体相关，同时肾上腺激素本身就和情绪有关，如兴奋、恐惧等。因此，一些情绪上的变化很可能是因为肾上腺而引起的，需要在心理检查的同时注意生理上的变化。

肾上腺成对出现在肾脏上方，仅核桃大小，被筋膜包裹固定在肾脏上，就像给肾脏戴了一顶帽子。肾上腺可以通过分泌肾上腺素、肾上腺皮质素等调控血糖、渗透压、情绪等，是人体相当重要的内分泌器官。

我们人体最典型的应激反应之一，即战斗或逃跑反应，就是由肾上腺释放的压力荷尔蒙触发的。肾上腺产生的很多激素，对身体的正常运作非常重要，例如，肾上腺腺体分泌的皮质醇，具有抗炎特性，有助于免疫系统。肾上腺通过分泌的激素调节人体新陈代谢、血压、免疫系统、对压力的反应等基本功能。

🍄 **肾上腺素**：这种激素通过增加心率和提高血液中的血糖水平来迅速应对压力。

🍄 **去甲肾上腺素**：这种激素与肾上腺素一起对压力做出反应。它的主要功能是调动身体和大脑采取行动。

🍄 **氢化可的松**：它通常被称为皮质醇或类固醇激素，可以参与调节身体功能。

🍄 **皮质酮**：与氢化可的松一起控制免疫反应，防止发生炎症反应。

肾上腺分泌某些激素过多或过少，从而导致人体激素失衡，是引起健康问题的两种常见方式。没有激素的调节，组织器官的工作就无法协调一致，自然会乱作一团，疾病丛生。肾上腺功能不全有原发性和继发性两种，原发性可能和自身免疫、结核、感染等疾病有关，而继发性则可能和下丘脑或垂体疾病有关。虽然这种疾病通常随着时间的推移而逐渐发生，但它也可以突然出现急性肾上腺衰竭。急性和慢性的肾上腺衰竭都有相似的症状，但急性的后果更严重，包括危及生命的休克、癫痫和昏迷。

这类疾病的诊断比较麻烦，还需要进行实验室检查。其治疗则需要医生与患者一起制定护理计划，其中可能包括一种或多种治疗方案，这种治疗包括通过激素替代疗法来替代不足的激素。因此，寻找一种天然安全的药物来治疗艾迪森病对于科学家们是非常迫切的任务。

◎生化药理

有研究表明硫黄菌产生的齿孔菌酸（eburicoic acid）可用于合成治疗艾迪森病等内分泌疾病的重要的甾体药物。

生化药理研究表明硫黄菌还具有抗癌作用，尤其是可抗乳腺癌、前列腺癌等腺癌；还可抗菌、抗氧化等。

🥣 中药药性

我国有学者考证认为，硫黄菌很可能是我国古代典籍记载描述的"六芝"中的"黄芝"，甚至在《中华本草》中描述硫黄菌时，也将黄芝作为了硫黄菌的俗称。互联网上很多人附会说《抱朴子》曾描述黄芝"黄者紫金，大者十余斤，小者三四斤，欲求芝草，入名山，必以三月九月"。而英国 1990 年发现的一株硫黄菌标本就因重量在2018 年进入了吉尼斯世界纪录，该标本重达 45 千克，是世界上发现的最重的单株食用菌标本。且硫黄菌颜色金黄，最佳的采摘季节是秋季，即 8 月中下旬至 11 月。这些好像和《抱朴子》对黄芝的描述非常类似，从而得出结论说黄芝其实是硫黄菌。但有"欲求芝草，入名山，必以三月九月"句，是《抱朴子》在描述所有菌芝时所用语句，原文写道"菌芝，或生深山之中……欲求芝草，入名山，必以三月九月"。显然，互联网上所引用的并不是硫黄菌即黄芝的科学考据，不足为信。

《神农本草经》所记载的黄芝"酸、平、无毒，可明目，补肝气，安精魂，仁恕"，实际上与硫黄菌的味道并不相符。硫黄菌在国外是一种美味，很多美食家都描述过年轻时的硫黄菌像鸡肉，而年老的硫黄菌脆且已木质化，不可食用，味道辛辣。现代中医对硫黄菌进行性质辨别后认为"味甘、性温，入脾胃二经，能补益气血，主治气血不足"。

艾迪森病的全名及正式名称为慢性肾上腺皮质功能减退症，从中医角度看，就恰恰是气不足的表现。所谓气，在中医讲，即为脏腑的功能。另外，艾迪森病发生在肾上腺，是人体的腺体组成部分之一，属于人体的内分泌系统，作用又是调节营养素的新陈代谢等，还可以归入到代谢系统来看。在中医中，代谢主要靠脾来管理。因此，硫黄菌入脾胃经，正是艾迪森病的对症药物。

🍄 文化溯源

硫黄菌在全球分布广泛，在我国主要分布于河北、黑龙江、吉林、辽宁、内蒙古、山西、陕西、甘肃、河南、广东、广西、福建、台湾、云南、四川、贵州、西藏、新疆等地，因此，它在人类的食谱中广泛地占据了一定地位。在英语中，硫黄菌还被称为 chicken-of-the-woods（森林鸡）、mushroom chicken（蘑菇鸡）。这个名称并不是说它长得像野鸡，而是在描述硫黄菌经过烹饪后味道像鸡肉。在意大利，它被称为 fungo del carrubo、fungo dello zolfo；在西班牙被称为 políporo azufrado；在法国被称为 polypore soufré；在德国被称为 schwefel-polling 等。硫黄菌在 1789 年就被法国真菌学家让·巴蒂斯特·弗朗索瓦·皮埃尔·布利亚德（Jean Baptiste Francois Pierre Bulliard）做过科学描述并命名为 *Boletus sulphureus*。后来到 1920 年，美国真菌学家威廉·阿方索·穆里尔（William Alphonso Murrill）更准确地对它进行了描述并将它转移到有穆里尔创立的 *Laetiporus* 属中，给予了拉丁命名：*Laetiporus sulphureus*。Laet- 意思是"令人愉悦的""明亮的""丰富的"，por- 是毛孔的意思，结合起来就是有明亮毛孔的菌类群。加词 *sulphureus* 的意思是"sulphur yellow"，sulphur 是硫元素，yellow 是黄色，合起来就是硫黄。

这个拉丁名已经使用了 100 年，正面临着新的挑战。虽然硫黄菌属是一个单系群，即全世界不同的硫黄菌可能都来自同一个祖先，但目前科学家根据 DNA 所做的研究已经涉及了 17 个不同的物种，这些物种还代表了 6 个不同的进化方向。因此，*Laetiporus sulphureus* 很可能最后只代表北美落基山脉以东地区发现的硫黄菌或欧洲唯一的物种。而来自世界其他地区，如中日等地区的硫黄菌可能会被重新描述，并拥有自己独有的名称。

图 34-3 硫黄菌 *Laetiporus sulphureus*（Bull.）Murrill

🍄 营养成分

　　硫黄菌子实体的基本营养成分和功能活性成分占比略见图34-4。此外，硫磺菌子实体中含有的甜菜碱为其生物碱类代表成分。

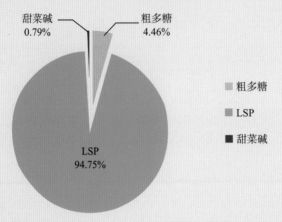

图 34-4　硫黄菌 *Laetiporus sulphureus*（Bull.）Murrill 子实体的活性成分占比

🌿 食药应用

　　中医临床中，可用硫黄菌来补虚。"虚"按照中医辨证，可分为气虚、血虚、阳虚、阴虚四类，而从气血角度看，气属阳，血属阴，可分为阴虚和阳虚。这二者又都和人体的肾、脾两大脏腑密切相关，因为肾是人的先天之本，而脾则是人的后天之本。补虚，就只能从这二者入手。多采用扶正固本、阴阳调和、滋阴补阳之法来补虚。组方以猴头菇健脾胃、蛹虫草补精髓功能分后天、先天，从而涵盖所有虚证人群，并借蛹虫草平衡阴阳的功能，实现一方阴阳同补的目的，为君药；以黄精、茯苓、大红菇、裂褶菌、莲子五味药效均脾肾全入为臣药，强化君药先天后天同补的作用；以香菇、白黄侧耳、桦褐孔菌、人参、硫黄菌五味均有滋补作用的药物为佐，解决虚证带来的各种不适症状。

图 34-5　硫黄菌 *Laetiporus sulphureus*（Bull.）Murrill

7

第七部分
泌尿生殖系统

鸡腿菇——前列腺保护神

Coprinus comatus（O.F. Müll.）Pers.

分类地位 担子菌门 Basidiomycota，蘑菇纲 Agaricomycetes，蘑菇目 Agaricales，蘑菇科 Agaricaceae，鬼伞属 *Coprinus*。

别　　名 毛头鬼伞、鸡腿菇。

形态特征 菌盖直径 3~6cm，幼圆筒形，后呈钟形，最后平展，初白色，后渐变为淡土黄色，表皮开裂成平伏而反卷的鳞片，边缘具细条纹。菌肉白色。菌褶初白色，后变为粉灰色至黑色，后期与菌盖边缘一同自溶为墨汁状液体。菌柄长 7~23cm，直径 1~3cm，向基部渐粗呈鸡腿状，光滑，白色，中空。菌环白色，膜质，易脱落。担孢子（12.5~18）μm×（6.7~11）μm，椭圆形，黑色，光滑。

图 35-1　鸡腿菇 *Coprinus comatus*（O.F. Müll.）Pers.

经济价值 食用菌、药用菌。已经大量栽培。

生　　境 春夏秋三季多生于林内草丛中、庭院空地或秸秆上，有时生于在有机肥料丰富的田野，单生或散生。

标　　本 2021-06-09，采于贵州省贵阳市花溪区龙江巷 1 号靠近贵阳职业技术学院装备制造分院附近，标本号 HGASMF01-13987；2020-09-12，贵州省毕节市威宁彝族回族苗族自治县靠近大石桩，标本号 HGASMF01-10309，存于贵州省生物研究所真菌标本馆。

图 35-2　鸡腿菇 *Coprinus comatus*（O.F. Müll.）Pers. 二维码

纵论前列腺癌

前列腺癌具有一个奇特的属性，即和所在区域经济发展程度正相关，也就是说，越是经济发展好的区域，人们患有前列腺癌的概率越大。目前我国前列腺癌的发病率还不高，但增长速度惊人，和我国的经济发展趋势非常相似。

人们对该病的认识普遍存在以下一些误区。

🍄 前列腺癌发病率很低，我们一般人可以不用在意？

🍄 前列腺癌和普通癌症不同，死亡率低？

🍄 平时多吃西红柿，就不怕得前列腺癌？

🍄 早做筛查，检查前列腺特异性抗原（PSA）指标，只要指标正常就不怕前列腺癌？

🍄 一旦发现 PSA 指标升高，赶紧做手术就没事了？

🍄 检测到高雄性激素（高睾酮）水平会就需要预防性治疗前列腺癌？

前列腺是男性标志之一，由前列腺所分泌的前列腺液就是精液主要成分。前列腺体积小且外形上平下尖，像一个楔子，也有人用倒放板栗来比喻。上面平的部分，被叫做"前列腺底"。下面尖的部分，被叫做"前列腺尖"。

前列腺处于一个交通要道处，是膀胱、贮精囊、直肠交错的地方。膀胱是储存尿液的地方，紧靠在前列腺底上，并伸出了一条输尿管，在前列腺开了一条隧道直达阴茎。前列腺从中心处还开辟出了一条单行道，专门把自身分泌的前列腺液传输到贮精囊，贮精囊又伸出一条细细的管道，先向上环绕膀胱大半圈再向下延伸进入到睾丸。前列腺的邻居是直肠，所以，一般在医院进行前列腺肥大检查时，医生将食指插入肛门两个指节就可以触摸到前列腺，通过指压来判断。

前列腺由腺体和肌肉组织组成，内部有输尿管、输精管等，因此，就被分成了多个区。各个区的形态也不尽相同，医学上常称之为"叶"，并按方位来命名，分为前叶、中叶、两侧叶、后叶五个部分。每个叶的部分都是一个单独的腺体组织，这些腺体组织被肌肉组织隔离。

前列腺的功能控制要素是雄性激素，所以在青春期才开始增大，30~45 岁是成熟阶段，之后又会逐渐萎缩。因此，前列腺的各种疾病都和雄性激素分泌有关。

前列腺疾病有很多种，如炎症、增生、癌等。前列腺炎也有很多种，以细菌性、真菌性炎症反应为主。前列腺癌和前列腺增生单从表现在外的症状看，很容易发生误诊，但实际发病原因和疾病本质都截然不同。并且前列腺癌的 PSA 筛查指标只能做参考，并不能作为主要指标。科学家发现，通过对雄性激素的调控能够治疗前列腺癌。

我国经济近数十年来高速发展，前列腺癌的发病率随着人们生活水平不断提高而水涨船高，其根源是传统生活方式的剧变，尤其是一些高热量食品在饮食结构中比重的加大。这种情况下，人体的雄性激素分泌就会旺盛，自然就会促使前列腺细胞的增殖力量加大。前列腺癌虽然发展很慢，很多人到寿命自然结束时都不会有生命威胁，但和其他癌症相同，一旦扩散，就会危及生命。因此，前列腺癌距离每一个男性并不遥远，需引起警惕。

◎生化药理

研究发现鸡腿菇有抑制雄性激素受体（AR）的生化药理作用，可以通过该作用介导前列腺癌基因的活性以及癌组织的形成。另外，鸡腿菇多糖具有抑制癌细胞增殖和变异的抗癌作用。可以确认鸡腿菇作为天然雄性激素调节剂在治疗前列腺癌方面很有前景，可以称得上是前列腺保护神，也是科学家研究治疗前列腺癌药物的主要对象。

生化药理研究证明，鸡腿菇还可以提高免疫、降血糖、抗肿瘤、降血压、降心率、强心血输出、加快呼吸、助消化等。

🥣 中药药性

鸡腿菇在我国古代就已经有应用，《本草纲目》记载的蘑菰蕈就是鸡腿菇。中医认为鸡腿菇"味甘性平，入肝、脾、大肠经，能清神、益胃、凉血，用于治疗食积、消化不良、肝炎和痔疮等病"。

🍄 文化溯源

鸡腿菇广泛分布在全世界。其不仅外形像鸡腿，烹饪后肉质肉味也像鸡丝，因此这个蘑菇被形象地称为了鸡腿菇。鸡腿菇在英语中俗称 shaggy inkcaps（毛墨帽菇），这精准地描述了鸡腿菇外部特征及成熟后帽子变黑并自我溶化的特性，因此鸡腿菇也有"毛头鬼伞"这个诡异的称谓。还有一些形象的称谓如 lawyer's wig（律师假发）等。在法国，叫 coprin chevelu、goutte d'encre escμmelle，在德国叫 schopftintling。1780 年，丹麦生物学家奥托·弗里德里希·穆勒（Otto Friedrich Müller）首次对其进行描述并将其命名为 *Agaricus comatus*。1797 年南非出生、在德国受教育、在法国开展菌物研究的

图 35-3　鸡腿菇 Coprinus comatus（O.F. Müll.）Pers.

系统真菌学奠基人克里斯蒂安·亨德里克·佩尔松（Christiaan Hendrik Persoon）经过
研究后重新予以描述并将鸡腿菇转移进了 Coprinus 属（鬼伞属），有了一直使用至今的
拉丁名称。

营养成分

鸡腿菇中含有丰富的营养成分，子实体中的基本营养成分占比如图35-4所示，其中灰分为6.66%，蛋白质含量为15.07%，总糖为35.54%，还原糖为33.01%，多糖为2.53%。鸡腿菇的灰分含量较高，说明其具有丰富的矿物元素，此外，鸡腿菇的维生素含量也较高，还含有甲壳质及黑色素。

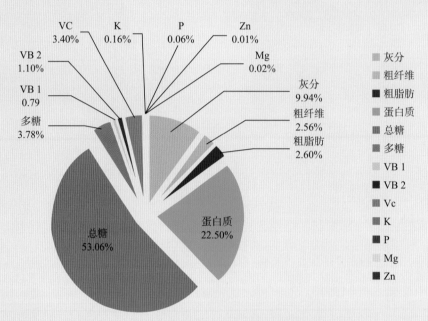

图35-4 鸡腿菇 *Coprinus comatus*（O.F. Müll.）Pers. 子实体基本营养成分占比

🌿 食药应用

中医对前列腺问题的辨证一般集中在湿热下注、气滞血瘀、脾肾气虚、肾阳衰亏、肾阴亏虚等方面。湿是人体多余的水，因此属肾来管理，但水又是一种营养物质，其运化又归属脾来管理。湿常和其他外邪结合，形成湿热、痰湿、风湿、寒湿、暑湿等。而导致前列腺问题的主要是湿热。其他则涉及到人体相关脏腑的阴阳气血问题。因此，可以桦褐孔菌为君，以肝肾一体论为基础，利五脏、益气血、滋阴生津。以黑松露为臣，助肾阳；再以蛹虫草为臣，补肾精且平衡阴阳，由肾精化为肾之阴阳二气，既补肾精又补肾阳、肾气。以鸡腿菇为佐，清热凉血；以姬松茸为佐，固本培元、活血化瘀；以硫磺菌为佐，补益气血；以茯苓为佐，健脾利湿；以树舌为佐，化痰、消炎。

《蕈菌医方集成》还收集了一些临床上使用鸡腿菇治疗其他疾病的单验方，如用鸡腿菇、石耳、苦参各15 g煎服，每日1剂可以治疗内痔出血。

Polyporus umbellatus（Pers.）Fr.

分类地位 担子菌门 Basidiomycota，层菌纲 Hymenomycetes，多孔菌目 Polyporales，多孔菌科 Polyporaceae，多孔菌属 *Polyporus*。

别　名 朱苓、野猪粪、豕橐、猪茯苓、豕零、司马彪、猪屎苓、豨苓、猳猪屎、野猪食、地乌桃、猪苓多孔菌。

形态特征 子实体一年生，具地下菌核，从核长出，革质。菌盖直径达4cm，近圆形，表面灰褐色，具细小鳞片，干后皱褶状，边缘波状，干后内卷。菌肉厚达2.5mm，白色。菌管宽达1.5mm，灰白色，延生。菌柄长达7cm，基部宽达2.5cm，中生，多分枝，奶油色。担孢子（9~12）μm×（3.5~4.3）μm，圆柱形至卵形，无色，薄壁，光滑。

图 36-1　猪苓 *Polyporus umbellatus*（Pers.）Fr.

经济价值 食用菌、药用菌。

生　境 夏秋季生于多种阔叶树，特别是蒙古栎树桩附近的地上。

标　本 2013-08-22，采于四川省九寨沟红岩林场，存于广东省科学院微生物研究所真菌标本馆。

猪苓——利尿之王

纵论水疾

中医是一门历经数千年实践，结合我国传统哲学而形成的具有完整体系的学科，不仅具有科学属性，还具有文化属性。其理论基础包括阴阳、气血、脏腑、气机、五行等。现代中医所讲的"理法方药"中的理，就是要先辨清证候后所得到的基于中医理论的结论。其中，五行运转是中医理论与实践之间最实用的桥梁，如关于肝病治疗时要先健脾的著名论断"见肝传脾"，就是从五行相生相克的关系中得来的。肝从五行而论性质属木，而脾是土属性。再按五行生克看，木可克土。因此治疗肝病即治疗木病，就需要首先健脾，即健土。类似的论断在中医古籍中比比皆是，可见五行对中医实践的重要性。

由此可知，水几乎和我们人体所有疾病相关。因此，理解下面不同语言环境下"水"所蕴含的不同含义，对于我们的临床实践有重要意义。

🍄 湿：是多余的水，是离散状态的水，脱离了水代谢通道的水，是病理状态的水。

🍄 饮：是水代谢在某处不正常停留形成，就如地震后形成的堰塞湖一样，依然在水代谢通道上，但却堵住了通道。典型的饮是溢饮即水肿。是病理状态的水。

🍄 痰：湿、饮等在人体内进一步发展，会形成痰，因此其本质还是水湿，是病理性水的一种。

临床上凡因为水而导致的疾病，往往需要通过除湿、利尿、发汗等方式先除水再治病。除湿和利尿都是人体增强水代谢能力的方法之一，而且，除湿八法中也包含有利尿法。二者是交集关系，既相互独立，又有一定的交叉。

中医对水代谢的描述为"饮入于胃，游溢精气，上输于脾，脾气散精，上归于肺，通调水道，下输膀胱。水精四布，五经并行，合于四时五脏阴阳，揆度以为常也"。意思是说：水（包括食物里的水）被人体喝进胃里，这些水中融合着食物的精华，其中的精华会在脾的运化作用下，散向人体各处，精华和水一起被散发的通道是通过肺提供的水道来完成的，精华被吸收后产生的代谢物以及废水等会进入膀胱。整个水代谢过程，由肾总领、脾控制、肺引导，而通道是"决渎之官三焦""传道之官大肠""州都之官膀胱"。

因此，中医对于因水代谢而产生的疾病，常从肾入手总调理，从脾入手强控制，从肺入手强引导，并进一步还需要疏通三焦、大肠、膀胱等水代谢渠道。在脾，常针对逃出控制的分散水气，即湿气，通过健脾的方式，加强对水气的控制，不使这些水汽离开控制变成湿，就是中医所讲的燥湿、运湿、利湿等概念。在肾，常针对整体的水液代谢失衡，通过填肾精的方法，使肾精化肾气，促进肺、脾等对水液的控制以及疏导。在肺，常针对水液代谢运行不畅，通过补气的方式，疏通水道。

西医中没有湿气概念，但却和中医一样有利尿的概念。现代医学已经研究得很清楚，人体的水"摄入—排出"基本平衡。但这个平衡一旦破坏，摄入大于排出，就会出现水潴留，这种情况下，血管内血浆渗透压就会下降，循环血量也会增加；或因某些疾病导致排尿减少，都需要人为进行利尿治疗。"摄入—排出"机制中有一种很重要的调控因子叫抗利尿激素（ADH）。这种激素的分泌受情绪（如恐惧）、疾病（如失血、休克、急性感染）、药物（如注射吗啡等止痛剂、输入葡萄糖溶液）、手术的影响会增多，之后会导致水液排出减少，就需要利尿治疗。类似情况还有很多，如甲状腺功能低下的晚期、急性肾衰竭的少尿甚至无尿阶段、水肿、心脏功能欠佳、高钾血症等，都会需要利尿治疗。

◎生化药理

猪苓临床不仅常用于利尿，生化药理研究表明猪苓还具有"增强免疫、抗肿瘤、保肝护肝、抗辐射"等作用，临床中可以站在更高的角度来审视及应用猪苓。

🥣 中药药性

对于中医利尿记载比较详细的时期可以追溯到东汉年间。《伤寒论》和《金匮要略》都有关于利尿治疗的配方，如经典方五苓散。在该配方中，猪苓又被称为是利尿之王，几乎所有和利尿有关的中药经典方剂中，猪苓都是主选药物。

中医认为猪苓"味甘淡、性平，入脾、肺、肾、膀胱经，可利尿渗湿，主治小便不利、水肿胀满、脚气、泄泻、淋浊、带下"。

图 36-2　猪苓 *Polyporus umbellatus*（Pers.）Fr.

🍄 文化溯源

猪苓在我国分布很广泛，包括但不限于陕西省、吉林省、云南省、山西省、甘肃省等地。

1801 年，南非出生、在德国受教育、在法国开展菌物研究的系统真菌学奠基人克里斯蒂安·亨德里克·佩尔松（Christiaan Hendrik Persoon）首次科学描述猪苓并将其命名为 *Boletus umbellatus*。1821 年瑞典真菌学之父埃利亚斯·马格努斯·弗里斯（Elias Magnus Fries）将猪苓转移到 *Polyporus* 属（多孔菌属），所确定的拉丁名至今都没有再变过。

猪苓是《中国药典》法定中药，在我国的文字记录最早可以追溯到《庄子》，书曰："得之也生，失之也死；得之也死，失之也生：药也；其实堇也，桔梗也，鸡癕也，豕零也。"其在本草类典籍中也占据非常重要的地位，最早出现在了《神农本草经》，后期的各类中医本草类典籍对猪苓均有描述。鉴于中医在亚洲的影响力，猪苓在日本应用也很广泛，日语发音中猪苓叫 chorei maitake，意思是伞形树花。在英语中叫 mmbrella polypore（千层蘑）、hot-tuber、Zhu Ling、Zhu Ling mushroom、China sclerotium、Chinese sclerotium 等。

营养成分

经文献记载："猪苓中有效成分有甾体、多糖、氨基酸、蛋白质等，其中，甾体类成分是猪苓的主要化学成分。"

🌿 食药应用

中西医在去除水肿方面既有共通之处，也有很大区别。西医除水肿首先要明确水肿原因，然后一般需要服用利尿剂，并注意补充蛋白质等营养。中药除水肿，则需要辨证，根据身体情况对猪苓汤进行加减，不可在不辨证的情况下，直接照搬猪苓汤。在中医看来，人体脏腑的阴阳，以物理上的脏器本身存在为阴，以这些脏器的功能为阳。"人体阴虚，则阳相对亢盛，由此，必会产生内热。"也就是说，脏器本身受到了损伤，功能却相对而言没有太多削弱，相当于人明明身体有病还不得不上班工作，会导致身体更加虚弱。因此，猪苓汤方中有两味药都属于寒凉品，如泽泻性寒可泻热、滑石性寒不仅利水还泻热。方中还有阿胶虽然性平，但专于滋阴。唯猪苓和茯苓均性平，猪苓专注利水，茯苓不仅利湿还健脾。"脾主运化"，通过健脾使人体运化功能正常，则可从根本上消除水代谢功能障碍。

临床中经典方有五苓散、猪苓汤等。本书在茯苓部分介绍过五苓散，本文再重点介绍一下猪苓汤。猪苓汤专除水肿，是临床中常用方，方曰："猪苓（去皮）、茯苓、泽泻、阿胶、滑石（碎）各一两。"这种药的煎煮也有讲究，需要先按照中药常规煮法煮猪苓、茯苓、泽泻、滑石这四味，在煮药的时候，将阿胶敲碎，待中药煎煮蒸发掉一半水液时，去除药渣，再拿阿胶投入药汤中充分搅拌让其融化，然后就可以让患者将最终药液喝掉。

清代名医罗美编著的《古今名医方论》引用了赵羽皇对猪苓汤的评价，意思是说：医圣张仲景并不是专门为了利水而配猪苓汤的，他是为了养阴而利水的；要知道，身体内阴虚时，最怕阴进一步虚；阴和阳是生命的一体两面，互相依存，一方不存另一方也必然不存；而人体众阴之中，以肾这个先天之本的阴和胃这个后天之本的水阴最容易损耗；因此，阴虚的人，治疗时不仅不能先去解决便秘问题，即便是小便也不能随意疏通；要知道人体主要是由水组成的，水占到人体体重的 70% 以上，所以人体的水液本身也是"阴"主要的存在，如果轻易地去利尿，就容易导致进一步阴虚；而猪苓汤高明之处就在于从养阴的角度去利水；其中，阿胶养阴，尤其是入肾而养先天之阴；滑石味甘而性寒，味甘说明可以入胃经，性质寒说明可以通过"热者寒之"去胃热、滋胃阴；猪苓和茯苓都属于甘淡之品，甘品是补益之品，淡则说明药性缓和，因此，这二者相合，既能疏泄过多的水和热，不让这些水热夹杂淤堵在人体，又能通过补益的方式滋养真阴；加上泽泻这种虽寒但味甘的药物，阴中有阳，可补五脏之阴；由此，这个方子贯彻了古人配伍有补正必有泄邪，有泄邪必有补正的基本理念，从而成为了千古流传的经典。

茯苓——除湿圣药

Wolfiporia cocos（F.A. Wolf）Ryvarden & Gilb.

分类地位 担子菌门 Basidiomycota，蘑菇纲 Agaricomycetes，多孔菌目 Polyporales，白肉迷孔菌科 Fomitopsidaceae，茯苓属 *Wolfiporia*。

别　名 茯菟、茯灵、茯蕶、松腴、绛晨伏胎、伏苓、伏菟、云苓、茯兔、不死面、松薯、松木薯、松苓。

形态特征 子实体一年生，生于菌核表面呈平伏状，贴生，不易与基物剥离，革质，长可达 10cm，宽可达 8cm，中部厚可达 2mm。菌管宽可达 1.5mm，新鲜时白色，干后奶油色。孔口近圆形至多角形，每毫米 0.5~2 个，与菌管表面同色或略深，边缘薄，撕裂状。不育边缘明显。菌肉厚可达 0.5mm，奶油色。担孢子（6.5~8.1）μm×（2.8~3.1）μm，圆柱形，无色，薄壁，光滑，非淀粉质，不嗜蓝。

图 37–1　茯苓 *Wolfiporia cocos*（F.A. Wolf）Ryvarden & Gilb.

经济价值 食用菌、药用菌。分布于华中、华北地区，已经人工大量栽培。

生　境 秋季生于多种松树的根际，散生或群生。

标　本 2021–06–09，采于贵州省贵阳市花溪区西南环路 337 号靠近大兴商务宾馆附近（清水江路店），标本号 HGASMF01–13969，存于贵州省生物研究所真菌标本馆。

图 37–2　茯苓 *Wolfiporia cocos*（F.A. Wolf）Ryvarden & Gilb. 二维码

纵论湿气

中医是以天人合一为基础的经验科学。天，指的是我们生存的外环境；人，指的是我们人体内环境。所谓天人合一，就是内外环境的协调。在这样的体系里，内环境的很多问题都会用外环境中人们所熟知的现象或概念来描述，如中医中的风、寒、暑、湿、燥、火等六淫。其中，湿又被称为是万恶之邪，意思是湿气可以引发人体几乎所有疾病。

但很多人只知道湿气的危害，却不知道湿气的复杂性，常常会陷入越除越湿的尴尬境地。

- 湿最让人棘手的是会常和其他外邪捆绑在一起，如寒湿、湿热、风湿等，单纯除湿效用不大，还需经过辨证后同时祛寒、清热、祛风等。
- 湿有内湿和外湿之别，因为气候原因，南方空气常年湿气都较重，因此湿气的本质是外湿引起的内湿；北方人则以内湿为多，因此，吃辣、出汗等除湿法并不适用所有人。
- 湿进一步发展还会演变成痰，痰又被称为是百病之源，因此，除湿时还应注意化痰。

在中医的眼中，人是一个不可割裂看待的整体，由此产生的健康问题也从不孤立，且相互关联。例如，中医看血，和五脏都有关系，心主血，但同时脾统血、肺行血、肝藏血、肾资血，五脏都和血的生化有关。另外，中医理论中的很多概念和现代解剖学中的物理实际并不相同，这恰恰是理解中医的关键所在。如中医脾脏和西医脾脏所揭示的本质完全不同。这不仅是医学问题，还和历史遗留下来的翻译有关。民国时期，为了在中医理论一统天下的背景下，让国人更好地理解西医概念，翻译界就把中医的一些概念直接引用过来，当作了西医名词。但到了现代，情况却发生了反转，西医占据了主导地位，却使得国人对中医的理解有了偏差。如，中医的脾如果具体解释，应该是指人体对饮食的消化、吸收、代谢整个过程，是描述人体的某个系统，类似但又不同于西医中的代谢系统，而不是指某个实质性的内脏。

中医的各种体系，如人体的经络体系和五脏体系也是整体来看的，其概念同样互相借用，如手太阴肺经、足太阴脾经等。用现代语言理解中医药中的一些医学或药性名词，也有一定意义。如归经，指的就是某种药物在人体可以靶向到的某条经络，只要是这条经络上的器官、组织，这种药物都会起作用。而不在这条经络上的器官、组织，这种药就不会起作用。所以，有时候在实践中医配伍还需要配上引经药来引导某种药进入到目标器官、组织，这种药就是人们常听到的"药引子"。也因此，风寒暑湿燥火等六淫常从一条经络窜行到其他经络，并引发内邪，使问题越来越复杂。

湿，原本是我们外环境中的一个常见现象，如衣服、纸、墙等等沾了水后就"湿了"，空气水汽过多时"湿度"就会提高，南方空气湿度一般都大于北方空气湿度等等。湿，显然和水有关，是大自然水循环表现在外的一种现象。中医的先辈们在天人合一指导思想下进行研究时，发现人体同样有着类似的水循环体系，并且，各种现象和外环境的水湿循环非常相似，于是，就提出了内湿概念。人体长期处于外部重湿环境往往会使人体内部湿气变重，就是内外环境关联的证明。另外，即便没有外湿入侵，同样会有内湿产生，这是内环境独立性的证明。

人体的湿，和人体的水液代谢相关。所谓湿，就是多余的水。这种本来应该被人体代谢掉的水，跑出了水代谢路径，不被人体固有机制所约束，就成为了有害人体健康的湿气。例如，夏天时，人在室外因天气而大汗淋漓，此时，若突然进入一个空调房间，站在空调旁迅速将身体毛孔封闭，本该以汗水形式排泄出体外的水，就会被堵在毛孔无法排出，成为了多余的水，这就是湿气产生的一种原因。再比如，人体摄入了过多高热量食物，使得体内能量过剩，就会产生热。就像我们用火加热水而水会蒸发一样，我们体内热量过多，就会使组织内的水蒸发，散出水代谢路径之外，形成多余的水，即湿气。

人体的水一般情况下保持平衡，摄入多少排泄多少。所以，如果有人每天大量喝水，那么大量排尿实属正常。一旦本该代谢掉的水没有代谢掉，自然会产生湿，导致相应的疾病产生，如关节疼痛、肥胖、便秘等。这些因素还会进一步导致其他健康问题，如代谢综合征等。这就是湿的本质。而在中医中控制水液代谢的功能由脾主之。这和现代医学中将水当作一种营养素来看待一样。因此，要除湿，就需要健脾，所谓健脾，就是强健脾的功能，使脾的运化能力增强，自然就可以除湿。

如果"湿"和其他六淫要素结合形成更复杂的情况，则不仅需要健脾，还需要对应其他的手段。

◎生化药理

现代生化药理研究表明茯苓具有止咳、退热、利尿、镇静、强心、降血糖、降胃酸、保肝护肝、抗溃疡、抗肿瘤、抗菌、调节免疫、提升白细胞、抗胸腺萎缩等作用。

🥣 中药药性

中医经过数千年的验证，对于除湿已经没有疑问，其所用药物也基本达成了共识，茯苓就是一味不可或缺的药物。茯苓主要通过健脾的方式除湿，还可和猪苓等同用，利水来消水肿。

中医对茯苓的研究非常透彻，茯苓不同的部位都能作为一味单独的药品。如茯苓个，就是从土中挖出的没有经过处理的整个茯苓；茯苓皮就是茯苓的外皮；去皮的茯苓切成的小块是茯苓块，赤茯苓和白茯苓就是棕红色或白色茯苓块，中医对不同部分药性的辨别认定不同。整体而言，中医认为茯苓："味甘淡而性平，可入心、脾、肺、肾、小肠、膀胱等经，具有利水渗湿、健脾和胃、宁心安神的作用。"茯苓皮则能和猪苓一般利水消肿，其除湿功能超过茯苓块。临床常用的则是茯苓块，《中华本草》记载："渗湿利水、健脾和胃、宁心安神，主小便不利、水肿胀满、痰饮咳逆、呕吐、脾虚食少、泄泻、心悸不安、失眠健忘、遗精白浊"等。可见茯苓的作用之广泛，中医中"十方九茯苓"的说法也来源于此。

🍄 文化溯源

茯苓，在中药中地位非常高，不仅在民间被称为中华九大仙草之一，和灵芝、虫草地位相仿，而且还有"十方九茯苓"的说法，意思是中医临床的所有配方中大多数都有茯苓。茯苓是最早见诸中医经典本草的中药之一。茯苓最早的文字记录可以追溯到《神农本草经》。数千年来，云南、湖北、安徽都是茯苓道地产区，其中以安徽产量最高。茯苓和灵芝类似，不仅临床应用广泛，而且具有很多神话色彩。如汉代《淮南子》就记载："千年之松，下有茯苓，上有菟丝。"到了中国历史上最具有神话色彩的晋朝，葛洪等人都对茯苓做了进一步的神化般描述。当时的古人不知道茯苓是一种菌物，又想要给它一个神奇的来源，就根据茯苓和松根共生的关系称"松脂入地，千年为茯苓"。茯苓的神异不仅体现在民间和中医界、修道者中，还辐射到文学界，这也是它经久不衰的原因之一。如黄庭坚、杜甫、李商隐、苏轼、苏辙、柳宗元等纷纷作诗描述了茯苓，《红楼梦》中也屡见有关茯苓的描述。茯苓还和统治阶级有着千丝万缕的联系。据说，成吉思汗就曾因茯苓而挽救了一次战争。到了清代，茯苓更成为了皇室御用制品，慈禧太后就常吃茯苓，茯苓饼就因此而成为老北京的知名小吃。

茯苓分布在全球范围，因此，历史上有很多科学家都对茯苓进行过描述。按照国际惯例第一个对茯苓进行的二项式描述是美国科学家刘易斯·大卫·冯·施韦尼茨（Lewis David von Schweinitz）在1822年完成的，他当时将茯苓定名为 *Sclerotium cocos* Schwein，*Sclerotium* 是菌核的意思，*cocos* 是可可豆的意思，Schwein 是指这种物种是施韦尼茨描述的。施韦尼茨将茯苓描述为类似可可豆一样本质是菌核的菌物，被当时瑞典的真菌学家埃利亚斯·弗里斯（Elias Fries）等采纳写入了著名的 Systema Mycologicum（《真菌系统》）一书中，并将茯苓归属入由作者命名的一个新属 "*Pachyma* Fr." 中。拉丁语词 *Pachyma*，来自希腊语 pachys thick，其中 pachys 是厚的意思，thick 是皮肤的意思，是 1700 年法国博物学家 Georges Cuvier 改词而成。改词后的词汇中 pachy 代表厚，ma 是 derma 的缩写，代表皮肤，被用在描述具有厚皮肤的蹄类动物身上。弗里斯则借用该词，后加了自己姓的缩写，来描述具有厚皮肤的菌类身上。自此一百年时间里，*Pachyma cocos*（Schwein.）Fr. 都是茯苓公认的拉丁名称。直到 1922 年，美国杜克大学教授弗雷德里克·A·沃尔夫（Frederick A. Wolf）发现了茯苓非常难以见到的有性世代（或有性阶段）并对其进行了描述。当时，学界常用 *Poria* Pers. 来描述所有浅色和复生多孔菌，所以，沃尔夫就将这一个阶段的茯苓命名为 *Poria cocos*（Schwein.）F. A. Wolf。1979 年时，挪威真菌学家雷夫·瑞瓦登（Leif Randulff Ryvarden）等对茯苓的分类进行修订，将其归入了他们新建的 *Macrohyporia* 属。1984 年，加拿大真菌学家吉姆·金斯（Jim Ginns）在瑞瓦等人研究成果基础上将茯苓转移到了 *Wolfiporia* 属（茯苓属）。到 2006 年，鉴于学术界还是习惯于用 *cocos* 而不是 *extensa*，因此，Redhead 和 Ginns 又建议保留 *cocos* 这个词，最终真菌命名委员会接受了这个建议，就有了现在公认的拉丁学名。我国科学家吴方，李守健，董蔡红，戴玉成和匈牙利科学家维克多·帕普（Viktor Papp）等在 2020 年发表文章认为现行拉丁名所描述的茯苓和中国以及东亚常用的中药茯苓不是同一个种，因此建议将中药茯苓所对应的物种拉丁名命为 *Pachyma hoelen*，而将现行以北美茯苓为样本进行的命名改为 *Pachyma cocos*。但这一建议还没有得到真菌命名委员会的认可，还需要时间来确定。

图 37-3　茯苓 *Wolfiporia cocos*（F.A. Wolf）Ryvarden & Gilb.

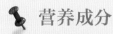 **营养成分**

茯苓含有很多功能活性成分，如图37-4所示。

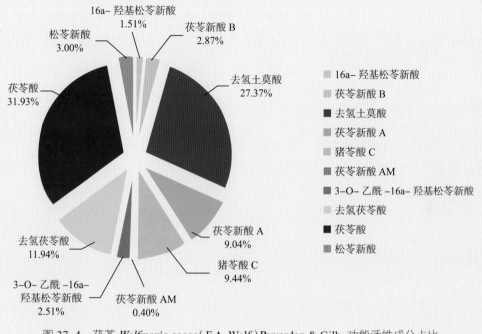

图例：
- 16a-羟基松苓新酸
- 茯苓新酸 B
- 去氢土莫酸
- 茯苓新酸 A
- 猪苓酸 C
- 茯苓新酸 AM
- 3-O-乙酰-16a-羟基松苓新酸
- 去氢茯苓酸
- 茯苓酸
- 松苓新酸

饼图标注：
- 16a-羟基松苓新酸 1.51%
- 松苓新酸 3.00%
- 茯苓新酸 B 2.87%
- 去氢土莫酸 27.37%
- 茯苓酸 31.93%
- 茯苓新酸 A 9.04%
- 猪苓酸 C 9.44%
- 去氢茯苓酸 11.94%
- 3-O-乙酰-16a-羟基松苓新酸 2.51%
- 茯苓新酸 AM 0.40%

图 37-4　茯苓 *Wolfiporia cocos*（F.A. Wolf）Ryvarden & Gilb. 功能活性成分占比

🌿 **食药应用**

　　在古籍中，只要是本草类典籍必然会有关于茯苓的论述，其中又以清代的邹谢所编著的《本经疏证》论述最为清楚。邹谢并不单纯的论水湿，也没有从健脾角度来论湿，而是将水和气进行系统的论述，并在各种临床问题上列出了恰当的应对措施，走出了旧有窠臼，启发了全新的应用思路。

　　如茯苓甘草汤方，方曰："取白茯苓二两、炙甘草一两、生姜三两、桂枝（去皮）二两。"主要治疗伤寒水气乘心，厥而心下悸者。伤寒，顾名思义指的是人被寒气所伤导致的疾病，和现代理解的感染伤寒杆菌导致的疾病不同，是指身体正气不足导致外邪入侵所得的各种疾病，如感冒、肺炎等。这种疾病发病时会发烧导致口渴，口渴人就容易喝水，可喝水多了又觉得胃满顶住心脏有心慌、气短等问题。这时胃里充满了多余的水，没有办法代谢，反而带来心脏问题，所以往往需要先解决水的问题，再解决伤寒问题。

　　再如五苓散方，方曰："猪苓十八铢、泽泻一两六铢、白术十八铢、茯苓十八铢、桂枝半两。"主要治疗小便不利、水肿腹胀、呕逆泄泻、渴不思饮或饮则呕吐。人体水代谢一般情况下是平衡的。但当人体水代谢有了障碍时，排泄不畅就会导致即便很渴也不想喝水，或者喝了水堵在肚子里使肚子腹胀，或者水代谢不靠小便而是靠大便，大便像水，这些情况下都需要用五苓散方，先解决气阻的问题，再解决水的问题。

还可以茯苓为君，配牛蒡根、蛹虫草、桑黄、黑牛肝菌、决明子等制成除湿茶日常服用。其中茯苓为君健脾除湿。牛蒡根为臣主散风热，蛹虫草为臣主平衡人体阴阳。桑黄活血化饮，黑牛肝菌健脾消积，决明子祛风清热、解毒利湿。

茯苓用法之多、之繁在中医中随处可见，每一个方子通过加减都会有很多用法，日常为湿气烦恼的人，可常吃茯苓。

Tuber sinense K. Tao & B. Liu

分类地位 子囊菌门 Ascomycota，盘菌纲 Pezizomycetes，块菌目 Tuberales，块菌科 Tuberaceae，块菌属 *Tuber*。

别　　名 块菌、无娘果、猪拱菌。

形态特征 子实体近球形、土豆状，黑褐色，表面遍布小瘤状物，直径 3~8cm，内部孢体初白色，后紫黑色，具白色冰花状纹理。子囊（70~80）μm×（65~75）μm，近圆形，内具 1~4 子囊孢子。子囊孢子（30~50）μm×（22~35）μm，深褐色，卵圆形，长椭圆形。

图 38-1　中国块菌（黑松露）*Tuber sinense* K. Tao & B. Liu

经济价值 食用菌，药用菌。

生　　境 夏季开始生于松树、橡树、榛树、栎类林内地下 5~50cm 的土层，地面几乎看不到，散生或群生，直到冬季才成熟。

标　　本 2021-01-31，采于云南省昆明市西山区团结乡靠近戴安娜庄园，标本号 HGASMF01-13033，存于贵州省生物研究所真菌标本馆。DNA 序列编号：ON557696。

图 38-2　中国块菌（黑松露）*Tuber sinense* K. Tao & B. Liu 二维码

纵论性功能障碍

近几年，小鲜肉一词屡屡引发争议，有的人怀疑是不是现代人随着生活条件的提高，荷尔蒙分泌出现了问题？荷尔蒙是音译过来的舶来词，指的是激素。如果说，我们人体的运行要靠各系统来支撑的话，那么各系统的工作就要靠激素来运行。

鉴于历史原因，我国国民对性激素的了解普遍较差，常常会错误地理解这一人体必需的物质。

🍄 男性没有雌激素，女性没有雄激素？其实，男性和女性体内两种激素都有。

🍄 欧美人长得块头大，体毛多，雄性激素水平肯定高？有科学家专门研究，发现东亚人反而激素水平最高。体毛多，只是雄性激素的衍生物水平高而已，并不代表有效的雄性激素水平低。

🍄 男性就要雄性激素越高越好，女性就要雌性激素越高越好？性激素在人体的水平也要适当，否则雄性激素过高会导致男性脾气暴躁，女性雌激素水平过高可能会导致乳腺癌等疾病。

🍄 男性性功能欠佳是因为雄性激素不足？只是相关，大约有三分之一的成年男性性功能障碍问题和雄性激素有关。因此，男性性功能欠佳，需要进行测量雄性激素水平才可进一步判断原因。

人体的内分泌系统可以形象地描述为群居内分泌细胞和散居内分泌细胞，就像草原上的牧民与城市牧民的关系一样。身份都是内分泌细胞，作用都是分泌激素，但有的聚居在一起，有的则散居在身体的各个部位，依托其他组织而存在。功能相同又聚居在一起自然就形成了部落村镇，即专门腺体，如垂体、甲状腺、胰腺等；散居地依托其他器官就有了胃肠激素分泌细胞、下丘脑泌肽类激素细胞等。这些细胞每一个都是一个独立单元，都可以独立分泌相应的激素，然后汇总起来，奔赴各自的靶细胞，去调节这些靶细胞的功能。激素按性质不同分成了不同的类别，即肽类、胺类、类固醇类，具体如下。

🍄 肽类：我们常说的各种肽的本质都是蛋白质，因此肽类激素也特指具有蛋白质特性的激素，如胰岛素等。

🍄 胺类：此胺非彼氨，但二者又关系密切，胺是氨经过进一步生化反应后的产物，如肾上腺素等。

🍄 类固醇类：如雌激素、雄激素等。

我们口语中的荷尔蒙，狭义上指的就是性腺分泌的雌激素、雄激素和孕激素。这些激素的分泌推动或抑制着人体性器官、副性特征、性功能等的生长、成熟、运作。这三种激素，女性全有，男性则不分泌孕激素。

根据性激素合成部位以及先后顺序可以分为以下三种。

🍄 孕激素：孕激素常和雌激素联合起来保证月经与妊娠的正常进行。

🍄 雄激素：男女都有，但以男性性器官、性征表现、精子发育、骨骼皮肤生长等等作用为代表。

🍄 雌激素：详细内容可见本书白蘑菇部分。

激素在人体内的含量水平实际上并不高，但作用很强大。激素在人体的作用就像是控制信号，对人体各个组织系统的工作有加快或减慢的调节作用。因此，激素类药物已经成为一个体系，是现代临床的重要组成部分。但这些人工合成的激素药在结构上和人体自身分泌的激素有一定差异，副作用也有很多，因此，从自然界中直接摄取一些安全的性激素，对于有这方面需求的人而言，可能更适合。

◎生化药理

在欧洲有数千年食用历史，且作为一种文化符号，又被誉为餐桌上黑色钻石的黑松露就含有丰富的 α- 雄烷醇，不仅在女性体内可以调经并使女性兴奋，而且在男性体内能够促进男性性功能，具有壮阳补肾的显著功效。因此，法国人已经将黑松露作为男性香水原料予以开发，且价格昂贵。可以说，黑松露从古到今都常被当作是一种天然性激素来看待。贸易中的黑松露泛指黑颜色的松露，这里主要介绍中华块菌。

生化药理研究表明黑松露还具有"诱导细胞凋亡、抗肿瘤、免疫调节、抗病毒、抗氧化"等作用。

🥣 中药药性

中医认为黑松露"味甘性平，入肾、肝、脾、大肠经，能宣肠、健胃、益气、助阳。"可以看到，黑松露入脾肾，一个后天之本一个先天之本，有益气的作用，即有助益先天之元气和后天之宗气的作用。另，虽然中医常将"肝肾一体"作为选择药物的标准之一，但具体到男性性功能方面，肝肾还需不同对待。中医《外科真诠》认为："玉茎（阴茎）属肝；马口（尿道）属小肠；阴囊属肝；肾子（睾丸）属肾；子之系（精索）属肝。"

🍄 文化溯源

黑松露是一种极为名贵的食用菌，常被称为"地下黄金""上帝食品""黑色钻石""真菌王子"等，有着数千年的食用历史，尤其在欧美等西方国家。现在的各种西餐厅主要是将黑松露当作调味品来使用，原因在于第二次世界大战大面积毁去了松露生长的环境，使得黑松露产量大幅降低。新鲜黑松露上市后，会以拍卖的方式进入餐厅。厨师们会将一部分新鲜黑松露切成片或打成粉，和黄油、奶酪等一起混合，成为意大利面的调味品。法国人还常用黑松露煎鸡蛋，而黑松露汁配牛排更是高档西餐不可或缺的经典餐。

4000 年前的两河流域文明至今已经断了传承，能够流传下来的只有一些刻有文字的泥板。这些泥板上记载了很多古苏美尔人的法典、条文、外交文书、宗教等等各方面内容，相当于我国古时候的甲骨文。其中有一块泥板记载了一个由儿童捧松露献给自己国王的故事。这种松露产自沙漠，香味很淡，颜色也较浅，可却是罗马人的最爱。

古希腊时期，雅典人将松露作为供品供奉给维纳斯。一些贵族还将黑松露列为有益于房事的药方，甚至有些文学作品也将黑松露描述为了催情药。据说，法国国王路易十五以及法兰西帝国皇帝拿破仑的私生活都有黑松露元素，甚至拿破仑生子的事情也被归功于黑松露。

我国在块菌方面的研究算是刚起步。中华人民共和国成立以前，外国传教士曾在中国西南地区采到过几份块菌标本。1949 年后，除了邓叔群和刘波先生等发表过相关研究以外，丰富的块菌资源尚待研究开发，如在我国华北、西北和内蒙古等相继发现有块菌产出。

现代黑松露分类研究始于 1831 年，意大利真菌学家 Carlo Vittadini 首次描述了两种夏松露，分别予以了不同的命名，包括 *Tuber aestivum*（夏块菌）、*Tuber melanosporum*（佩里戈尔松露），使用至今。*Tuber* 是块菌的意思，而 *aestivum* 就是夏天的意思，*melanosporum* 是产自法国佩里戈尔的意思。松露分布很广泛，包括我国在

图 38-3　中国块菌（黑松露）
Tuber sinense K. Tao & B. Liu

图 38-4　中国块菌（黑松露）
Tuber sinense K. Tao & B. Liu

内都有多种松露分布。2011年，我国真菌学家刘培贵、陈娟、郭顺兴等对从我国不同地区采集的6种松露进行对比分析，认为 *T. pseudohimalayense* 和 *T. pseudoexcavatum* 是同一物种，*T.sinense* 和 *T.indicum* 是同一物种，*T. formosanum* 则是基于其寄主植物和地理分布的独立物种。

营养成分

松露的氨基酸占比详见图 38-5，其新鲜子实体含水率为 52.88%，其他成分详见图 38-6。

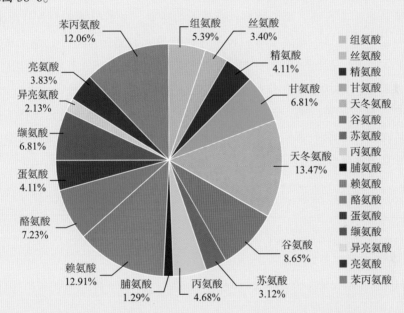

图 38-5 中国块菌（黑松露）*Tuber sinense* K. Tao & B. Liu 子实体氨基酸成分占比

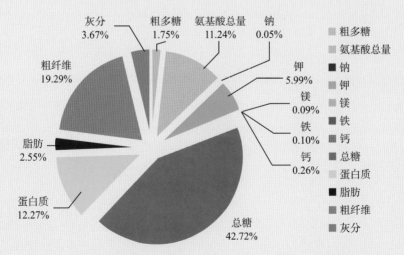

图 38-6 中国块菌（黑松露）*Tuber sinense* K. Tao & B. Liu 基本营养成分占比

食药应用

现代医学研究证明：男性阴茎的勃起和神经、内分泌以及血液循环、生理解剖等密切相关。而一些治疗勃起功能障碍的药物如西地那非（"伟哥"）之所以功能强大，其主要作用机理就是促进了阴茎海绵体动脉血充盈。在中医来看，该药物的功能属于肝经，作用于阴茎和精索部分。

结合中西医学对性功能的基本认识，虽然中医认为"肝肾一体"，但对于性功能障碍来讲，最佳的方法依然是肝肾兼顾，而非单纯的补肾。

男性性功能器官部分，属肝的有包裹睾丸的阴囊，被称为精索的睾丸动脉、静脉、淋巴管、神经、睾提肌、输精管等；而属肾的有睾丸和精子。另外，最主要的男性标志阴茎属肝。可见，在性功能障碍方面，肾经调理是必要的，但肝经的调理同样重要。

在男性抗衰，包括性功能障碍在内的实际应用中，可以黑松露为君补脾肾肝气，以松茸为臣入肝经舒筋活络，以黑虎掌为臣入肝经活血，以黑牛肝菌为臣主心肾相交并养血，以蛹虫草为臣平衡人体阴阳，以牡蛎为佐固精固元气，以黄精联合玉竹润肺养阴，以甘草为使统合药性。

Agaricus bisporus（J.E. Lange）Imbach

双孢蘑菇——能抗乳腺癌的世界菇

分类地位 担子菌门 Basidiomycota，蘑菇纲 Agaricomycetes，蘑菇目 Agaricales，蘑菇科 Agaricaceae，蘑菇属 *Agaricus*。

别　　名 洋蘑菇、白蘑菇、蘑菇。

形态特征 菌盖直径 4~8cm，初半球形，后渐平展至凸镜形，白色至淡黄褐色，具平伏纤毛或鳞片，边缘常内卷。菌肉白色，伤后变淡红色。菌褶离生，不等长，初粉红色，成熟后渐变褐色至黑褐色。菌柄长 3~8cm，直径 1~2cm，近圆柱形，白色，内部松软或实心。菌环单层，上位至中位，白色，膜质，易脱落。担孢子（5~8）μm×（4~6.5）μm，椭圆形，光滑，褐色。

图 39-1　双孢蘑菇 *Agaricus bisporus*（J.E. Lange）Imbach

经济价值 食用菌，药用菌。全球各国都有广泛栽培，我国所产主要用于出口。

生　　境 夏、秋季生于高山草原、草地、林地、田野、公园、道旁等，散生至近群生。

标　　本 2020-12-22，采于贵州省黔东南苗族侗族自治州岑巩县，标本号 HGASMF01-16467，存于贵州省生物研究所真菌标本馆。DNA 序列编号：ON557695。

图 39-2　双孢蘑菇 *Agaricus bisporus*（J.E. Lange）Imbach 二维码

纵论乳腺癌与雌激素

乳腺癌对女性而言威胁有多大？林黛玉的扮演者陈晓旭、年轻的姚贝娜等都因乳腺癌而去世，美国著名女星安吉丽娜·朱莉就因为被检测有患乳腺癌的风险，干脆切除乳腺，后来又预防性地切除了卵巢。据统计，乳腺癌常在31~40岁的女性中高发。

乳腺癌为什么如此高发，有以下原因。

🍄 雌激素分泌过多。　　　　🍄 遗传因素。

🍄 情绪及心理因素。　　　　🍄 辐射因素。

🍄 不良生活方式。　　　　　🍄 肥胖。

🍄 乳腺增生类疾病。　　　　🍄 免疫力低下。

🍄 外源性激素。

乳房发育是女性性成熟的标志之一。女性乳房内乳腺腺泡及输乳管发育生长、乳汁生产，需要雌激素来调节。

正常情况下，雌激素对女性生殖系统的结构和功能具有重要的调节作用，可刺激乳腺导管和结缔组织增生，促进脂肪组织在乳腺的聚集，形成女性乳房特有的外部形态。此外，雌激素对其他系统的功能也有广泛影响。如在对生殖器官的作用中，会促进子宫发育、子宫内膜增生，在排卵期会使宫颈口松弛，有利于精子穿过进入宫腔；在对骨骼生长发育的影响中，可刺激成骨细胞的活动，加速骨的生长；在对心血管系统的影响中，可改善血脂成分，防止动脉硬化，对心血管有保护作用

但在过量雌激素作用下，乳腺上皮细胞会过量增生，就有发生乳腺癌的概率。雌激素导致乳腺癌的重要机制之一就是刺激乳腺癌组织的生长和抑制凋亡。如处于31~40岁之间的女性因哺乳需要体内大量分泌雌激素，雌激素分泌过剩可能就会引起乳腺癌。又因为乳腺腺泡之间主要由淋巴填充，所以淋巴系统就成为了乳腺癌细胞转移的主要通道，血液系统则居其次。

乳腺癌的基本治疗思路依然包括手术、放化疗、介入等，但又有不同之处，在于针对乳腺癌形成原因的内分泌疗法，而内分泌疗法也是针对激素受体阳性乳腺癌患者的重要治疗手段之一。因此，内分泌疗法已成为研究的热点，全球科学家都在寻找安全的雌激素抑制药物。

◎ 生化药理

实验研究认为双孢蘑菇具有抑制芳香酶活性的化学药理作用，芳香化酶恰好是雌激素形成的关键要素，因此，临床可以借用这种机制抑制乳腺癌癌细胞的生长繁育和扩散。氧化还原反应是自然界效率最高的能量转化方式。如木头在氧气的作用下燃烧就是典型的氧化反应，人类从营养物质中摄取能量的方式也是氧化还原反应。在这个能量转化过程中有一种叫做细胞色素的东西起到重要的催化作用，芳香化酶就是一种细胞色素，主要参与人体血液中不同电离状态的铁元素的转化。雌激素的合成最后一关就要依靠芳香化酶。一旦芳香化酶不足，雌激素生成量就可以得到控制。另外，双孢蘑菇还富含硒以及凝聚素，这些物质可以直接抗癌，再加上提高免疫、抗辐射、提神等作用，使得双孢蘑菇可以确定为乳腺癌很好的预防控制食品以及新型治疗药物开发的源头。

生化药理研究证明：双孢蘑菇还具有"抗氧化、消炎、抗菌、抗癌、降胆固醇、降血糖、保肝、神经保护"等作用。

中药药性

中医认为双孢蘑菇"味甘性平，入大肠、胃、肺经，可健脾开胃、平肝提神，主治饮食不消、纳呆、乳汁不足、高血压、神倦欲眠等。"

文化溯源

双孢蘑菇的英语俗称叫 mushrooms（蘑菇），其他称呼包括 table mushroom（食用菌）、cultivated mushroom（栽培菇）、button mushroom（纽扣菇）等。要知道，蘑菇、食用菌、栽培菇等常被用作大品类的代称，在这里却成为了某一种菇的名字，可见这种蘑菇在西方的地位。在我国，双孢蘑菇还常被称为"洋蘑菇"，说明了这个物种的来源及影响力。这种蘑菇在野外主要生长在草原、田野和草地上。虽然双孢蘑菇在西方占据如此重要的地位，但它的分类历史还不是很清

图 39-3　双孢蘑菇 *Agaricus bisporus*（J.E. Lange）Imbach

楚。因为18世纪时，法国就开始人工栽培双孢蘑菇，但直到1926年，丹麦真菌学家雅各布·伊曼纽尔·兰格（Jakob Emanuel Lange）才首次科学描述这种蘑菇并将其命名为 *Psalliota hortensis* var. *bispora*，属名 *Psalliota* 来自希腊词 psallion，意思是"环"或"链"，可能是指围绕在菌柄（茎）周围的部分残留的菌环。20年后，德国真菌学家埃米尔·J·伊姆巴赫（Emil J. Imbach）重新描述并将其命名为 *Agaricus bisporus*。有争议的是，一些真菌学家还在使用 *Agaricus brunnescens* 这样的拉丁名，它描述了这种蘑菇的褐色瘀伤习性。但这两个拉丁名所命名的菇是否为同一种，还有待进一步研究确定。

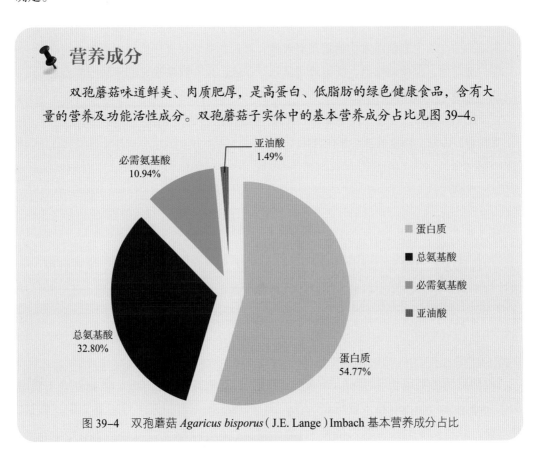

营养成分

双孢蘑菇味道鲜美、肉质肥厚，是高蛋白、低脂肪的绿色健康食品，含有大量的营养及功能活性成分。双孢蘑菇子实体中的基本营养成分占比见图39-4。

- 蛋白质
- 总氨基酸
- 必需氨基酸
- 亚油酸

亚油酸 1.49%
必需氨基酸 10.94%
总氨基酸 32.80%
蛋白质 54.77%

图39-4 双孢蘑菇 *Agaricus bisporus*（J.E. Lange）Imbach 基本营养成分占比

食药应用

在我国药典中记录了一个名为舒筋散的成方："蘑菇（酒制）750g、木瓜30g、狗脊30g、续断30g、槲寄生15g、当归10g、川芎10g、杜仲（炭）5g、枸杞子10g、牛膝30g、钩藤30g、防风20g、独活30g"。临床使用时，对风寒湿痹、腰腿疼痛、手足麻木等健康问题，按配方粉碎成细粉再过筛混匀后每日2次、每次9g口服，可补益肝肾、舒筋活血。

Volvariella volvacea (Bull.) Singer

草菇——提高母乳质量的中国菇

分类地位 担子菌门 Basidiomycota，蘑菇纲 Agaricomycetes，蘑菇目 Agaricales，光柄菇科 Pluteaceae，小包脚菇属 Volvariella。

别 名 美味草菇、美味苞脚菇、兰花菇、秆菇、麻菇。

形态特征 子实体中等大至大型。菌盖直径可达 10cm，灰色，中部颜色深，边缘颜色渐浅，干后变灰褐色，具放射状条纹，边缘较锐，干后内卷。菌肉厚可达 2mm，干后浅黄色，软木栓化。菌褶致密，离生，不等长，奶油色至粉红色，干后黄褐色。菌柄长 7~10cm，直径 0.6~2.1cm，圆柱形，白色，光滑，内实。菌托直径可达 5cm，杯状，灰黑色。担孢子（7.5~8.2）μm ×（5~6.3）μm，椭圆形，光滑，淡粉红色，非淀粉质。

图 40-1 草菇 Volvariella volvacea (Bull.) Singer

经济价值 食用菌，药用菌。

生 境 夏秋季生于富含有机质的草垛或草地上，散生或群生。

标 本 2021-07-23，采于贵州省铜仁市松桃苗族自治县靠近田家坝，标本号 HGASMF01-14620，存于贵州省生物研究所真菌标本馆。

图 40-2 草菇 Volvariella volvacea (Bull.) Singer 二维码

纵论母乳

母乳对孩子的重要性怎样强调都不过分。流行学研究发现：孩子从初始就吮食母乳，在生长发育阶段智力、免疫力等更优，肥胖、过敏等问题更少。这种优势可以一直延续到成人期。

但实际上我国母乳喂养率不及 30%，关键因素有以下几点。

🍄 直接剖宫产比例不断提升。

🍄 母乳喂养教育不足。

🍄 母乳不足。

母乳在女性怀孕第 4 到第 6 个月就开始准备了。女性怀孕后，体内雌孕激素水平就开始发生变化，并影响乳房腺泡和乳腺细胞的进一步发育。乳房腺泡就是未来母乳生产的地方。

当孩子正常经历了顺产程序后，新母亲脑垂体就会分泌泌乳素。此时分泌的泌乳素并不足以产生大量母乳，在生产后的 48 小时关键时期内，产生的初乳最为宝贵，这个时期还需要孩子的吸吮（每天 8~12 次乃至更多次）来加快泌乳素分泌。

母乳中营养很高，均来自母体。人类生长所需要的各种营养素，在母乳中都均衡存在，且某些是以特殊形态出现的，是人工合成营养素无法替代的。如母乳中的乳糖虽然来自母亲血液中的葡萄糖，但却是经过乳腺细胞转化后生成的最容易被孩子吸收的乳糖，这些乳糖中含有的不易吸收的寡糖可以促进孩子肠道菌群的发育。母乳中的蛋白质同样是由母亲血液中的氨基酸经过乳腺细胞合成才转化成近 2000 种最适合孩子吸收的小分子蛋白质。母乳中的小分子脂肪颗粒，由母亲血液中的脂肪酸、胆固醇、磷脂等通过乳腺细胞转化而合成的最适合孩子的脂肪。这些脂质占到母乳成分的 3%~5%，孩子身体所需的一半热量和能量来自于这些脂质，并且是孩子成长（如体重增加）和大脑、视力发育的必需营养素。其他各种营养素同样如此，都是来源自母亲血液又经过乳腺细胞过滤、吸收、储存、分解、合成，最后才供应给孩子。

初乳中不仅含有各种丰富营养，而且包含免疫细胞。这些细胞在新生儿体内能够产生粒细胞—巨噬细胞集落刺激因子并分化成树突细胞，甚至还有很多我们目前还没有发现的更多功能。

母乳中还含有一些特殊活性物质，如许多抗病原体、抗炎生物活性因子等。这些特殊的物质能够帮助新生儿对外来病原体做出适当反应，并控制人体的炎症反应，调节淋巴系统、自然杀伤细胞、树突细胞、巨噬细胞和粒细胞等。

因此，母乳是任何其他乳制品都无法替代的关键食物。母乳来自母亲血液，母亲血液营养素是否健全，直接影响到母乳的数量和质量。

很多剖宫产的母亲母乳不足，主要原因和是否经历自然分娩过程有关。如果孩子是先尝试顺产但未能生产，再剖宫产，则母乳分泌不会迟缓或减少。

母乳不足或质量不高还和孕期准妈妈的情绪以及饮食有关。孕期挑食偏食是一种普遍现象，但依然要尽可能地从食物中平衡摄入各类营养。对准妈妈在孕期期间的关爱也同样不可少。如果准妈妈的情绪受到影响，泌乳素的分泌也会受到抑制，结果自然就是乳汁的分泌出现问题。

在中国，有让新妈妈喝鸡汤、鲫鱼汤来催奶的传统，但现代科学研究并没有发现这些汤品可以催奶的证据。其实，燕麦和大麦是科学的催乳剂，主要原因在于其含有其他植物不含有或含量很少的 β– 葡聚糖。但在大自然中，普遍含有 β– 葡聚糖的其实是菌物。因此，从菌物中寻找催奶以及提高母乳质量的食品，成为了目前科学界新的科研方向。

◎生化药理

生化药理研究表明草菇还具有"抗氧化、防便秘、防癌抗癌、提高免疫、抗衰老、增高、增智"等作用。

🥣 中药药性

中医认为草菇可催奶，其综合药性为"味甘、微咸，性寒，无毒，入心、肺、脾经，属清热药，可清热解暑、补益气血、消食益气、滋阴壮阳，主治暑热烦渴、体质虚弱、头晕乏力、高血压"。中医药性凡寒凉的，一般都对应人体阴阳中的阴，即具有补益功能的可用来滋阴。按中医对中药药性的基本辨识逻辑，其中有"咸入肾"的论断，所以，草菇味道微微有些咸，可判断其还能入肾。又因为草菇性寒，所以，临床实践中发

图 40-3　草菇 *Volvariella volvacea*（Bull.）Singer

现草菇有滋肾阴的作用就不足为奇了。因此，目前中医对草菇的药性判定还有进步的空间。

🍄 文化溯源

草菇在东南亚地区又叫 the Chinese mushroom，即中国菇，主要原因是我国华侨分散到东南亚后用当地的稻草栽培了大量的草菇。草菇最早的文字记载应该是《舟车记闻录》，很多地方县志也都有记载，如《英德县志》《韶州府志》《浏阳县志》等。现在草菇已经是世界第三大蘑菇，在德国叫 dunkelstreifiger scheidling，在荷兰叫 tropische beurszwam，在西班牙语中叫 volvaria de volvais，在挪威语中叫 halmslidskivling。

草菇最早在 1786 年由法国植物学家让·巴蒂斯特·弗朗索瓦·皮埃尔·布利亚德（Jean Baptiste François Pierre Bulliard）科学描述，并将其命名为 *Agaricus volvaceus*。1829 年，德国真菌学家 Wilhelm Gottfried Lasch 描述了一种菌菇，将其命名为 *Agaricus rhodomelas*。但 1838 年瑞典真菌学之父埃利亚斯·马格努斯·弗里斯（Elias Magnus Fries）认为 Lasch 命名的这种菇其实就是草菇。1951 年，美国真菌学家罗尔夫·辛格（Rolf Singer）将草菇转移到了 *Volvariella* 属，有了大家现在公认的拉丁名。

图 40-4　草菇 *Volvariella volvacea*（Bull.）Singer

营养成分

近年来，草菇栽培的机制已经发生变化，不仅是因为原来的原材料涨价，还有技术进步的因素。新型基质组、稻草组所培育的草菇碳水化合物、氨基酸总量及必需氨基酸等的含量差别并不大，但在多糖方面新型基质组明显更高，微量元素方面稻草组则更高。草菇新鲜子实体的含水率为77.27%，基本营养成分占比详见图40-5。

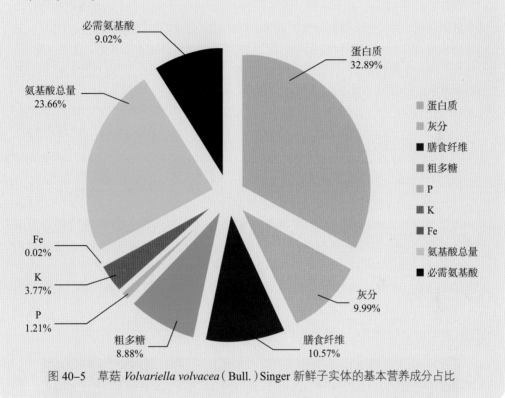

图 40-5　草菇 *Volvariella volvacea*（Bull.）Singer 新鲜子实体的基本营养成分占比

🌿 食药应用

日常孕后可按《食疗本草学》中记载的下乳方食用草菇，方曰："鲜草菇150g，虾仁50g，清汤500mL，调料适量，煮汤食用，能补脾益气，下乳汁。"

实际应用中还可以以相似种来替代。

银丝草菇

Volvariella bombycina (Schaeff.) Singer

菌盖直径 5~14cm，近半球形、钟形至平展，淡黄色至黄白色，表面具银丝状长柔毛。菌肉白色，薄。菌褶初期白色，成熟后变粉红色或肉红色，密，离生，不等长。菌柄近圆柱形，长 4~12cm，直径 0.8~2cm，白色至淡黄白色，光滑，实心。菌托大而厚，呈苞状，污白色或带浅褐色，具裂纹或绒毛状鳞片。孢子印粉红色。孢子近无色，光滑，宽椭圆形至卵圆形，(7~10)μm × (4.5~5.7)μm。

冬小包脚菇

Volvariella brumalis S.C. He

菌盖宽 3.5~14cm，初钟形，后渐平展中央凸起，棕灰色，边缘颜色较浅呈灰白色，表面光滑，有时具菌幕残留。菌肉较薄，白色。菌褶宽 5~11mm，初期微白色，后变粉红色，离生，不等长，边缘处每厘米 18~20 片。菌柄长 5~9cm，直径 0.7~2.3cm，近圆柱形，基部稍膨大，白色，平滑，纤维质中空。菌托白色，杯状。担子 (38.6~42)μm × (14~15)μm，棍棒状，具 4 个担子小梗。孢子印粉红色。孢子 (11.5~16.0)μm × (7~9)μm，椭圆形至卵形，光滑，内含油滴。

图 40-6　冬小包脚菇 *Volvariella brumalis* S.C. He

Schizophyllum commune Fr.

分类地位 担子菌门 Basidiomycota，层菌纲 Agaricomycetes，伞菌目 Agaricales，裂褶菌科 Schizophyllaceae，裂褶菌属 *Schizophyllum*。

别　　名 八担柴、白花、天花菌、白参菌、树花。

形态特征 子实体小型。菌盖直径 1~4cm，白色至灰白色，质地坚韧，表面绒毛，扁肾形，边缘深裂瓣状。菌肉厚约 1mm，白色。菌褶窄，白色或灰白色，后期粉紫色，沿褶的边缘纵裂而反卷。菌柄短或无。担孢子（4.6~5.3）μm×（1.5~2）μm，棍状，无色，光滑。

裂褶菌——天然止带药

图 41-1　裂褶菌 *Schizophyllum commune* Fr.

经济价值 食用菌，药用菌。

生　　境 夏秋季生于腐木或腐竹上，散生、群生至叠生。

标　　本 2019-08-13，采于贵州省遵义市赤水市元厚镇白杨坪，标本号 HGASMF01-1463；2020-04-25，贵州省铜仁市印江土家族苗族自治县梵净山景区观光车行车道旁，标本号 HGASMF01-7792，存于贵州省生物研究所真菌标本馆。DNA 序列编号：ON557697。

图 41-2　裂褶菌 *Schizophyllum commune* Fr. 二维码

纵论白带

在我们的生活中，因为科普的缺失，常常会滋生一些经不起推敲的流言，如"女不吃蘑菇"。据解释说，因为蘑菇是真菌，所以女人吃蘑菇会导致白带里真菌过多而产生异味。首先需要明确的是，这些都是牵强附会地误传，女性不仅可以吃而且还要多吃蘑菇，吃蘑菇不仅不会导致白带异常而且会预防、治疗白带问题，更会带来抗衰、美容、免疫提升、瘦身等非常多的好处。

因为白带牵扯到女性私密问题，所以，很多人对它的认识往往非常欠缺。

🍄 有白带，就是有病？白带是所有女性正常的分泌物，即便是婴儿，都有可能在一定时间内产生白带。

🍄 白带增多，是不是意味着妇科疾病？首先要确定白带是否增多，每个人的分泌量并不相同，也没有明确的标准来确定多少为合适，主要是看自身日常的量和某阶段的量的变化。另外，还要看白带增多的时间段，如果是排卵期前后白带增多都属于正常。但如果不是，就一定要到医院去做相应检查，看是否有其他健康问题。

🍄 有白带或白带增多或白带异味，是不是用妇科洗液洗洗就可以了？女性私密处的 pH 值范围为 3.8~4.4，一般呈弱酸性。如果在不经过医生建议的情况下自己使用妇科洗液很容易破坏该处的环境平衡，因此，不要自己随意处理。

🍄 健康白带和异常白带的主要区别是什么？是味道和颜色。健康白带是无色或白色，无气味的或略带酸味，异常白带则有异味或颜色变黄、红、黑等，非常好辨别。正常状态下，注意休息、饮食、卫生等，不会影响健康，也不会影响到日常生活，不用担忧。异常状态下，一定首先到医院去做检查，确定白带异常的原因后，采用适当的方式进行治疗或调理。

女性的内生殖器在解剖学上整体呈现一个 T 字形。T 型的竖部分的下端约 1/3 长度是阴道；阴道上的 2/3 部分是子宫；T 型的横部分主要是输卵管。输卵管顾名思义是输送卵子的管道，但同时也是精子和卵子结合的部位，二者结合后，会被输卵管送到子宫，并在其内着床发育。输卵管伞像一只手一样向内抱着卵巢，卵巢是生产卵子的地方。

如此重要的地方，我们人类当然要建立必要的防御措施。类似我们的呼吸系统，当我们的支气管受到细菌、病毒以及异物的侵袭时，会自然分泌一些黏液将这些异物包裹，然后，被纤毛一层层向上挪移出来。其实，白带也是这样按类似的防御机制产生。如阴道如果被真菌、细菌等侵袭，阴道就会分泌黏液，包裹这些东西，并依靠重力使其慢慢流出来，这就是白带中的一种。还有一些白带则和卵巢、子宫等相关。如子宫、盆腔等发生了炎症反应，子宫等会分泌黏液将炎症反应物包裹起来排到阴道。

因此，虽然白带又叫阴道排液，是从阴道排出，但并不是只和阴道有关。白带在女性青春期前一般不会出现。初生儿有白带也是暂时的，是由母亲体内雌激素引起的；女性到达青春期后月经来潮，从此时开始到绝经期，白带的颜色质地、多少、味道都会反映女性的健康状况。女性应对自己的白带情况多加关注和重视。

女性内生殖器的健康问题会通过白带直接反映出来，更应关注一些细节变化。

🍄 细菌性阴道病：白带质匀、稀薄、呈灰白色，可有臭味或鱼腥味。
🍄 外阴阴道念珠菌病：白带增多，呈白色豆渣样或凝乳样。
🍄 滴虫性阴道炎：白带增多，呈黄白稀薄泡沫状。
🍄 宫颈癌：白带呈稀水样、米泔样，但早期更多表现为宫颈接触性出血。出现此种情况建议及时就医。

白带的问题绝对不是用妇科洗液多洗就可以解决的，需要根据不同情况采取有针对性的不同治疗方法。因此，科学家们在植物和菌物方面不断地筛选着更好的天然类治疗药物。

◎生化药理

裂褶菌不仅具有止带作用，本身还具有天然的抗菌、保湿、抗过敏、抗衰老、抗病毒、提高免疫、抗氧化、祛痰、抗肿瘤等作用，是少有的可以兼顾白带产生多方面原因的天然止带药。

🥣 中药药性

裂褶菌在中医中的应用时间并不长，最早的文字记载也只能追溯到改革开放之后才编著的《新华本草纲要》，书中认为裂褶菌："味甘性平，入肾经，补肾益精，用于肾气不足、阳痿早泄、月经量少。"《中华本草》则认为裂褶菌（树花）："入脾经，可滋补强身、止带，主治体虚气弱、带下等。"因此，裂褶菌可同入脾肾二经，既可补先天之气，又可补后天之本。在有些地区，民间有用裂褶菌与鸡蛋一起煮汤促进乳汁分泌的习惯，也常用于女性止带。

🍄 文化溯源

在我国云南、陕西等地的民间，人们会将裂褶菌作为一种优质食材采回去烹饪。但其他地方所产的裂褶菌普遍个头小且肉质粗糙，基本没有人将其作为食物。裂褶菌的食用及药用不止在我国有，在非洲很多地方也有类似习惯。裂褶菌的子实体会长期附着在病树枯木上，平时会将子实体萎缩起来，下雨时又会吸收水分打开扇叶，产生的孢子会因此而暴露在空气中，从而被释放。1815 年，瑞典真菌学之父埃利亚斯·马格努斯·弗里斯（Elias Magnus Fries）就首次描述并给予了裂褶菌使用至今的拉丁名。这是一个很小的属，迄今为止才不过 6 个不同的种，裂褶菌是其中之一。哈佛大学的约翰·雷珀（John Raper）以及同事从 1950 年开始连续研究裂褶菌长达 20 年，他们发现任意两种裂褶菌菌株都可以相互交配，具有极高的适用性。

图 41-3 裂褶菌 *Schizophyllum commune* Fr.

🍄 营养成分

裂褶菌是段木栽培香菇、木耳、毛木耳或银耳时的"杂菌"，其繁殖生长快，数量多，影响比较大，可使木质部产生白色腐朽。研究表明，裂褶菌子实体含有 17 种氨基酸，其中必需氨基酸 7 种，脂肪含量低，属于高蛋白、低脂肪类食品；此外，裂褶菌中还有丰富的矿物质，含量 P ＞ K ＞ Mg ＞ Na ＞ Ca ＞ Fe ＞ Zn ＞ Mn ＞ Cu。

🌿 食药应用

裂褶菌同入脾肾二经，并同补人体先天本源和后天本源，尤其适合虚证。很多女性患有月经不调症以及围绝经期综合征等，这些问题都与虚相关。如月经不调常辨证为脾胃亏虚，而围绝经期综合征常辨证为肾阳虚、肾阴虚或肾阴阳两虚。一个为后天之虚为主，一个为先天之虚为主。因此以裂褶菌为君，同补先天和后天之本。以桑黄为臣，主妇人劳损，既可活血又可止血；以灵芝为臣，健脾胃、安心神，佐裂褶菌强化后天之本的补益。以松萝为佐，平肝邪，去寒热。茯苓为佐，健脾祛湿。大枣为佐，补中益气、养血安神；硫黄菌为佐，补益气血；大红菇为佐，养血逐瘀、祛风除湿；香菇为佐，扶正补虚。银耳为佐，滋补生津。

乌灵参——补气固肾的国宝级中药

Xylaria nigripes（Klotzsch）Cooke

分类地位 子囊菌门 Ascomycota，子囊菌纲 Sordariomycetes，炭角菌目 Xylariales，炭角菌科 Xylariaceae，炭角菌属 *Xylaria*。

别　名 地炭棍、雷震子、乌丽参、乌苓参、燃香棍、鸡㙡香、鸡㙡蛋、鸡㙡胆、鸡茯苓、广茯苓、吊金钟。

形态特征 地上部分子座长 6~12cm，直径 4~8mm，少数分枝，棒状，顶部圆钝，黑色，新鲜时革质，干后硬木栓质。可育部分表面粗糙，不育菌柄约占地上部分长度的 1/5，稍有裂纹。地下部分长 5~10cm，直径可达 4mm，假根状，弯曲，木质。子囊孢子（4~5）μm×（2~3）μm，椭圆形，黑色，厚壁。

图 42-1　黑柄炭角菌（乌灵参）*Xylaria nigripes*（Klotzsch）Cooke

经济价值 药用菌。

生　境 夏秋季生于阔叶林中地上，通常深入地下与白蚁窝相连。

标　本 2019-01-08，采于重庆市重庆城区南川区楠竹山镇楠竹山，标本号 HGASMF01-1397；2019-08-14，采于贵州省遵义市赤水市葫市金沙沟，标本号 HGASMF01-1539，存于贵州省生物研究所真菌标本馆。

图 42-2　黑柄炭角菌（乌灵参）*Xylaria nigripes*（Klotzsch）Cooke 二维码

纵论气虚

我们常说人有三宝：精、气、神。所谓三宝，就是生命的三块基石，所以，每个人都应尽可能地保持精满、气足、神旺。很多人把精解释为精力，把气解释为耐力，把神解释为精神状态。但本质上，精和气都是组成人体的基本元素，精是有形的，如水、骨、肉等；气是无形的，如脾脏的代谢功能、心脏的搏动功能等；神则是精和气二者的活力。可以简单地将"精"描述为营养；"气"则是由"精"转化而来的脏腑、组织乃至生命运动所需要的能量，如肾脏代谢水、内分泌系统分泌各种激素、心脏搏动等需要的动力；"神"则是由"气"转化来的人体各种信息要素，如神经系统掌控人体所需要传递的信息、内分泌系统推动各组织运行所需要传递的信息等。

因此，气几乎覆盖我们所有健康问题，有的是致病因，有的是结果，常见因气引起的疾病辨证有以下几种。

🍄 气虚：就是人体各部分运行所需要的能量不足。

🍄 气滞：就是能量传输通道受阻。

🍄 气逆：就是能量传输方向错误。

🍄 气郁：就是能量传输效率降低。

当我们理解了气是怎样的存在后，可以将气分得更细并进一步理解，如元气、宗气、卫气、营气、正气等。

元气，相当于我们的先天之气，就是从父母身体遗传给我们的生命最开始的能量。生命从精子和卵子结合开始，就通过细胞不断的分裂分化成长为人体，拥有着细胞分化、造血等生命最本质的能力，就是中医元气所描述的内容。宗气，相当于我们的后天之气，就是我们人体从自然界中摄取并通过氧化反应带来的生命能量。营气，相当于我们还没有氧化的后天之气，也是即营养之气。这种能量是含蓄的，运行在我们人体的血液系统中，哪里需要就供应到哪里，最终释放自己的能量，供人体需要。卫气，相当于我们的免疫能力。卫气来源和营气相同，都是从营养物质而来，但功能不同，更活跃。正气，相当于我们的抗病能力。抗病能力和免疫能力还有所区别。免疫能力主要是对抗人体内外环境不稳定因素的，如外环境的细菌病毒和内环境的肿瘤细胞等。但抗病能力则不仅包含了适当的免疫能力，还包含了人体各个组织器官系统的正常运行能力，如代谢能力、运动能力、神经调节能力等。

气按照阴阳还叫进行分类，分为阴气和阳气。阴气主要指的是抑制性能量，阳气主要指促进性能量。人体的各组织功能必须适当，这和促进组织功能的能量有关。能量过足的表现就是功能过盛，能量不足的表现就是功能不足。

气立和神机合起来简称气机；其中，气立是人体对外环境的适应能力，神机是人体内环境自然运行的基本规律；气机就是气在人体内外循环的机制，包括升降出入等。

因此，我们人体内的气只要出现气虚（即不足）、气滞（即气运行受阻）等，就会造成一系列的健康问题。而应对因气而产生的健康问题的方法，一般来讲有补气、益气、理气、行气等。补气，即从外界进补，主要针对气虚；益气是促进人体自身生产气的能力，主要针对气虚；理气，即梳理气的升降出入，让该下的气往下走，该上的气往上走，主要针对气逆；行气即推动气的运行，主要针对气滞。

对于肾气而言，有两个途径产生，一个是先天遗传，用一点少一点；另一个途径是由脾通过运化而补充的。所以，肾气不足一般多采用补气、益气的方法来外源补充、内源化生，同时还需要保护剩余的肾气不流失，即固肾。

人过35岁，肾气就进入了逐步衰退的进程，因此，临床中肾气虚很常见。中医治疗该问题，常用金匮肾气丸、济生肾气丸等药物，用于大多数因为工作强度过大或身体过于虚弱导致的衰老过快、精力不济等问题并不适合，而一些具有补肾气作用的药食两用中药则更为适当，尤其是一些补肾气的药食两用菌物。

◎生化药理

生化药理研究表明乌灵参还具有"提高免疫、健脑、护脑、调经、促进睡眠、促排泄、抗衰老、降血压"等作用。

🥄 中药药性

《中华本草》记载乌灵参"味甘、性平、无毒，入心、肝、胃、膀胱经，可安神、止血、降血压，主治失眠、心悸、吐血、衄血、高血压病、烫伤等"。《四川中药志》（1960年版）则记载称："性平，味甘、淡，无毒；入心、胃、膀胱三经。"刘波在《中国药用真菌》中则称其"性温，味微苦。"陈士瑜等编著的《蕈菌医方集成》则认为乌灵参"味苦、性温，能补气固肾、健脑除湿、镇静安神、通络活血，主治产后失血、跌打损伤、心悸失眠、烧烫伤等症"。在民间实践中，乌灵参不止用于药物，有时还会采集用来食用，鲜品味道较甜。因此，乌灵参在中药药性的辨析方面，应以《中华本草》《四川中药志》等为准，味甘而性平。

🍄 文化溯源

　　乌灵参在 1832 年被德国真菌学家约翰·弗里德里希·克洛奇（Johann Friedrich Klotzsch）首次科学描述并将其命名为 *Sphaeria nigripes*。1883 年，英国真菌学家莫迪凯·丘比特·库克（Mordecai Cubitt Cooke）将其转移到了 *Xylaria* 属（炭角菌属）确定了使用至今的拉丁名。*Xylaria* 属有 114 个不同的种，都和白蚁穴有关，外形也都很相似，但 DNA 不同，乌灵参是其中一种。描述乌灵参的科学家有很多，因此有很多同种异名，如 *Podosordaria nigripes*、*Pseudoxylaria nigripes*、*Xylaria arenicola*、*Xylaria arenicola*、*Xylaria brasiliensis*、*Xylosphaera brasiliensis*、*Xylosphaera nigripes*、*Podosordaria nigripes* 等，一些描述在后期经过分析后实际上都是同一物种。

　　据卯晓岚考证，乌灵参的文字记载最早可追溯到《滇南本草》。互联网上介绍乌灵

图 42-3　黑柄炭角菌（乌灵参）*Xylaria nigripes*（Klotzsch）Cooke

参时，所引用的众多各种本草记载是错误的，常是将茯苓的功能及文献引述内容移花接木给了乌灵参，不足以做参考。乌灵参还出现在一些地方志中，如清代四川的《灌县志》中就记载称："乌苓参，其苗出土易长，根延数丈，结实虚悬空窟中，当雷震时必转动，故谓之雷震子；圆而黑，其内色白；能益气。"

🌱 营养成分

研究表明，黑柄炭角菌的"野生菌核、野生子座、栽培子座及发酵菌丝均含有17种水解氨基酸，其中必需氨基酸7种，氨基酸总量为栽培子座＞发酵菌丝＞野生子座＞野生菌核"。

🌿 食药应用

乌灵参已经被开发成药品在临床中使用，如用乌灵菌粉所制的乌灵胶囊"可用于心肾不交所致的失眠、健忘、心悸心烦、神疲乏力、腰膝酸软等"。乌灵参实际上并不入肾，但又能治疗心肾不交导致的一系列健康问题，其理论依据就在于中医"肝肾同源"说，实践也证明乌灵参的确可以治疗这方面疾病。但问题在于乌灵胶囊是乌灵参单种成分制成的单方药品，在治疗失眠方面适用范围比较窄，因此值得进一步结合中医复方理念进行研究。

《蕈菌医方集成》记录了一些乌灵参的单验方，如用"乌灵参10g、夜合叶根15g，石菖蒲、辰砂草各9g，煎服，每日1剂，治心悸失眠。"

8

第八部分
其他系统

Pleurotus citrinopileatus Singer

榆黄蘑——能抗疲劳的玉皇蘑

分类地位 担子菌门 Basidiomycota，伞菌纲 Agaricomycetes，伞菌目 Agaricales，侧耳科 Pleurotaceae，侧耳属 *Pleurotus*。

别 名 金顶侧耳、金顶蘑、榆黄侧耳、黄平菇、玉皇蘑。

形态特征 菌盖直径 3~12cm，初期扁平球形、漏斗形，成熟后渐平展，中部凹陷，肉质，柔软易烂，柠檬黄色、蜜黄色至鲜黄色，表面光滑，边缘波浪状或稍内卷。菌褶宽 1~1.5mm，延生，稍密，白色带黄色。菌柄长 2~6cm，直径 5~8mm，近中生至偏生，近圆柱形，上下同粗或向上渐细，白色带黄色，基部相连成簇。担孢子（7.5~9）μm×（2.3~2.8）μm，近圆柱形至长椭圆形，光滑，无色，非淀粉质。

图 43-1 榆黄蘑 *Pleurotus citrinopileatus* Singer

经济价值 食用菌、药用菌。

生 境 夏秋季生于榆属等阔叶树木的枯立木、倒木、树桩和原木上，偶尔见生于衰弱的活立木上，丛生。

标 本 2019-09-28，贵州省黔南布依族苗族自治州荔波县漏斗森林尧所村，标本号 HGASMF01-2600，存于贵州省生物研究所真菌标本馆。DNA 序列编号：ON557698。

图 43-2 榆黄蘑 *Pleurotus citrinopileatus* Singer 二维码

纵论过劳

经过大数据调查后报告显示，26~50岁年龄段的被调查者"最疲劳"，且有七成以上的人感觉"非常疲劳"和"经常疲劳"。其中32.67%的人认为"烦"是近期最突出的疲惫感受，31.55%的人感到"四肢乏力、浑身没劲"等。世界卫生组织2019版《国际疾病分类》认为应该把"过劳"当作一种和健康相关的致病因。而"过劳死"一词被医学界正式命名不到15年，但它就像一只猛虎，隐藏在我们身边，伺机而动。

近些年，我国因"过劳"而导致的健康问题不断成为舆论焦点，人们对"过劳"的关注也不断提升。如果你有以下现象，说明你已经处于过劳状态。

> ☂ 下班后感觉筋疲力尽，在回家的路上就开始犯困。
>
> ☂ 对工作产生了厌烦，想逃离工作岗位，频繁如厕，总盼着下班、休假乃至退休。
>
> ☂ 该睡觉时却始终无法入睡，总感觉快到天亮时才睡着，早上起床又很困难。
>
> ☂ 下意识地抵触领导对工作的安排。
>
> ☂ 注意力无法集中，尽最大的努力依然无法和以前一样提高工作效率。
>
> ☂ 脱发、"四高"等亚健康状态接踵而至，身体对一般疾病如感冒的抵抗力下降。
>
> ☂ 懒动，周末只想宅在家里，对各种社交、娱乐活动等都提不起兴趣。
>
> ☂ 性能力下降，记忆力减退，短暂性失忆情况严重，容易情绪激动等。

人，在生物学上属于动物，动物的基本属性就是运动。劳动就属于运动的一种，也就是说只要是劳动，就需要运动，就要依赖肌肉活动。肌肉的活动需要消耗能量。能量由食物提供，食物转化为能量的过程是依靠氧化反应来实现的，因此，又会消耗大量的氧。如果劳动适度，人体需要的氧和供应的氧能够处于平衡状态，劳动就能够维持更长的时间。反之，如果人体需要的氧超过了供应氧的量，则人体就会处于疲劳状态。为了给处于劳动状态的人提供更多的能量，心脏工作会加快，血压会随之明显升高，呼吸次数也会明显增加。

疲劳在中医学中都占据着一个重要地位。中医甚至将其细分为了"五劳""六极"等类别。

五劳：《素问·宣明五气篇》进一步细化说："久视伤血，久卧伤气，久坐伤肉，久立伤骨，久行伤筋。"这句话的意思是指用眼过度会导致视觉疲劳；过度的懒惰会导致身体功能衰退；坐立工作过久，久坐或静坐太久不运动，肌肉会软而不紧形成肥胖；连续站立和走路不休息，会导致肌肉疲劳和酸痛。

六极：指六种极端的损伤，即"筋极、脉极、肉极、气极、骨极、精极"。

当身体极度疲劳或过度劳累时，其免疫力就会大大降低，更容易被病菌入侵。过度劳累还会引起神经和内分泌系统问题，如健忘、失眠、头痛等。

人体之所以疲劳，有三种主要原因。

第一种为缺乏能量物质。身体剧烈运动或长时间不休息，会消耗体内原本积累的大量能量物质，或因能量转换速度跟不上消耗速度，导致人体能量供应不足，身体出现头晕、乏力、嗜睡等一系列疲劳迹象。很多时候，人体可能并不缺宏量营养素，但会缺乏微量营养素，如肥胖者，就好比汽车虽然不缺汽油燃料，但零件之间的润滑油不够，也会运转不良甚至会伤害到车的健康。

第二种为疲劳代谢产物堆积。在能量大量消耗的过程中，部分糖原会被转入到无氧代谢中供能，从而产生乳酸、丙酮酸等代谢副产物，同时人体会加强对蛋白质的分解代谢，这个过程会导致血液中尿素含量增加。如果身体没有及时清除这些代谢物，就会产生疲劳感。

第三种为中枢神经抑制。在本书的黄伞部分有论述到关于神经元细胞通过放电来传递信号时所需要的 ATP 物质的相关内容。ATP 的不足会导致人体疲惫。另外人体能量大量消耗的另一个影响是产生多种致疲劳性神经递质，中枢神经系统接收到这些物质信号后，会激活人体自我保护机制，就会产生疲劳感。

日常生活中，茶与咖啡普遍被用来解除疲惫状态，因其含有咖啡因，能刺激心脏，并促相关激素分泌，产生抗疲劳作用。但众所周知，咖啡因是一种兴奋剂，摄入后虽然解除疲劳感觉但有时会掩盖人体的健康问题，长期积累下可能会引发一些疾病。因此科学家们希望可以在植物和菌物中找到一些更好、更安全健康的抗疲劳替代品。

◎生化药理

实验研究发现榆黄蘑可以介入到人体抗疲劳生理机制过程，加强抗疲劳生理调节功能，因此，榆黄蘑可以开发为很好的抗疲劳食品或药品，且不含任何激素或兴奋剂。

生化药理研究证明榆黄蘑还具有降血脂、降血糖、降血压、增强免疫、促代谢、抗肿瘤等作用。

🥣 中药药性

　　《中华本草》记载榆黄蘑：“味甘性温，入脾、肺经，能滋补强壮、止痢，主治虚弱萎症、肺气肿、痢疾。”《蕈菌医方集成》记载榆黄蘑“能润肺生津、补益肝肾充盈精血、濡养肌肉、疏通筋络”，还列出了 3 个单验方，如用榆黄蘑烘干研成粉末可治疗痢疾等。

🍄 文化溯源

　　榆黄蘑不止在我国东北地区，在俄罗斯西伯利亚地区也是区域性传统美食之一，现在已经成为世界性主要食用菌。

图 43–3　榆黄蘑 *Pleurotus citrinopileatus* Singer

287

1942 年，美国真菌学家罗尔夫·辛格（Rolf Singer）首次描述榆黄蘑并将其命名为至今仍在使用的拉丁名 *Pleurotus citrinopileatus*。*Pleurotus* 是侧耳属，citrino 的意思是"柠檬色"，而 pileatus 的意思是"加盖的"，合并译作"金顶侧耳"。在英语中叫 golden oyster mushroom（金牡蛎菇），在日本发音为 tamogitake，在丹麦叫 gul østershat，在瑞典叫 citronmussling。

营养成分

　　榆黄蘑外形高贵典雅，色泽亮丽，含蛋白质、氨基酸、维生素 E、β- 胡萝卜素、镁、铁、锌、硒等营养成分，其基本营养成分占比详见图 43-4。

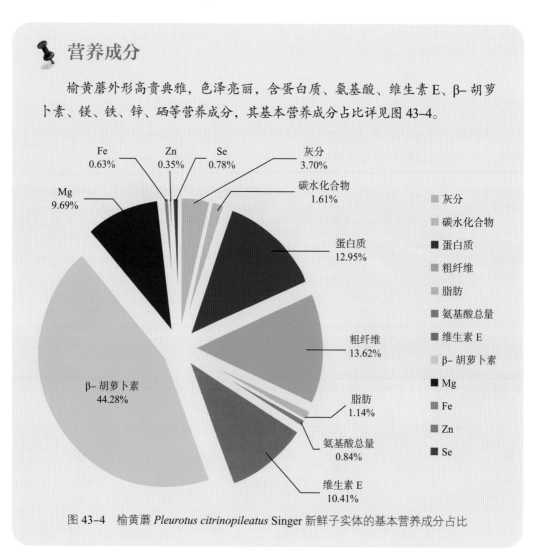

图 43-4　榆黄蘑 *Pleurotus citrinopileatus* Singer 新鲜子实体的基本营养成分占比

食药应用

　　中医对疲劳的认识主要集中在脏腑，有脾伤疲劳证、肝伤疲劳证、肾伤疲劳证、心伤疲劳证、肺伤疲劳证等。对于疲劳综合征这种亚健康的调理，多集中在五脏调理方面。因此，可以桦褐孔菌为君，利五脏、调运化、益气血。以榆黄蘑为臣，滋补强

图 43-5　榆黄蘑 *Pleurotus citrinopileatus* Singer

壮；以黑牛肝菌为臣，补肾壮骨。以黑虎掌菌为佐，舒筋活血、益气补气；以紫丁香蘑为佐，祛风清热、通络除湿；以蝉花为佐，疏散风热；以茯神为佐，安心定神。全方以桦褐为首，全面调理五脏，并辅以其他各菌，分别强健骨、肉、气、血、筋、脉、神，再除风、湿、热等外邪，从而起到抗疲劳之作用。

Ramaria botrytoides（Peck）Corner

珊瑚菌——抗衰老的陆地珊瑚

分类地位 担子菌门 Basidiomycota，蘑菇纲 Agaricomycetes，钉菇目 Gomphales，钉菇科 Gomphaceae，珊瑚菌属 *Ramaria*。

别　名 扫帚菌、鸡爪菌、红顶珊瑚菌。

形态特征 子实体大型，高 6~9cm，基部主枝直立，白色，较短，圆柱状或长柱状，由基部向上分叉，中上部经多次分枝，肉色至粉玫瑰色，压破或受伤后变褐色，顶端蔷薇红色，指状簇，老熟后呈肉褐色。菌肉淡粉色至肉桂红色。孢子印锈褐色。担子（42~63）μm×（8~8.8）μm，棒状，具 4 个担子小梗。孢子（7.3~10.5）μm×（3.5~4.8）μm，长型，无色至淡黄色。

图 44-1　红顶枝瑚菌 *Ramaria botrytoides*（Peck）Corner

经济价值 食用菌，药用菌。

生　境 夏秋季生于阔叶林地上，少数腐生于树木或残体上，群生或丛生。

标　本 2020-09-12，采于贵州省毕节市威宁彝族回族苗族自治县靠近大石桩，标本号 HGASMF01-10316，存于贵州省生物研究所真菌标本馆。

图 44-2　红顶枝瑚菌 *Ramaria botrytoides*（Peck）Corner 二维码

纵论衰老

衰老，是所有生命演化必经的过程。但并不是每个生命都能够活到自然生命的极限，在这个过程中威胁人类生命最大的风险因素是疾病。所以，现在抗衰老最主要的研究方向是把衰老当作一种疾病综合征。也就是说，通过减少和年龄相关的病理，尽可能让生命走向更远，是目前科学水平所能够想到和做到的有效抗衰老之路。所谓抗衰老疗法或产品在目前的科学水平上并不是能够突破自然年龄限制的长生不老药，本质上只是对各种老年疾病的预防性治疗而已。

那么，哪些疾病的产生象征着我们的身体正在衰老？

🍄 阿兹海默症。

🍄 帕金森病。

🍄 动脉粥样硬化。

🍄 造血和骨骼肌干细胞功能丧失。

🍄 肺纤维化。

🍄 骨关节炎。

🍄 骨质疏松症。

🍄 神经退行性疾病。

🍄 Ⅱ型糖尿病。

🍄 黄斑变性。

🍄 心血管功能障碍（包括化疗引起的心血管问题）。

我们人类最初始不过是由一个卵子和一个精子结合后形成的胚胎，逐渐通过细胞分裂、分化发展而来。分裂过程是一个母细胞分裂成两个和母细胞完全相同的细胞。所谓分化，简单理解就是由一种相同的细胞在分裂后变成了另外一种细胞的过程。就像是同样的父母生出了多个孩子，但这些孩子和父母已经完全不同。我们人体初始细胞很少，所以很多后期发展的细胞都是由这些初始细胞变成的，这个过程就是分化。

但无论是分裂还是分化，都受到细胞最核心处 DNA 的控制。细胞分裂时 DNA 存在的特定形式即染色体。染色体的两端在染色时会出现和其他部位颜色不同的类似帽子一样的结构，被命名为端粒。端粒具有维护染色体的完整性以及控制细胞分裂周期的重要作用。细胞每分裂一次，端粒就会变短一些。科学家研究发现，端粒在短到一定程度后，会导致端粒控制细胞分裂周期的功能失调，从而引发持续的 DNA 损伤反应，进一步就会抑制细胞的分裂。衰老的细胞不再分裂分化，新的细胞无法诞生，这就意味着生命的结束。通过研究发现端粒而获得了诺贝尔医学奖的 3 位科学家得出了人类的自然生命限制约为 120 岁的结论。

目前，科学家还没有办法做到保护端粒在细胞分裂时不再变短，也就无法通过保护端粒来突破人类自然生命限制。能够让生命走到理论极限的人少之又少，绝大多数人的衰老和端粒也没有太大关系，而是和各种与年龄相关的疾病有关。这些疾病又和环境、饮食、自由基、免疫衰老等有关。

我们身处的复杂自然环境会无时无刻地对我们的身体进行攻击。我们要抵抗包括紫外线、细菌、病毒、化学物质等各种各样物质的侵害，就需要缩短细胞分裂分化周期，加快人体的新陈代谢，这会让我们以更快的速度进入衰老期，从而加快了我们生命缩短的速度，降低了我们的生命上限。

无数科学家通过详尽的论证确认，饮食是影响我们健康最重要的因素之一。因此，科学的饮食结构能够减少很多疾病产生。而不适合的饮食必然会对健康造成更多的损伤，使身体快速进入衰老期。

免疫衰老，指年老的细胞和组织中炎症标记物的水平常常更高，会引起低级、无菌和慢性的炎症反应，是一种生命现象。这种炎症反应和人体因免受感染和伤害而引发的急性、短期的炎症截然不同。免疫衰老会引起癌症、Ⅱ型糖尿病、心脑血管疾病、神经退行性病变以及身体虚弱等问题，这些问题都会导致身体快速进入衰老期。

自由基，化学上也称为"游离基"。我们的世界可以看作由原子组成。每一个原子都相当于一个太阳系，这个原子的电子就类似围绕太阳旋转的地球等行星。如果这个原子缺失一个电子，会导致整个体系不稳定，因此它们会就近掠夺电子。自由基就是这个缺乏了电子后已经不稳定的原子，这种原子会就近掠夺人体细胞的电子。这种掠夺就是一种攻击行为，会导致各种健康问题。自由基的产生有内外两种因素。外部因素包括辐射等对我们人体的攻击；在人体内部，我们摄入营养物质后，会通过一系列的生物化学过程，将大分子变成小分子，最后才将其吸收，这个代谢过程会产生自由基。自由基的存在不全是坏事，我们生下来身体就含有自由基，它们还有助于我们人体的功能运转。但如果自由基过多或人体通过抗氧化作用清除自由基过慢，就会攻击并损坏我们的细胞，是引起身体衰老的主要原因之一。

自由基与身体之间的关系就像火与人类的关系一样。人类在掌握了使用火的能力后，由此发明出了各种使用火的技能或工具，但是这一切都建立在我们将火控制在可控范围内的前提下。一旦火势大到无法控制，反而会带来毁灭。

科学家们一方面在不断地研究衰老机制，一方面又在不断地开发出各种抗衰老治疗的方法和产品。目前主流的产品有二甲双胍、雷帕霉素类似物、Senolytics、沉默调节蛋白激活化合物（STACs）、NAD$^+$前体等。二甲双胍是治疗糖尿病的常用药物，但科学家发现它也会靶向几个衰老机制分子，有可能在二甲双胍的基础上开发出更全面的抗衰药物。雷帕霉素类似物如依维莫司在临床常被用作实质器官移植的免疫抑制剂，用于免疫衰老有一定的效果。Senolytics主要用于清除人体的衰老细胞，但有效性还没有得到验证。STACs主要用于提高沉默调节蛋白的活性，延长自然生命周期，临床试验还在进行中。NAD$^+$前体用于补充因年龄原因引起的细胞内NAD$^+$水平的降低，但有效性还没有得到验证。

科学家们还在孜孜不倦地试图搞清楚衰老的本质并开发出真正有效的抗衰老产品。菌物被誉为是人类最后一个有机分子库，正是科学家们研究的主要目标之一，其中珊瑚菌就是佼佼者。

珊瑚菌科各属含有不少别具风味的品种分类，像葡萄状枝瑚菌、葡萄状珊瑚菌、红顶枝瑚菌等。珊瑚菌主要的作用就是其强大的抗氧化能力，直接作用在自由基，或间接消耗掉容易生成自由基的物质，阻止进一步反应的发生。

研究证明，人体的抗氧化系统是一个具有完善和复杂功能的、与免疫系统相似的系统。抗氧化能力越强，机体就越健康，生命也越长。抗氧化物质有自身合成和由食物供给两条途径。酶和非酶抗氧化物质在由运动引起的过氧化损伤中都起到至关重要的作用。补充抗氧化物质，增强抗氧化作用，可以使机体加速清除自由基或减少自由基产生，抵消自由基的副作用，对一般人和运动员的健康都有利。

◎生化药理

菌物中能够发挥抗氧化作用的物质除了多糖、多酚，还有甾体皂苷类、酚酸类物质。研究发现，红顶枝瑚菌的各部分多糖多酚的抗氧化活性强弱为：子实体多酚＞菌丝体多酚＞菌丝体多糖＞子实体多糖。红顶枝瑚菌多糖对羟自由基清除能力研究的结果表明：多糖质量浓度为 5mg/mL 时对羟自由基的清除率为 34.99%，清除率随着多糖质量浓度的升高而逐渐上升，珊瑚菌清除自由基的能力突出，对有抗衰老需求的人而言，具有一定的食用及药用价值。

🍵 中药药性

中医认为"珊瑚菌味甘性平，入心、肝、胃经，具有和胃理气、祛风、破血缓中等作用，主治胃气不舒、纳少胀痛，多食令人气凝、少者舒气"。从中医的论述中我们可以看到，珊瑚菌虽然有很好的和胃作用，但不能多吃，不能做君药，只能做辅药。

🍄 文化溯源

珊瑚菌因形似珊瑚而得名，红顶枝瑚菌就是其中之一。本书第六部分描述了黄枝瑚菌。红顶枝瑚菌在 1905 年由美国真菌学家查尔斯·霍顿·派克（Charles Horton Peck）首先描述并命名为 *Clavaria botrytoides*，1950 年英国真菌学家埃尔德雷德·约翰·亨利·科纳（Eldred John Henry Corner，E.J.H. Corner）将其转移到 *Ramaria* 属（丛枝菌属），有了现在国际通用的拉丁名 *Ramaria botrytoides*（Peck）Corner。

图 44-3　红顶枝瑚菌 *Ramaria botrytoides*（Peck）Corner

营养成分

　　珊瑚菌形秀色美、鲜甜爽口、营养丰富，被称为"陆地珊瑚"。野生珊瑚菌是一种低脂、高蛋白，多种矿物质的食用菌，具有较高的营养价值。珊瑚菌新鲜子实体含水率为 92.75%，其他成分见图 44-4、图 44-5。其他组分中粗蛋白占比 42.34%、灰分 15.56%、粗多糖 27.06%、粗纤维 10.01%、粗脂肪 5.01% 以及 17 种氨基酸，其中必需氨基酸占氨基酸总量的 35.41%。必需氨基酸组成接近 FAO/WHO 模式，其营养价值接近人体所需营养水平，是一种优质的蛋白源。

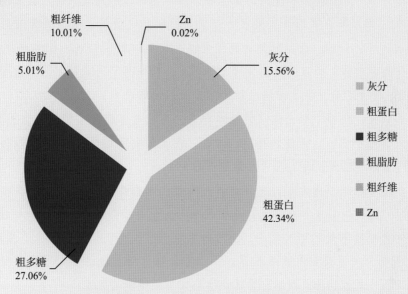

图 44-4　红顶枝瑚菌 *Ramaria botrytoides*（Peck）Corner 基本营养成分占比

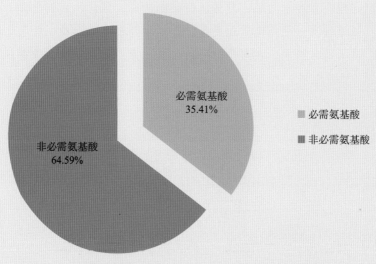

图 44-5　红顶枝瑚菌 *Ramaria botrytoides*（Peck）Corner 氨基酸占比

🌿 食药应用

早期，中医认为肾乃生命之本；到明清时期，中医则将肾与脾并列，认为肾乃先天之本，脾乃后天之本。而衰老是人体自然的规律，份属先天。因此以肾为本，以补肾药为君，是配伍的基调。肝气郁结是常见疾病和衰老加速的诱因。中医认为，肝藏血，属木，主疏泄，所以，肝气郁结无法及时疏泄，就容易导致气血循环不畅。而脾生血、统血，属土，主运化。脾的功能不强化，则运化功能会减弱，从而导致推动气血循环的动力不足。从生血和藏血的角度看，脾可生血，肝可吸收脾所生养出来的血，并储藏起来，而如果肝气郁结，藏血功能受到抑制，则会反过来抑制脾的生血功能。加上中医认为肝肾一体。所以肝脾的调理同样是抗衰的重要补充。另外，心主血，肺主气，气又为血之帅，所以，气血方面的调理，心肺同样不可或缺。从以上分析可知，气血的调理，需要以肾为主，脾肝心肺为辅，五脏同调。

中医还认为，阴平阳秘是健康的基本标志，无论身体有什么样的健康问题，如果能够促使人体阴平阳秘，则健康可期。所以，在抗衰调理过程中，除肝肾脾以及心肺等五脏对气血的调理外，还应强化人体阴阳的平衡。

因此抗衰可以黑松露为君，主要是通过养护先天之本肾经，延缓生命本源的不断流失。同时，通过阿胶来补血、大红菇相佐来养血，黑松露温和益气、金耳温和调气，本节介绍的珊瑚菌则起到理气作用；通过蛹虫草调节人体阴阳平衡，再以桦褐孔菌来统合五脏调理，且有猴头菇健脾养胃，加上黑松露宣肠之能，可通宿便且安神助眠，阿胶与金耳还可通过润肺来润肤，帮助女性全方位延缓衰老进程。

珊瑚菌具有理气、舒气、气凝以及破血等作用。理气，针对的是胃功能紊乱，可以梳理胃功能。珊瑚菌可入心经、肝经，有破血功能，因此，有脑出血、肝硬化病史的人应慎用。所谓破血，就是比活血更强，能够破开血瘀的功能。肝硬化晚期常会胃底静脉曲张，有大出血倾向，在治疗时一般应加凉血、止血药物，像香菇、珊瑚菌等有破血功能的药物应禁用。

因此，日常生活中，除禁忌人群以外，可以将珊瑚菌当作一种食材辅料常吃，不仅和胃理气祛风，还能推动气血运行。

Tricholoma matsutake（S. Ito & s. Imai）Singer

松茸——能抗辐射的菌中之王

分类地位 担子菌门 Basidiomycota，层菌纲 Hymenomycetes，蘑菇目 Agaricales，口蘑科 Tricholomataceae，口蘑属 *Tricholoma*。

别　名 松口蘑、松蘑、鸡丝菌、松菌、松树蘑、大花菌、大脚菇、青岗菌等。

形态特征 菌盖直径 6~25cm，早期近球形，后扁半球形至平展，表面黄褐色至栗褐色，被黄褐色至暗褐色鳞片，中央突起，边缘内卷。菌肉厚实，致密，初白色，后淡褐色，有浓香味。菌褶弯生，不等长，白色褐色，稠密。菌柄长 10~20cm，直径 1.5~3cm，上下等粗，圆柱形，黄褐色至栗褐色，被深褐色至淡褐色鳞片。菌环上位，纤维状。担孢子（6.5~7.5）μm×（5.5~6.5）μm，宽椭圆形，无色，光滑。

经济价值 食用菌，药用菌。

生　境 秋冬季生于华山松、云南松、赤松、黑松及樟子松等松林中地上，单生或群生，与松属、栎类等共生树种形成外生菌根。

图 45-1　松茸 *Tricholoma matsutake*（S. Ito& s. Imai）Singer

标　本 2021-05-23，采购于云南省昆明市五华区木水花市场，标本号 HGASMF01-16471，存于贵州省生物研究所真菌标本馆。DNA 序列编号：ON557684。

图 45-2　松茸 *Tricholoma matsutake*（S. Ito& s. Imai）Singer 二维码

纵论辐射

辐射，看不见摸不着，又无处不在。第二次世界大战时美国投放到日本的原子弹让人类第一次具体感知辐射危害，因此，人们往往下意识地把各种辐射等同于核辐射来看待。其实，现在的地球已经可以被看作是一个被各种辐射包围的星球。现代人更是因为手机等电子产品而随身携带着辐射源及辐射场。为了明确辐射对人体的影响，世界卫生组织曾在 2012 年提出了电磁辐射健康风险评估倡议，但至今依然处于停滞状态。至今，辐射对健康的影响仍众说纷纭，包括以下几种。

- 🍄 手机辐射等所有辐射对人体健康都有害，应尽量远离这些辐射，尤其是对孕妇和儿童而言。
- 🍄 没有可以信服的证据证明电磁场对健康一定产生有害的效应。
- 🍄 即使辐射和某种疾病之间存在一定的关系，但并不能说明辐射会导致这种疾病。
- 🍄 如果没有发现某种效应，要么真的没有这种效应，要么就是该效应在我们目前有限的观测方法下无法检查。
- 🍄 在现代社会中，现有证据不足以证明辐射存在有害效应，相反，越来越迫切的需求证明不存在辐射有有害影响的证据。

一说到辐射，大家想到的就是原子弹爆炸、X 光照射、核电站泄漏、手机等。其实，辐射是一种能量存在的形式，是物质发射出来的波或粒子，其含义远超我们一般人的认知。现代人的日常生活已经和辐射密不可分。辐射通常分为电离辐射和非电离辐射两种，电离辐射已经可以确定对健康产生较大影响，如医院的放射检查、工业使用的各种加速器和放射源等。有争议的则是更为常见非电离辐射，如微波炉、wifi、手机、通信基站、雷达等产生的辐射。

电离辐射因携带有足够的能量，在照射人体后，就像击打高尔夫球、踢足球一样靠冲击力将细胞中的电子从原子中击飞，有机物质的化学键就会被破坏，直接造成细胞损伤或死亡的结果。机体组织自然会产生如代谢紊乱、功能失调、病理形态改变等一系列生化变化，伤害严重的可导致机体死亡。另外，电离辐射还会进一步诱发肿瘤、影响生殖能力、破坏中枢神经等。孕期妇女如果长期暴露于电离辐射环境中，则有可能导致胎儿畸形、流产、宫外孕、幼儿低智等，甚至胚胎死亡。

非电离辐射又叫射频辐射，对人体健康的影响是科学家们的主要研究方向。有部分科学家认为，射频辐射和电离辐射最主要的区别是携带的能量大小不同。电离辐射产生的能量是射频辐射能量的 10 亿倍以上。因此，没有足够的能量破坏人体有机质化学键，射频辐射也就不会对人体健康造成伤害。美国国家癌症研究所提出："目前，没有足够的证据证明非电离辐射会增加人类患癌症的风险，射频辐射对人类产生的加热生物效应是唯一公认的。"但有科学家在针对具体健康问题的研究中发现，手机射频会对精子质量产生负面影响、会影响人们工作的记忆以及思维反应的时间等。在癌症影响方面，2011 年，国际癌症研究机构（IARC）对射频电磁场的致癌性进行了评估，认为其对人类可能有致癌作用，但没有足够的证据。这项研究仍在进行中，具体的科学结论还需要等待世卫组织最终的报告。同时，一些理论科学家对非电离辐射携带的能量与人体健康关系也很感兴趣。他们认为非电离辐射携带的能量虽然一次性不足以破坏有机质化学键，但多次或长期累积后的结果也许会产生类似破坏。科学家还对综合辐射的影响感兴趣，比如，某一个辐射源的辐射能量可能不足，但生活中辐射源非常多，多种辐射源共同作用则有可能使人体的年获取量达到照 1/7 次 CT 的量，这足以引起人们对辐射危害的警惕。

但无论结果如何，人类现代生活已经无法离开这些不断释放辐射的电子产品。因此，抗辐射药品、食品甚至衣物、日化品等都已进入科学家们的研究日程。而研究对象无例外地多定向在了植物或菌物上。

◎生化药理

松茸之所以引起人们在抗辐射方面的注意，还是源于二战末期在日本的原子弹爆炸事件。据说，松茸是率先在爆炸地区生长的生物。科学家们对松茸的抗辐射能力进行了研究，结果表明松茸多糖能够从调节氧化－还原平衡系统、增强机体免疫功能、保护造血系统三方面拮抗辐射对机体的损伤。

生化药理表明松茸还可以"提高免疫、抗肿瘤、抗突变、抗氧化、抗衰老、降血糖、降血脂、促消化、保肝护肝"等。

🥣 中药药性

《中华本草》记载"松茸味甘、性平、气香，入肝、脾、肺、膀胱等经，能益肠胃、理气止痛、化痰，可舒筋活络、利湿别浊，主治腰腿疼痛、筋络不舒、痰多气短、手足麻木、小便淋浊等"。推断可知，松茸具有抗衰老之能，说明松茸具有补精作用；松茸具有抗辐射之能，说明松茸具有扶正补虚作用；松茸气香，还应具有开窍作用等。

🍄 文化溯源

　　松茸在中日韩都有悠久的食用历史。松茸因为气味独特在日本比在欧美国家更受欢迎，是世界上最昂贵的蘑菇之一。在公元 8 世纪也就是日本奈良时期，《万叶集》成书，这本书在日本的地位相当于《诗经》在中国的地位。这本诗集就记录了松茸在日本的食用故事。此后 1000 多年，松茸经常会被日本贵族和皇室作为礼品赠送给贵客和友人。在中国，宋哲宗元祐年间唐慎微编著的《经史证类备急本草》是松茸的最早文字记载，名松蕈，由日本人小林义雄考证松蕈即松茸。后来，在《菌谱》《本草纲目》等书中陆续出现。韩国也是具代表性的松茸产区之一，韩国江原道襄阳郡就有一个"松茸节"。

　　因此，松茸的拉丁文以及英文名都来自日本，在日本松茸叫 matsutake，意思是日本红松树上采集的蘑菇。日本红松叫做 aka-matsu，take 的意思是采集。1784 年，瑞典博物学家桑伯格（Thunberg）在文学作品中首次提到松茸。1849 年，瑞典的真菌学家埃利亚斯·弗里斯（Elias Fries）首次科学描述松茸并将其命名为 *Agaricus focalis* var. *goliath*，即一种蘑菇变种。1905 年，挪威真菌学家阿克塞尔·古德布兰德·布莱

图 45-3　松茸 *Tricholoma matsutake*（S. Ito& s. Imai）Singer

特（Axel Gudbrand Blytt）描述了一种蘑菇并将其命名为 *Armillaria nauseosa*，其中 *nauseosa* 意思是恶心的、让人不愉快的。这种蘑菇后来被证实正是松茸。1925 年，日本的伊藤星矢（seiya ito）和三石今井（sanshi imai）在不知道挪威人对这个物种的描述的情况下，描述了同一种蘑菇并将其命名为 *Armillaria matsutake*，即松茸。1943 年，美国罗尔夫·辛格（rolf singer）将松茸转移到 *Tricholoma* 属。1988 年，芬兰真菌学家伊尔卡·基托沃里（ilkka kytövuori）认为布莱特所命名蘑菇和伊藤星矢所描述的松茸是同一物种，但没有引起学界重视。直到 2000 年，瑞典真菌学家尼古拉斯·贝吉乌斯（Niclas Bergius）和埃里克·达内尔（Eric Danell）对这两者进行了 DNA 测序，对基托沃里的成果进行了确认。后来还发生了一件非常有意思的事情，因为布莱特比伊藤星矢等描述并命名的更早，学术界开始争论到底是用 *T. nauseosa* 还是 *T. matsutake*。只因 *nauseosa* 的意思是恶心，所以，2002 年得到命名委员会确认的是日本命名的 *T. matsutake*。最终，两位日本学者的名字以及美国学者辛格的名字被同时写入了拉丁名。

营养成分

　　松茸是一种纯天然的珍稀名贵食用菌类，含有丰富的蛋白质、不饱和脂肪酸、氨基酸、核酸衍生物以及 1- 辛烯 -3- 醇（松茸醇）、2- 辛烯醇（异松茸醇）、桂皮酸甲酯、麦角甾醇、抗毒嘧啶等营养及功能活性成分，还含有钾、铁、锌、钙、镁等微量元素和纤维素。松茸不仅有较高的营养价值，味道鲜美，还有对人体健康有益的保健及药用价值，享有"菌中之王"的美称，许多国家已将其列为国宴上的珍馐用来招待贵宾。松茸新鲜子实体含水率为 76.43%，其他成分占比详见图 45-4。

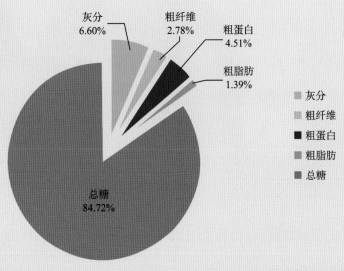

图 45-4　松茸 *Tricholoma matsutake*（S. Ito& s. Imai）Singer 的基本营养成分占比

🌿 食药应用

现代人无时无刻不生活在辐射之中，有中医专家将这种新型外邪和其他六淫并列。这种外邪对人体最主要的作用是破坏人体的阴阳平衡并损伤人体的营卫之气和先天本源。因此，按照中医理论，可以蛹虫草或冬虫夏草为君，补精髓并平衡人体阴阳。以松茸为臣，扶正补虚以抗辐射。裂褶菌为臣，同补先天和后天之本源。一君二臣，小方制成茶，常服以抗辐射伤害。

图 45-5　松茸 *Tricholoma matsutake*（S. Ito& s. Imai）Singer

Cantharellus cibarius Fr.

分类地位 担子菌门 Basidiomycota，蘑菇纲 Agaricomycetes，鸡油菌目 Cantharellales，鸡油菌科 Cantharellaceae，鸡油菌属 *Cantharellus*。

别　名 鸡蛋黄菌、黄菌、杏菌。

形态特征 子实体高 4~12cm，肉质，喇叭形，鲜杏黄色至蛋黄色。菌盖直径 3~10cm，初期扁平，后下凹，平滑，湿时略黏，边缘波状，有时瓣裂，内卷。菌肉厚 2~4mm，近白色至蛋黄色，有杏仁味。菌褶延生，狭窄而稀疏，分叉或相互交织，呈棱褶状。菌柄长 2~8cm，直径 0.8~2cm，向下渐细，杏黄色，光滑，实心。担孢子（7~10）μm×（5~6.5）μm，椭圆形，透明光滑。

图 46-1　鸡油菌 *Cantharellus cibarius* Fr.

经济价值 食用菌、药用菌。

生　境 夏、秋季生长在林中地上，散生至群生，可与云杉、铁杉、栎、栗、山毛榉、鹅耳枥等形成外生菌根。

标　本 2019-08-13，采于贵州省遵义市习水县大坡镇大坡村摇平头，标本号 HGASMF01-1400；2020-09-12，贵州省毕节市威宁彝族回族苗族自治县靠近双包水塘，标本号 HGASMF01-10184，存于贵州省生物研究所真菌标本馆。

图 46-2　鸡油菌 *Cantharellus cibarius* Fr. 二维码

鸡油菌——保护眼睛的世界四大名菌之一

纵论眼疾

眼睛被誉为心灵的窗户，是感知世界获取知识的五官之首，眼睛的对视与交流开启人与人交流。古有"两脸夭桃从镜发，一眸春水照人寒"，"瞬美目以流眄，含言笑而不分"的说法；今有"黑夜给了我黑色的眼睛，我却用它来寻找光明"的佳句。眼睛作为人体最重要的感觉器官，也是反映全身健康的"前哨"。因年龄渐长、基因遗传、慢性疾病等内部因素，以及工作压力、用眼不当、环境变化等外界因素的影响，眼睛一直都处于危险状态。而且很多眼部疾病如糖尿病视网膜病变等都有致盲的风险。永远的黑暗，没有人想要面对。

尤其是我国的青少年，眼睛健康堪忧，因此，家长应格外重视孩子们的眼睛健康。眼部的疾病主要包括以下几种。

- 🍄 近视：高度近视可以造成基因改变，具有遗传倾向。
- 🍄 散光：因不良习惯导致的角膜形状改变，具有遗传倾向。
- 🍄 弱视：好发于0~6岁儿童，因屈光不正等原因形成的视觉剥夺，具有遗传倾向。
- 🍄 斜视：眼外肌协调异常导致双眼不能同时注视同一物体，常伴有视疲劳、眼痛、头痛、眼红、眼干涩等，具有遗传倾向。
- 🍄 结膜病：结膜病根据诱因可以分为病毒性、细菌性、免疫性、衣原体性结膜炎以及结膜肿瘤等。其中人们较为熟知的沙眼是由沙眼衣原体感染所引起的慢性结膜炎。
- 🍄 角膜病：主要由病毒、细菌、真菌感染引起，可以分为病毒性、细菌性、真菌性角膜炎，以及圆锥角膜、角膜肿瘤、角膜营养不良等。
- 🍄 视网膜病：是视网膜病变，可导致视力丧失，甚至失明。
- 🍄 青光眼：因眼压过高引起，具有发病迅速、危害性大、随时可导致失明特征的一种眼病。
- 🍄 其他类型的疾病：晶状体疾病、葡萄膜炎、玻璃体疾病、夜盲症、视神经疾病、眼底出血、巩膜病等。

人眼是人体最复杂的感觉器官。从肌肉、组织到神经和血管，人眼的每一部分都负责某种活动，如视觉、颜色的区分（人类的眼睛可以区分大约1万~12万种颜色）和维持人体的生物钟。此外，与人们普遍认为的相反，眼睛并不是完美的球形。实际上，它是两个分开的部分融合在一起，即几块肌肉和组织聚在一起，形成的一个大致的球形结构。

从解剖学的角度来看，人眼大致可分为外部结构和内部结构。

眼睛的外部结构包括：巩膜，由致密的结缔组织组成，俗称"眼白"；结膜，排列在巩膜上，由复层鳞状上皮组成，使我们的眼睛保持湿润和清澈，并通过分泌黏液和眼泪来提供润滑；角膜，使我们眼睛的透明、前部覆盖瞳孔、虹膜、前房，主要作用是形成透镜折射光线；虹膜，是眼部有色部分，从外部可见，是血管膜的最前部，呈环状，分布有色素细胞、血管和肌肉，主要作用是根据光线强度来控制瞳孔的直径；瞳孔，位于虹膜中心的小光圈，允许光线进入并聚焦在视网膜上。

眼睛的内部结构包括：类似于透明双凸透镜的晶状体，由韧带牵附在睫状体上，与角膜一起折射光线聚焦在视网膜上；视网膜是眼睛的最内层，就像照相机的胶卷一样，存在的神经节细胞、双极细胞和感光细胞能够将图像转换为神经电脉冲，以供大脑进行视觉感知；视神经位于眼睛的后部，能够将所有神经冲动从视网膜传送到人脑以进行感知；房水是存在于角膜和晶状体之间的水状液体，有助于角膜成形，滋养眼睛并使其保持膨胀；玻璃体是一种透明的胶状物质，含有99%的水分、蛋白质等，存在于晶状体和视网膜之间，具有保护眼睛并维持其球形的功能。

照相机就是按照人眼结构来设计的。当我们看东西时，我们的眼睛是在接收外界的光线，这些光线通过角膜、房水，进入瞳孔，再穿过晶状体进行折射，最后聚焦在视网膜上。视网膜上有大量的感光细胞，会将这些光转化为神经传递信号，被神经细胞一层层传递给大脑，大脑再经过转化处理形成图像和影像。这个过程中焦距的调节是靠睫状肌来实现的。因此，用眼睛看东西，尽可能不要让睫状肌过于疲劳，应不时地放松眼睛，使睫状肌得到休息。

现代社会光污染极为严重，少年儿童从小就开始接触手机、游戏等，不仅早早地造成了屈光问题，也容易引起基因变化，导致视力遗传。有专家就在不断呼吁保护青少年的视力，否则中华民族可能会变成一个先天近视民族。

眼部一旦有了疾病一定要选择好的治疗方法，除了常规手术外，辅助调理也是非常重要的。比如一旦出现白内障，目前最好的解决方法就是尽快做手术，但是做完手术之后过几年眼睛又会慢慢地模糊，往往需要术前和术后进行相应的辅助治疗。因此在平时生活中，眼部疾病除了正规的手术、药物治疗外，我们首先能做的就是多加注意眼部健康，其次可以通过茶饮的方式进行预防或者调理。科学家们通过各种研究，已经确定了一些有益于眼部健康的植物或菌物制品，包括叶黄素等。但仅叶黄素还远远不够，对目前的眼健康问题帮助非常有限。因此，科学家们把目光放向更广阔的范围，寻找更好的眼保护策略及产品。

◎ 生化药理

　　研究发现鸡油菌子实体富含维生素 A、维生素 C 及类胡萝卜素等物质。其中，鸡油菌素就是类胡萝卜素，是一种多烯类脂肪酸衍生物，可以在体内转化为维生素 A，而维生素 A 能够提高眼睛的抗病能力、预防夜盲。因此，经常食用鸡油菌不仅可以预防视力失常，包括近视、弱视、远视、散光等，还可以治疗结膜炎、夜盲症等眼病。

　　生化药理研究表明鸡油菌还具有"抗癌、美容、抗衰老、抗氧化、抗炎、抗菌、降血糖、降血脂、免疫调节"等作用。

🥄 中药药性

　　中华本草记载"鸡油菌味甘、性平、气香，入肝经，可明目、润燥、宜肠胃，主治眼结膜炎、夜盲症、皮肤干燥，常食防眼疾、防结膜炎"。《全国中草药汇编》一书认为鸡油菌性寒。《滇南本草》曾记载"鸡油菌用前须炮制及验毒：黄菌虽能温中健胃，但湿气居多，食之往往令人气胀。欲食者，须以姜同炙之，方能解其湿气"。但实际上，现代科学研究已经证明，鸡油菌与姜、蒜同煮皆不能验毒。

🍄 文化溯源

　　鸡油菌菇体在烹制时极吸油，混合了蘑菇汁液的油水在吃的时候像鸡油一般流出来，因此得名。鸡油菌在全世界的分布非常广泛，在我国主要分布在吉林、陕西、江苏、西藏、安徽、浙江、云南、福建、广东、广西、四川等地。1581 年，法国草药学家、植物学家马蒂亚斯·洛贝柳斯（Matthaeus Lobelius）在欧洲文献中首次提及鸡油菌。1601 年，法国植物学家卡罗勒斯·克卢修斯（Carolus Clusius）将鸡油菌作为一个主题写入了科学专著。1747 年，瑞典分类学之父卡尔林奈（Carl Linnaeus）将鸡油菌命名为 *Agaricus chantarellus*。1832 年，瑞典真菌学之父埃利亚斯·马格努斯·弗里斯（Elias Magnus Fries）在他的《Systema Mycologicum（系统真菌学）》一书中，把鸡油菌作为单独科、属并命名为 *Cantharellus cibarius*。虽然，后来有很多科学家对鸡油菌进行了重新命名，如 *Agaricus alectorolophoides*，*Agaricus cantharellus*，*Cantharellus rufipes*，*Cantharellus vulgaris*，*Agaricus chantarellus*，*Alectorolophoides cibarius*，*Merulius chantarellus*，*Merulius cantharellus*，*Cantharellus pallens*，*Cantharellus pallidus*，*Chanterel alectorolophoides*，*Chanterel cantharellus*，*Cantharellus edulis*，*Cantharellus flavescens*，*Cantharellus neglectus*，*Chanterel chantarellus*，*Craterellus cibarius*，*Merulius alectorolophoides*，*Cantharellus carneoalbus*，*Merulius cibarius* 等等，但都没有得到世界公认，只能作为弗里斯命名的二项式名称的同种异名词。

鸡油菌被称为世界四大名菌之一，其分布及应用之广从它在各国的俗名上可见一斑，如在法国被称为 girolle、jaunette、girole，在意大利是 finferli、finferlo、galletto、gallinaccio、gialletto、garitula 等，在英语中又被称为 Chanterelle，在德国是 dotterpilz（蛋黄蘑菇）、Echter Pfifferling。鸡油菌既是种名，也是属、科名，本文具体论述的鸡油菌是该科属最典型的种。如灵芝，既是灵芝科、灵芝属的名称，也是灵芝种的名称，我们常用的赤芝就是这个科属最典型的种。

图 46-3　鸡油菌 *Cantharellus cibarius* Fr.

🍄 营养成分

  鸡油菌营养丰富，鸡油菌新鲜子实体含水率为 91.2%，其他成分占比见图 46-4。其中干物质中灰分占比为 8.63%%，粗纤维 2.75%，粗蛋白 9.41%，粗脂肪 2.35%，总糖 76.86%（干品）。此外，必需氨基酸含量在氨基酸总量中占 60%。

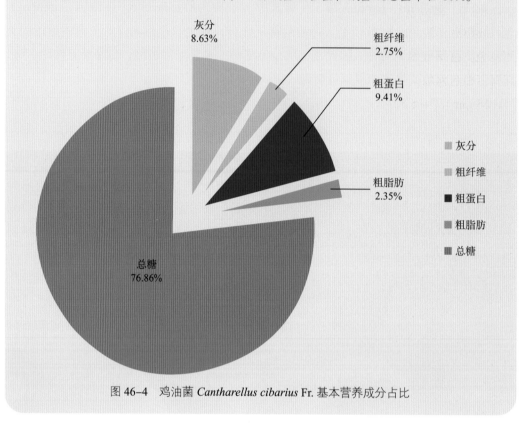

图 46-4　鸡油菌 *Cantharellus cibarius* Fr. 基本营养成分占比

🌿 食药应用

  科学家研究发现，将鸡油菌和灵芝、虫草进行配伍，然后再进行生化药理研究就会发现其最终产物的作用，竟和每一种单独菌物的作用都不相同。从中医角度看，鸡油菌入肝经，灵芝入肺、心、脾、肾经，二者合一可入五脏，且虫草恰能平衡人体阴阳，因此三菌可组成免疫调节黄金配方来预防和治疗各种疾病。

Boletus bainiugan Dentinger

分类地位　担子菌门 Basidiomycota，蘑菇纲 Agaricomycetes，牛肝菌目 Boletales，牛肝菌科 Boletaceae，牛肝菌属 *Boletus*。

别　名　大腿蘑、大脚菇、白牛肝菌、山乌茸、蘑菇、白牛头。

形态特征　菌盖直径 5~25cm，半球形至凸镜形，表面凹陷，初期肉桂色，成熟后变浅色。菌肉与菌管早期米白色，成熟后淡黄色至橄榄色，伤不变色。菌柄长 10~19cm，直径 2~4cm，近圆柱形至棒状，向上变细，顶部覆污白色网纹，中下部覆淡褐色网纹，基部白色，受伤不变色。担孢子（11~16）μm×（4~5.5）μm，淡青黄色，光滑，近梭形。

白牛肝菌——抗风寒暑湿燥火的全能王

图 47-1　白牛肝菌 *Boletus bainiugan* Dentinger

经济价值　食用菌，药用菌。

生　境　夏秋季生于针叶林或针阔混交林中地上，单生、散生或群生。

标　本　2019-09-18，采于贵州省遵义市赤水市两河口黎明村，标本号 HGASMF01-2069；2020-07-04，采于贵州省黔南布依族苗族自治州荔波县朝阳镇三江村，标本号 HGASMF01-9170，存于贵州省生物研究所真菌标本馆。

图 47-2　白牛肝菌 *Boletus bainiugan* Dentinger 二维码

纵论六淫

在中医对人体致病因的研究中，将六淫作为了所有外环境致病因的统称，即"风、寒、暑、湿、燥、次"。这六个要素本来是中华文化中关于气候的描述，即六气。但人不止生活在环境中，还是环境的组成之一，不仅会利用环境，同时还受环境制约影响。这种影响有正反两个方面。正的方面，环境会迫使人体进化以适应环境要求；反的方面，当气候变化过于异常，超过了一定的限度，人体如果不适应就会得病。而由此，六气就变成了六淫。

🍄 **风邪：**风邪居六淫之首，为百病之长。风邪往往从皮毛、口鼻侵入人体，具有升发开泄、向上向外的特性。风还有一个特性是行无定处，因此风邪导致的疾病也表现为病位游移不定，如风疹往往此起彼伏。

🍄 **寒邪：**寒是冬季的主气，因此寒邪为病多见于冬季。但气温骤降、淋雨涉水或吃太多寒凉之物，也会感受寒邪。

🍄 **暑邪：**暑为夏季的火热之邪，因此具有明显的季节性特征，见于夏至以后、立秋以前。暑邪之热较其他季节的热邪更甚，一旦暑邪侵犯人体，会出现面赤、大汗、口渴的阳热亢盛之像。

🍄 **湿邪：**湿为长夏的主气，此时雨水较多，湿气充盛，对人体影响很大。湿类于水，具有趋下的特性，故易于伤及人体下部，还具有重浊、黏滞特性。

🍄 **燥邪：**秋季气候干燥，燥为秋天主气。燥性干涩，易伤津液，导致口干唇燥、皮肤干燥的症状；肺喜润而恶燥，故燥邪最易伤肺。

🍄 **火邪：**火邪为阳邪，像火苗升腾向上一样侵犯人体上部，故头面部多见，常见症状为咽喉红肿疼痛、头目眩晕、口舌生疮等。

六淫最让人棘手的还在于互相之间的串联捆绑。风和湿会主动地和其他六淫要素结合，使得问题进一步复杂化。因此，风寒、风湿、风热、寒湿、湿热乃至风寒湿、风湿热都是很多疾病之所以成为疑难杂症的原因所在。

中医对这一类疾病的解决都是要通过认真辨证后配置出合理复方来调理治疗的。但在实际应用过程中，我们会发现要组成一个适当的配方，所依靠的专业水平需要非常高才可以。就像冬虫夏草可以在我们无法辨清人体阴阳失衡具体程度时加入方剂能降低组方难度一样，白牛肝菌是可以在我们无法辨清人体六淫复杂程度时加入方剂可以降低组方难度的一味中药，它可以清热、利湿、祛风、散寒，是抵抗六淫侵袭的全能王。

◎生化药理

现代生化药理证明白牛肝菌具有"提高免疫、降低机体耗氧量、增加血红蛋白载氧能力、降血脂、抗癌"等作用。

🥄 中药药性

中医认为白牛肝"味微酸、辛，性平，入心、脾经，能清热解闷、养血和中、健脾利水、补虚止带，适用于感冒咳嗽、食积、脘腹胀满、水肿、白带及不孕症"。《秦岭巴山天然药物志》记载："追风散寒，舒筋，活络。主治腰腿疼痛，手足麻木，筋骨不舒。"

图 47-3　白牛肝菌 *Boletus bainiugan* Dentinger

🍄 文化溯源

　　白牛肝菌在全球都有分布，在我国则主要分布在云南、四川、福建等地。在西方，人们在众多菌菇中尤爱牛肝菌。牛肝菌属除部分有毒外，其他都是美食，大致可分为黑、黄、白三色。白牛肝菌来自中国，但科学的描述和命名却来自国外，这其中还有一个很传奇的故事。据说，2013 年的时候，时任英国邱园皇家植物园真菌学负责人的布林·登丁格（Bryn Dentinger）的夫人在市场上买了一些牛肝菌回家准备烹饪，科学家的直觉告诉登丁格这些牛肝菌和他了解的有些差别，于是就和自己的同事劳拉·马丁内斯·苏兹（Laura Martinez-Suz）对这些样本进行了 DNA 测序。就这么一个偶然的举动，让他们发现了 3 种没有被描述和命名过的牛肝菌，包括 *Boletus bainiugan*、*Boletus meiweiniuganjun*、*Boletus shiyong* 等。他们命名时使用的种加词都是市场上销售所用的汉语全拼，如 *bainiugan* 即白牛肝，*meiweiniuganjun* 即美味牛肝菌。这个故事传遍全球，除了感叹登丁格等人的好运气以外，也不得不为牛肝菌属物种的多样性叹服。故事传到我国后，我国真菌科研人员对产自我国的牛肝菌开展了普查式的检测，一次性就发现了 9 个新种。

图 47-4　白牛肝菌 *Boletus bainiugan* Dentinger

🍄 营养成分

牛肝菌不仅味道鲜美，而且营养丰富、气味独特，备受欧美国家民众喜爱，是世界主要食药用菌之一。白牛肝菌新鲜子实体的基本营养占比详见图47-5。

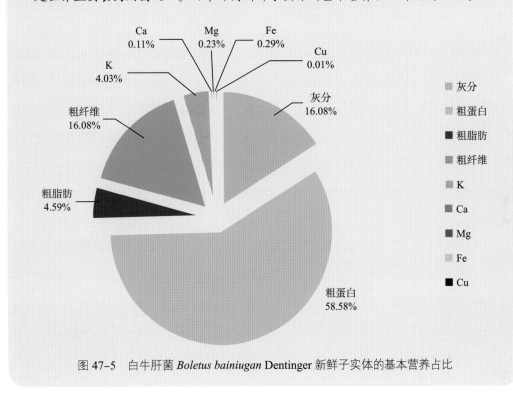

图 47-5　白牛肝菌 *Boletus bainiugan* Dentinger 新鲜子实体的基本营养占比

🌿 食药应用

中医通过对风湿骨病进行辨证认为该病的本质是邪实、正虚、血瘀。其中，邪指的就是六淫之邪，如风湿寒痹、风湿热痹；而正则指的是正气，因此应通过祛风除湿、通经活络、补肾填精、益气养血、化痰除瘀等原则来调治。配方：以红菇、蜜环菌为君，红菇具有追风散寒、舒筋活络、养血逐瘀、祛风除湿等功效，蜜环菌则具有强筋壮骨、息风平肝、祛风通络等功效，二者相合覆盖风湿骨病防治所需全部功能；以松茸、白牛肝菌、蛹虫草为臣，松茸舒筋活络、利湿别浊，白牛肝菌补肾壮骨，蛹虫草补肺益肾。以安络小皮伞、肉桂、白芷、乌梢蛇为佐，四者相合辅助君组强化活血祛邪化瘀作用。

参考文献

［1］Adams J A，Galloway T S，Mondal D，et al. Effect of mobile telephones on sperm quality：A systematic review and meta-analysis［J］. Environment International，2014，70：106-112.

［2］Adams L S，Phung S，Wu X，et al. White button mushroom（*Agaricus bisporus*）exhibits antiproliferative and proapoptotic properties and inhibits prostate tumor growth in athymic mice［J］. Nutrition & Cancer-an International Journal，2008，60（6）：744-756.

［3］Alves de Lima PL，Sugui MM，Petrício AI，et al. *Lentinula edodes*（shiitake）modulates chemically induced mutagenesis by enhancing pitting［J］. Journal of Medicinal Food，2013，16（8）：733-739.

［4］Andreas N J，Kampmann B，Mehring Le-Doare K. Human breast milk：A review on its composition and bioactivity［J］. Early Human Development，2015，91（11）：629-635.

［5］Géry A，Dubreule C，André V，et al.Chaga（*Inonotus obliquus*），a Future Potential Medicinal Fungus in Oncology? A Chemical Study and a Comparison of the Cytotoxicity Against Human Lung Adenocarcinoma Cells（A549）and Human Bronchial Epithelial Cells（BEAS-2B）［J］. Integrative cancer therapies，2018 Sep；17（7）：832-843.

［6］Banerjee P P，Banerjee S，Brown T R，et al. Androgen action in prostate function and disease［J］. American journal of clinical and experimental urology，2018，6（6）：62-77.

［7］Barth A，Winker R，Ponocnyseliger E，et al. A meta-analysis for neurobehavioural effects due to electromagnetic field exposure emitted by GSM mobile phones［J］. Occupational & Environmental Medicine，2008，65（5）：342.

［8］Benzie IFF，Wachtel-Galor S. Herbal medicine ：biomolecular and clinical aspects［J］. CRC Press/Taylor & Francis，2011.

［9］Brennan P A, Keverne E B. Something in the air? New insights into mammalian pheromones［J］. Current Biology, 2004, 14（4）: 81–89.

［10］Cappellano G, Vecchio D, Magistrelli L, et al. The Yin–Yang of osteopontin in nervous system diseases: damage versus repair［J］. Neural Regeneration Research, 2020, 16（6）, 1131–1137.

［11］Chang W, Wen Q, Ye Z, et al. Effects of Adenosine Extract from *Pholiota adiposa*（Fr.）Quel on mRNA Expressions of Superoxide Dismutase and Immunomodulatory Cytokines［J］. Molecules, 2013, 18（8）: 1775–1782.

［12］Chen R, Dharmarajan K, Kulkarni V T, et al. Most important outcomes research papers on hypertension［J］. Circulation: Cardiovascular Quality and Outcomes, 2013, 6（6）: e26–e35.

［13］Chen S, Oh S R, Phung S, et al. Anti–aromatase activity of phytochemicals in white button mushrooms（*Agaricus bisporus*）［J］. Cancer research, 2006 Dec 15; 66（64）: 12026–34.

［14］Cooper L A, Page S T. Androgens and prostate disease［J］. Asian Journal of Andrology, 2014, 16（602）: 248–255.

［15］Cui Y Y, Feng B, Wu G, et al. Porcini mushrooms（Boletus sect. Boletus）from China［J］. Fungal Diversity, 2016, 81（1）: 189–212.

［16］de Lima P L, Delmanto R D, Sugui M M, et al. *Letinula edodes*（Berk.）Pegler（Shiitake）modulates genotoxic and mutagenic effects induced by alkylating agents in vivo［J］. Mutation Research/Genetic Toxicology and Environmental Mutagenesis, 2001, 496（6–2）: 23–32.

［17］Disanto G, Hall C, Lucas R, et al. Assessing interactions between HLA–DRB1*15 and infectious mononucleosis on the risk of multiple sclerosis［J］. Multiple Sclerosis, 2013, 19（90）: 1355–1358.

［18］Dotan N, Wasser S P, Mahajna J. The Culinary–Medicinal Mushroom *Coprinus comatus* as a Natural Antiandrogenic Modulator［J］. Integrative Cancer Therapies, 2011, 10（0）: 148–159.

［19］Du X, Zhang J, Lv Z, et al. Chemical modification of an acidic polysaccharide（TAPA1）from *Tremella aurantialba* and potential biological activities［J］. Food

Chemistry, 2014, 143: 336–340.

[20] Dulger B, Ergul C C, Gucin F. Antimicrobial activity of the macrofungus *Lepista nuda* [J]. Fitoterapia, 2002, 73 (7–8): 695–697.

[21] Erick M. Breast milk is conditionally perfect [J]. Medical Hypotheses, 2018, 111: 82–89.

[22] Jo E, Jang H, Yang K E, et al. *Cordyceps militaris* induces apoptosis in ovarian cancer cells through TNF–α/TNFR1–mediated inhibition of NF–κB phosphorylation [J]. BMC Complementary Medicine and Therapies, 2020, 20 (0): 1.

[23] García Olga P, Long K Z, Rosado J L. Impact of micronutrient deficiencies on obesity [J]. Nutrition Reviews, 2010 (00): 559–572.

[24] Gems D. What is an anti–aging treatment? [J]. Experimental Gerontology, 2014, 58: 14–18.

[25] Gogoi G, Parkash V. Some New Records of *Stinkhorns* (Phallaceae) from Hollongapar Gibbon Wildlife Sanctuary, Assam, India [J]. Journal of Mycology, 2014, 1–8.

[26] Gonzalez H, Hagerling C, Werb Z. Roles of the immune system in cancer: from tumor initiation to metastatic progression [J]. Genes & development, 2018, 32 (29–20): 1267–1284.

[27] Gursoy N, Sarikurkcu C, Tepe B, et al. Evaluation of Antioxidant Activities of 3 Edible Mushrooms: *Ramaria flava* (Schaef.: Fr.) Quel. *Rhizopogon roseolus* (Corda) T.M. Fries. and *Russula delica* Fr. [J]. Food Science & Biotechnology, 2010, 19 (9): 691–696.

[28] Haider L, Fischer M T, Frischer J M, et al. Oxidative damage in multiple sclerosis lesions [J]. Brain : a journal of neurology, 2011, 134 (4): 1914–1924.

[29] Hao Y J, Zhao Q I, Wang S X, et al.What is the radicate Oudemansiella cultivated in China [J]. Phytotaxa, 2016, 286 (6): 1–12.

[30] Hedbacker K, Birsoy K, Wysocki RW, et al. Antidiabetic Effects of IGFBP2, a Leptin–Regulated Gene [J]. Cell Metabolism, 2010, 11 (1): 11–22.

[31] Hossen S M M, Islam M J, Hossain M R, et al. CNS anti–depressant, anxiolytic and analgesic effects of *Ganoderma applanatum* (mushroom) along with ligand–receptor binding screening provide new insights: Multi–disciplinary approaches [J].

Biochemistry and Biophysics Reports, 2021, 27: 101062.

［32］Jakaitis B M, Denning P W. Human Breast Milk and the Gastrointestinal Innate Immune System ［J］. Clinics in Perinatology, 2014, 41(1): 423-435.

［33］Jayasuriya W J A B N, Handunnetti S M, Wanigatunge C A, et al. Anti-Inflammatory Activity of *Pleurotus ostreatus*, a Culinary Medicinal Mushroom, in Wistar Rats ［J］. Evidence-based Complementary and Alternative Medicine, 2020, (19): 1-9.

［34］Jung Y K, Yim H J. Reversal of liver cirrhosis: Current evidence and expectations ［J］. The Korean Journal of Internal Medicine, 2017, 32(2): 213-228.

［35］Katz D L, Meller S. Can we say what diet is best for health ［J］. Annu Rev Public Health, 2014, 35(5): 83-103.

［36］Kim B K, Park S E, Kim S Y, et al. Effects of a Hot-Water Extract of *Trametes versicolor*(L.: Fr.) Lloyd (Aphyllophoromycetideae) on the Recovery of Rat Liver Function ［J］. International Journal of Medicinal Mushrooms, 2000, 2(2): 7.

［37］Lee H, Kim Y J, Kim H W, et al. Induction of apoptosis by *Cordyceps militaris* through activation of caspase-3 in leukemia HL-60 cells ［J］. Biological & pharmaceutical bulletin, 2006, 29(9): 670-674.

［38］Li T, Deng W Q, Song B, et al. Two new species of *Phallus*(Phallaceae) with a white indusium from China ［J］. MycoKeys, 2021, 85: 109-125.

［39］Li T, Li T H, Deng W, et al. Phallus dongsun and P. lutescens, two new species of Phallaceae(Basidiomycota) from China ［J］. Phytotaxa, 2020, 443(3): 19-37.

［40］Li Y Y, HaoY L, Fan F, et al. The Role of Microbiome in Insomnia, Circadian Disturbance and Depression ［J］. Frontiers in psychiatry, 2018, 9, 669.

［41］Lin C, Zhang H, Chen L, et al. Immunoregulatory function of *Dictyophora echinovolvata* spore polysaccharides in immunocompromised mice induced by cyclophosphamide ［J］. Open Life Sciences, 2021, 16(6): 620-629.

［42］Liu T, Zhang H, Shi X, et al. Illumina MiSeq sequencing investigation of Chanhua (Cordyceps cicadae Shing) fungal community structures in different regions ［J］. Journal of Traditional Chinese Medical Sciences, 2018, 5(5): 206-212.

［43］Mercan N, Duru M E, Turkoglu A, et al. Antioxidant and antimicrobial properties of ethanolic extract from *Lepista nuda*(Bull.) Cooke ［J］. Annals of Microbiology.

2006, 1（1）: 47–53.

[44] Nie A, Chao Y, Zhang X, et al. Phytochemistry and Pharmacological Activities of *Wolfiporia cocos*（F.A. Wolf）Ryvarden & Gilb [J]. Frontiers in Pharmacology, 2020, 11: 505249.

[45] Paravamsivam P, Heng C K, Malek S N, et al. Giant Oyster Mushroom *Pleurotus giganteus*（Agaricomycetes）Enhances Adipocyte Differentiation and Glucose Uptake via Activation of PPARγ and Glucose Transporters 1 and 4 in 3T3–L1 Cells [J]. International Journal of Medicinal Mushrooms, 2016, 18（8）: 821–831.

[46] Rivas M, Naranjo J R. Thyroid hormones, learning and memory [J]. Genes, brain, and behavior, 2007, 6: 40–44.

[47] Sannasiddappa T H, Costabile A, Gibson G R, et al. The influence of Staphylococcus aureus on gut microbial ecology in an in vitro continuous culture human colonic model system [J]. PLoS One, 2011, 6（6）: e23227.

[48] Stewart J, McCallin T, Martinez J, et al. Hyperlipidemia [J]. Pediatrics in review, 2020, 41（1）: 393–402.

[49] Su X, Liu K, Xie Y, et al. Mushroom Inonotus sanghuang alleviates experimental pulmonary fibrosis: Implications for therapy of pulmonary fibrosis [J]. Biomedicine & Pharmacotherapy, 2021, 133: 110919.

[50] Sung G H, Hywel–Jones N L, Sung J M, et al. Phylogenetic classification of Cordyceps and the clavicipitaceous fungi [J]. Studies in mycology, 2007, 57: 5–59.

[51] Tang Y J, Zhu L L, Li D S, et al. Significance of inoculation density and carbon source on the mycelial growth and *Tuber polysaccharides* production by submerged fermentation of Chinese truffle *Tuber sinense*[J]. Process Biochemistry, 2008, 43（3）: 576–586.

[52] Tian T, Song L, Zheng Q, et al. Induction of apoptosis by *Cordyceps militaris* fraction in human chronic myeloid leukemia K562 cells involved with mitochondrial dysfunction [J]. Pharmacognosy Magazine, 2014, 10（09）: 325–331.

[53] Trapp B D, Stys P K. Virtual hypoxia and chronic necrosis of demyelinated axons in multiple sclerosis [J]. The Lancet Neurology, 2009, 8（8）: 280–291.

[54] Tuli H S, Sandhu S S, Sharma A K. Pharmacological and therapeutic potential of

Cordyceps with special reference to Cordycepin [J]. 3 Biotech, 2014, 4 (4): 1–12.

[55] van Herwijnen M J C, Zonneveld M I, Goerdayal S, et al. Comprehensive proteomic analysis of human milk–derived extracellular vesicles unveils a novel functional proteome distinct from other milk components [J]. Molecular & Cellular Proteomics, 2016, 15 (51): 3412–3423.

[56] Viglietta V, Baecher–Allan C, Weiner H L, et al. Loss of Functional Suppression by CD4CD25 Regulatory T Cells in Patients with Multiple Sclerosis [J]. Journal of Experimental Medicine, 2004, 199 (9): 971–979.

[57] Wang D D, Yin Z, Ma L, et al. Polysaccharide MCP extracted from Morchella esculenta reduces atherosclerosis in LDLR–deficient mice [J]. Food & Function, 2021, 12 (21): 4842–4854.

[58] Wang W, Liu H, Zhang Y, et al. Antihyperlipidemic and hepatoprotective properties of alkali– and enzyme–extractable polysaccharides by *Dictyophora indusiata* [J]. Scientific Reports, 2019, 9 (9): 1–12.

[59] Wang Y R, Yang W D. Preliminary study on diuresis of *Pyrrosia petiolosa* from Guizhou province extracts in rats[J]. Lishizhen Med Mater Med Res, 2017, 28 (81): 2583–2585.

[60] Wellen K E, Hotamisligil G S. Inflammation, stress, and diabetes [J]. The Journal of clinical investigation, 2005, 115 (5): 1111–1119.

[61] Witte M E, Mahad D J, Lassmann H, et al. Mitochondrial dysfunction contributes to neurodegeneration in multiple sclerosis [J]. Trends in Molecular Medicine, 2014, 20 (0): 179–187.

[62] Wu F, Li S J, Dong C H, et al. The Genus *Pachyma* (Syn. Wolfiporia) Reinstated and Species Clarification of the Cultivated Medicinal Mushroom "Fuling" in China [J]. Frontiers in microbiology, 2020, 11: 590788.

[63] Wu H, Chen J, Li J, et al. Recent Advances on Bioactive Ingredients of *Morchella esculenta* [J]. Applied biochemistry and biotechnology, 2021, 193 (32): 4197–4213.

[64] Xia Y L, Luo F F, Shang Y F, et al. Fungal Cordycepin Biosynthesis Is Coupled with the Production of the Safeguard Molecule Pentostatin [J]. Cell chemical

biology, 2017, 24（42）：1479–1489.e4.

［65］ Yan Q. Stress and systemic inflammation：Yin-Yang dynamics in health and diseases ［J］. Psychoneuroimmunology, 2018：3–20.

［66］ Yang C H, Kao Y H, Huang K S, et al. *Cordyceps militaris* and mycelial fermentation induced apoptosis and autophagy of human glioblastoma cells ［J］. Cell Death & Disease, 2012, 3（31）：e431.

［67］ Yang S, Yan J, Yang L, et al. Alkali-soluble polysaccharides from mushroom fruiting bodies improve insulin resistance ［J］. International journal of biological macromolecules, 2019, 126：466–474.

［68］ Yang W, Yu J, Zhao L, et al. Polysaccharides from *Flammulina velutipes* improve scopolamine-induced impairment of learning and memory of rats ［J］. Journal of Functional Foods, 2015, 18：411–422.

［69］ Yeomans M R. Adverse effects of consuming high fat-sugar diets on cognition：implications for understanding obesity ［J］. Proceedings of The Nutrition Society, 2017, 76（6）：455–465.

［70］ Zdanowicz N, Reynaert C, Jacques D, et al. Depression and Immunity：a Psychosomatic Unit ［J］. Psychiatria Danubina, 2017, 29（9）：274–278.

［71］ Zhao Y H, Tang D D, Chen D Q, et al. Progress on chemical components and diuretic mechanisms of traditional Chinese diuretic medicines Poria Cocos, Cortex Poriae, Polyporus Umbellatus and Alisma Orientalis ［J］. Chinese Journal of Pharmacology and Toxicology, 2014, 28（8）：594–599.

［72］ Zhu J, Dingess K A. The Functional Power of the Human Milk Proteome ［J］. Nutrients, 2019, 11（1）：1834–1861.

［73］ 安朝丽门, 钱磊, 蒋崇怡, 等. 滑子蘑活性成分及其生物功能的研究进展 ［J］. 食品研究与开发, 2021, 42（24）：200–205.

［74］ 安明榜, 梁发权. 金针菇金糖对大鼠脾淋巴细胞增殖反应及 IL-2 产生的影响 ［J］. 中国免疫学杂志, 1994, 010（002）：113–113.

［75］ 暴增海, 周婷, 林曼曼. 红托竹荪的研究进展 ［J］. 北方园艺, 2011（11）：166–167.

［76］ 蔡小玲, 胡春英, 刘茂沛, 等. 红菇及其多糖对小鼠失血性贫血的影响 ［J］. 食

用菌，2002.

［77］曹萌．棘托竹荪菌盖蛋白提取工艺及其成分与功能研究［D］．福州大学，2014.

［78］曹培让，齐玲敏．金针菇与美味牛肝菌多糖的提取及抗炎症研究［J］．中国食用菌，1991，10（0）：1.

［79］曾德容，周崇莲，李山东．森林生态系统中的姣姣者——棘托竹荪研究［J］．林业实用技术，2007（01）：8-10.

［80］曾庆田，赵军宁，邓治文．金针菇多糖的抗肿瘤作用［J］．中国食用菌，1991，（02）：11-13.

［81］柴新义，桑振，于士军，等．人工栽培与野生裂褶菌主要营养成分的对比［J］．食用菌，2019，41（12）：71-72，80.

［82］车成来，王欣宇，林花．灵芝功能性食品遗传毒理学实验［J］．农业与技术，2018，38（83）：21-23.

［83］陈娟钦．食疗视角下古田县银耳产业发展的影响因素研究［D］．福建农林大学，2017.

［84］陈启武，刘健，陈莎．鸡腿菇、姬松茸、大球盖菇生产全书［M］．北京：中国农业出版社，2009.

［85］陈士瑜，田静华．食用菌工作者手册［M］．天门：湖北天门市菌蕈研究所．1986：508.

［86］陈士瑜，陈海英．蕈菌医方集成［M］．上海：上海科学技术文献出版社，2000：1-610.

［87］陈爽．硫磺菌子实体多糖的分离纯化及生物活性研究［D］．辽宁石油化工大学，2020.

［88］陈体强，种藏文，李开本，等．美味侧耳子实体与担孢子形态观察及其营养成分分析初报［J］．食用菌学报，1997（71）：51-54.

［89］陈霞飞．健康饮食"B"不可少——水溶性维生素B2篇［J］．质量与标准化，2016（62）：26-27.

［90］陈英红，姜瑞芝，高其品．安络小皮伞醇提物中镇痛成分麦角甾醇和肉桂酸的含量测定［J］．中成药，2005（05）：583-585.

［91］赵节昌，邵颖，任格，等．蝉花孢子粉与孢梗束的化学成分及其多糖对果蝇寿命的影响［J］．食品科技，2019，44（44）：205-219.

［92］程立肖. 成年人钙、铁、锌和硒摄入与代谢综合征的关系研究［D］. 2019.

［93］程玉鹏，李欣虹，刘思佳，等. 桑黄的药理作用研究进展［J］. 广东药科大学学报，2022，38（81）：137-142.

［94］迟全勃，施鹏飞，王伟青，等. 红平菇和平菇的营养比较与分析［J］. 北京农业职业学院学报，2015，29（93）：16-19.

［95］崔兆科. 人体化学与营养［J］. 宝鸡文理学院学报（自然科学版），1995（03）：106-108.

［96］戴玉成，崔宝凯. 药用真菌桑黄种类研究［J］. 北京林业大学学报，2014，36（6）：1-6.

［97］戴玉成，图力古尔，崔宝凯，等.《中国药用真菌图志》，东北林业大学出版社，2013，1-653.

［98］戴玉成，图力古尔. 中国东北野生食药用真菌图志［M］. 北京：科学出版社，2007.

［99］邓益芳. 针药罐合用治疗局限性神经性皮炎的观察与护理探究实践［J］. 家有孕宝，2021（1）.

［100］刁治民，杨秀玲，韩彦艳，等. 草菌工程学［M］. 咸阳：西北农林科技大学出版社，2011.

［101］丁慧敏，朱亚男，王秋艳，等. 多汁乳菇多糖的分离纯化及三种食用菌多糖的抗氧化研究［J］. 南京师范大学学报（工程技术版），2021，21（12）：72-77.

［102］丁晓桐，汤清涵，王裔惟，等. 马勃的化学成分研究进展及其在创面修复中的应用［J］. 南京中医药大学学报，2021（4）.

［103］董洋. 块菌保健功效的初步研究［D］. 山东师范大学，2012.

［104］甘长飞. 灰树花及其药理作用研究进展［J］. 食药用菌，2014，22（25）：264-267，281.

［105］高斌，杨贵贞. 树舌多糖的免疫调节效应及其抑瘤作用［J］. 中国免疫学杂志，1989（96）：45-48，66.

［106］高婵娟，季曼，杨翔华，等. 血红铆钉菇液体发酵条件的优化［J］. 安徽农业科学，2011（1）.

［107］耿佳欢. 多汁乳菇多糖结构分析及生物活性研究［D］. 华南理工大学，2019.

［108］龚光禄，桂阳，卢颖颖，等. 红托竹荪培养基及培养条件优化［J］. 贵州农业

科学，2015（51）.

［109］郭成金. 实用蕈菌生物学［M］. 天津：天津科学技术出版社，2014，11：197-200.

［110］郭晶. 马勃化学成分及药理作用研究进展［J］. 现代医药卫生，2013（3）.

［111］郭梁，刘国强，徐伟良，等. 猴头菇药用价值和产品开发的研究进展［J］. 食用菌，2018，40（0）：5.

［112］郭宁，武泽宇，王建刚，等. 不同产地、生长年限、采收期猪苓中三种有效成分的含量分析［J］. 特产研究，2019，41（11）：72-77，94.

［113］郭艳艳. 斑玉蕈新品种遗传稳定性及生理特性的研究［D］. 福建农林大学，2014年.

［114］郭永红，张微思，罗孝坤，等. 滇南地区大红菇及生态学调查研究［J］. 食用菌，2013，35（51）：12-13，19.

［115］郭渝南，刘晓玲，范娟. 竹荪的营养与药用功效［J］. 食用菌，2004（44）：44-45.

［116］张仲景. 伤寒论［M］. 北京：人民卫生出版社，2005，26.

［117］郝艳佳，秦姣，杨祝良. 小奥德蘑属的系统学及中国该属的分类［C］. 中国菌物学会学术年会，2015.

［118］何达崇，李槐，戴圣生，等. 桑枝杆栽培优质榆黄蘑成分分析［J］. 食药用菌，2013，21（15）：290-292.

［119］何强，陈文强，解修超，等. 陕西佛坪野生"刷把菌"营养成分的分析与评价［J］. 西北农林科技大学学报（自然科学版），2018，46（62）：51-57.

［120］何容，罗晓莉，李建英，等. 金耳研究现状与展望［J］. 食药用菌，2019，27（7）：41-47.

［121］何容，罗晓莉，张沙沙，等. 珊瑚菌营养和药用研究现状［J］. 食用菌，2021，43（32）：1-3，15.

［122］何小丹. 消风散加减联合地塞米松乳膏治疗神经性皮炎的临床疗效［J］. 内蒙古中医药，2021（8）.

［123］胡澎. 日本的"过劳"与"过劳死"问题：原因、对策与启示［J］. 日本问题研究，2021（5）.

［124］胡先运，王传明，江家志，等. 多汁乳菇的研究及应用［J］. 北方园艺，2014

（18）：157–160.

［125］华洋林，高擎，唐健，等. 不同产地竹荪营养成分的比较研究［J］. 食品工业科技，2011（10）：3.

［126］金向群，王隶书，程东岩，等. 大马勃的化学成分研究［J］. 中草药，1998（5）：298–300.

［127］柯丽霞，杨庆尧. 金针菇中的抗肿瘤物质［J］. 中国食用菌，1993（35）：5–6.

［128］雷艳，曾阳，唐勋，等. 羊肚菌化学成分及药理作用研究进展［J］. 青海师范大学学报（自然科学版），2013，2.

［129］李国杰，李赛飞，文华安. 中国红菇属物种资源经济价值［C］. 全国食用菌学术研讨会，2010：74.

［130］李华，窦晓兰，陆启玉. 葡萄状枝瑚菌粗多糖的提取及其清除 DPPH 自由基活性［J］. 食用菌学报，2012，19（93）：69–72.

［131］李佳琳，张昆，李春丰，等. 黑龙江省4种香蘑属真菌子实体的氨基酸分析［J］. 安徽农业科学，2016，44（43）：80–82.

［132］李佳欣，张怡，李斌，等. 试从肝脾肾三脏论"过劳肥"病机［J］. 环球中医药，2021（1）.

［133］李金海. 中西医结合治疗肝硬化腹水22例体会［J］. 湖南中医药导报，2004（4）：20–21.

［134］李铭，李文香，孙亚男，等. 滑子蘑多糖的抗肿瘤、抑菌活性及保湿特性［J］. 北方园艺，2017（70）：131–135.

［135］李荣辉，梁启超，魏韬，等. 树舌多糖抗肿瘤的研究进展［J］. 微量元素与健康研究，2012，29（94）：58–61.

［136］李师鹏，安利国. 真菌多糖免疫活性的研究进展［J］. 菌物系统，2001（14）：581–587.

［137］李泰，卢士军，孙君茂，等. 26种常见市售食用菌营养成分分析及评价［J］. 中国食用菌，2021，40（02）：66–72.

［138］李天相. 食用菌栽培与加工［M］. 郑州：中原农民出版社，2001.

［139］李皖生. 肺部问题的7个沉默信号［J］. 科学养生，2018（88）：50.

［140］李曦，邓兰，周娅，等. 金耳、银耳与木耳的营养成分比较［J］. 食品研究与开发，2021，42（26）：77–82.

［141］李雪静. 松茸多糖对辐射损伤小鼠的防护作用及其机制研究［D］. 吉林大学，2006.

［142］李玉. 中国大型菌物资源图鉴［M］. 北京：中国农业出版社，2015.

［143］李哲，李梅君，张宏英. 细胞凋亡与白血病［J］. 医师进修杂志，2004，S1：151-153.

［144］李贞卓，包海鹰. 血红铆钉菇化学成分和药理活性研究概述［J］. 菌物研究，2015，13（33）：181-186.

［145］李作美，柯春林，王永斌. 大秃马勃液体发酵菌丝粗多糖的肝损伤保护作用及体外抗氧化活性［J］. 食用菌学报，2015，22（4）：70-74.

［146］李作美，吴珊珊，陈佳. 大秃马勃菌丝体多糖的发酵条件优化及其抑菌作用［J］. 中国酿造，2016，35（8）：120-123.

［147］林晓民，李振岐，侯军. 中国大型真菌的多样性［M］. 北京：中国农业出版社，2005（3）：120-134.

［148］林晓霞，朱寿民. 金耳作为β-胡萝卜素和核黄素营养源的研究［J］. 浙江农业大学学报，1995（53）：232.

［149］林养. 马勃培养特性、总生物碱含量及体外抑菌活性的研究［D］. 吉林农业大学，2008.

［150］林玉苗. 云芝子实体成分测定及其对STZ所致ICR糖尿病小鼠治疗作用的研究［D］. 吉林大学，2019.

［151］凌诚德，华金中，陈宗理，等. 金针菇营养价值及生物学作用的研究［J］. 营养学报，1990（02）：178-184.

［152］刘春卉，谢红，苏槟楠，等. 金耳菌丝发酵产物抗血栓的生物活性研究［J］. 天然产物研究与开发，2003（3）.

［153］刘光珍，荣福雄. 金耳糖肽胶囊的基础药理学研究［J］. 山西中医，1994，10（0）：31-32.

［154］刘洪玉，陈惠群，李子平，等. 块菌的营养价值及其开发利用［J］. 资源开发与市场，1997，13（3）：60-61.

［155］刘旆. 桂枝、肉桂利尿作用及其运用规律的文献研究［D］. 北京中医药大学，2019.

［156］刘晓凤. 林芝11种药用真菌抑菌活性筛选及硫磺菌的活性成分初步研究［D］.

西藏大学, 2020.

[157] 刘晓倩, 李依, 郭佳丽, 等. 藤黄酸调控白血病 K562 细胞 GFI-1 表达及对细胞增殖和凋亡的影响 [J]. 内科急危重症杂志, 2021, 27(71): 54-57.

[158] 刘义军, 卜梦婷, 刘洋洋, 等. 灵芝不同生长阶段营养品质变化规律研究 [J]. 云南农业大学学报 (自然科学), 2020, 35(56): 1061-1066.

[159] 刘茵华. 我国的食用木耳 [J]. 中国食用菌, 1995, 14(4): 17.

[160] 刘中华, 黄桃阁, 胡炳义, 等. 树舌灵芝菌丝体多糖提取条件的研究 [J]. 食品研究与开发, 2010, 31(5): 48-51.

[161] 陆欢, 王瑞娟, 刘建雨, 等. 不同品种金针菇的营养成分分析与评价 [J]. 食品与机械, 2021, 37(76): 69-75, 96.

[162] 罗琼, 金红, 谭学瑞. 血栓形成机制及治疗进展 [J]. 心血管康复医学杂志, 2008(8).

[163] 吴桐. 有关脑血栓的五个误区 [J]. 工会博览 (社会版), 2008(80).

[164] 罗信昌, 陈士瑜. 中国菇业大典 [M]. 北京: 清华大学出版社, 2016.

[165] 罗影, 关永强, 贾培松, 等. 黑皮鸡枞的分子鉴定与营养需求研究 [J]. 安徽农业科学, 2021, 49(96): 44-50.

[166] 马庆华, 贺淑霞, 刘秦笑芝, 等. 2 种野生马勃营养成份分析与评价 [J]. 中国食用菌, 2020, 39(90): 82-86.

[167] 卯晓岚. 中国大型真菌 [M]. 郑州: 河南科学技术出版社, 2000: 1-719.

[168] 卯晓岚. 中国蕈菌 [M]. 北京: 科学出版社, 2009.

[169] 南京中医药大学, 中药大辞典 [M]. 上海: 上海科学技术出版社, 2006.

[170] 聂建军, 李彩萍, 杨玉画, 等. 巴西蘑菇液体摇瓶培养基和培养条件的优化 [J]. 中国食用菌, 2012, 31(15): 39-41.

[171] 欧胜平, 程显好, 高兴喜, 等. 卵孢小奥德蘑固体培养特性及营养成分分析 [J]. 中国食用菌, 2017, 36(6): 52-59.

[172] 潘春华. "菌中之冠" 话银耳 [J]. 绿化与生活, 2015(59): 42.

[173] 彭超, 蔡春菊, 涂佳, 等. 以竹屑为主要培养基质的食用菌营养成分差异及评价 [J]. 热带作物学报, 2021, 42(27): 2052-2058.

[174] 邱成书, 林敏, 宋斌. 食用菌斑玉蕈研究进展 [J]. 食用菌学报, 2013, 20(4): 78-82.

［175］饶军，张云珍．红托竹荪的栽培［J］．生物学通报，1998，33（3）：45-47．

［176］任明．复合多糖抗辐射和抗肿瘤作用及其机制研究［D］．吉林大学，2014．

［177］申高梅．金耳胶囊对脑血管病的治疗作用［J］．脑与神经疾病杂志，1997，5（5）：183-185．

［178］沈彤，杜军，李鸣雷，等．不同栽培基质对羊肚菌产量和营养成分的影响［J］．水土保持通报，2021，41（16）：14．

［179］沈业寿，储甦．大秃马勃多糖的分离纯化及其某些生物效用［J］．安徽大学学报（自科版），1991（1）：89-92．

［180］施渺筱，李祝，邵静敏，等．伞塔菌与鸡枞菌子实体营养成分分析［J］．食用菌，2012，34（4）：59-62．

［181］石建忠．过度劳动理论与实践——国外经验、中国现状和研究展望［J］．人口与经济，2019（92）：105-118．

［182］宋佳，李臣亮，邢高杨，等．径向基神经网络结合近红外光谱技术分析安络小皮伞发酵组分的研究［J］．光学学报，2014，34（42）：328-333．

［183］宋佳．安络小皮伞高产菌株选育、发酵工艺优化及相关药效研究［D］．吉林大学，2015．

［184］宋泽祺，刘虎虎，段希宇，等．喷司他丁的合成及其生物合成机制研究进展［J］．生物工程学报，2021，37（72）：4158-4168．

［185］谭永强．猴头菌提取物颗粒治疗慢性胃病的疗效［C］．全国医药学术交流会，2006，25．

［186］汤亚杰，孔国平，朱伶俐，等．块菌活性成分及其人工栽培研究进展［J］．中草药，2007（7）：629-632．

［187］唐丽霞，王百龄，谢树莲．复方树舌片治疗慢活肝142例疗效观察［J］．现代中西医结合杂志，1996（6）：86．

［188］田双双，刘晓谦，冯伟红，等．基于特征图谱和多成分含量测定的茯苓质量评价研究［J］．中国中药杂志，2019，44（47）：1371-1380．

［189］涂彩虹，罗小波，郑旗，等．猴头菇药用功效及安全性研究进展［J］．农产品加工，2019（9）：5．

［190］王欢，唐敏，王淑敏，等．血红铆钉菇子实体不同极性萃取部位的总酚含量及抗氧化活性［J］．食用菌学报，2019，26（4）：131-136．

［191］王玢．银耳制品的制备及其生理功效研究［D］．首都师范大学，2009.

［192］王波，张丹．鲜灵图说毛木耳高效栽培技术［M］．北京：金盾出版社，2004.

［193］王德遵，张桂芳．4种野生食用菌成分的测定与分析［J］．牡丹江师范学院学报（自然科学版），2010（03）：24-25.

［194］王豪，钱坤，司静，等．桑黄类真菌多糖研究进展［J］．菌物学报，2021，40（04）：895-911.

［195］王恒生，刁治民，陈克龙，等．黄伞的研究进展及开发应用前景［J］．青海草业，2014，23（31）：21-26.

［196］王立泽，叶家栋，游庄信，等．食用菌栽培［M］．合肥：安徽科技出版社，1998：10.

［197］王丽红，彭渤，张春萌，等．乌苏里瓦韦及其再生植株的利尿作用研究［J］．中国现代应用药学，2021，38（84）：3127-3135.

［198］王沛，宋启印．金顶蘑对动物机体免疫系统的影响［J］．中国食用菌，1993（32）：25-26.

［199］王青云，石木标．中国红菇的研究现状与展望［J］．中国食用菌，2004，23（4）：10-12.

［200］王秋艳，丁慧敏，朱亚男，等．多汁乳菇多糖对小鼠急性酒精性肝损伤的保护作用［J］．食品工业科技，2021，42（24）：313-319.

［201］王晓玲，朱朝阳，刘高强，等．冬虫夏草深层发酵与功效成分分析［J］．中国食品学报，2016，16（61）：91-98.

［202］王晓岩，图力古尔，包海鹰．多脂鳞伞与滑子蘑GC-MS技术挥发性成分的分析及与营养成分含量对比研究［J］．北方园艺，2019（94）：142-148.

［203］王心果，徐瑛．药用真菌之"森林黄金"——桑黄［J］．湖南农业，2020（02）：39.

［204］王秀艳，田慧敏，林洪泉．灵芝功能性食品的研发与应用［J］．赤峰学院学报（自然科学版），2021，37（79）：38-41.

［205］王雪．长根菇胞外多糖对肠道微生态的影响及其抗氧化作用的研究［D］．山东农业大学，2015.

［206］王玥玮，王麒琳，张立娟．榆黄蘑营养成分及其生物活性的研究进展［J］．食品研究与开发，2017（7）.

［207］王长文. 袋栽银耳栽培关键技术研究［D］. 福建农林大学，2017.

［208］韦保耀，余小影，黄丽，等. 双孢蘑菇多糖抗菌活性及对食品腐败抑制的研究［J］. 食品科技，2007（74）：93-95.

［209］卫亚丽，王茂胜，连宾. 鸡油菌研究进展［J］. 食用菌，2006，28（8）：1-1.

［210］魏海莲，刘志曦，张婉洁，等. 紫丁香蘑的研究进展［J］. 安徽农业科学，2015，43（30）.

［211］文镜，陈文，王津，等. 金针菇抗疲劳的实验研究［J］. 营养学报，1993（31）：79-82.

［212］翁榕安. 黑柄炭角菌的人工栽培技术及部分活性成分的研究［D］. 湖南师范大学，2009.

［213］吴岚. 马勃菌液体发酵条件的优化及及其药效成分初步筛选研究［D］. 南京师范大学，2009.

［214］吴茂江. 钾与人体健康［J］. 微量元素与健康研究，2011，28（86）：61-62.

［215］吴巧凤，刘敬娟，陈京，等. 鸡腿菇营养成分的分析［J］. 食品工业科技，2005（58）：161-162，165.

［216］吴声华，戴玉成. 药用真菌桑黄的种类解析［J］. 菌物学报，2020，5.

［217］吴严冰. 安络小皮伞提取物对运动外伤的镇痛作用［J］. 中国食用菌，2020，39（93）：34-36，40.

［218］吴贻谷，宋立人，胡烈，等. 中华本草精选本［M］. 上海：上海科学技术出版社，1998：454.

［219］席瑞娇，王文婧，陈吉龙，等. 蛹虫草不同水提物体外抗白血病活性研究［J］. 农业生物技术学报，2014，22（2）：793-804.

［220］夏冬，林志彬，马莉，等. 裂褶菌孢内多糖和孢外多糖对小鼠免疫功能的影响［J］. 药学学报，1990（03）：161-166.

［221］谢宝贵. 银耳遗传转化系统的建立及三个品质基因的转化［D］. 福建农林大学，2004.

［222］谢福泉. 鸡腿菇工厂化栽培技术研究与示范［D］. 福建农林大学，2010.

［223］辛晓林，蔡颖娜，高娟. 秸秆珍稀菇－鸡腿菇的研究现状及展望［J］. 当代生态农业，2003（1）：10-11.

［224］新浪网. 世界卫生组织将"过劳"列为疾病［EB/OL］.（2019-05-31）［2021-

05–14］. https：//tech. sina. com. cn/roll/2019- 05–31/doc-ihvhiqay2644719. shtml.

［225］徐锦堂. 中国药用真菌学［M］. 北京：北京医科大学、中国协和医科大学联合出版社，1997.

［226］徐力，许冰. 大马勃体内抗肿瘤作用初探［J］. 中国医药指南，2011，09（90）：205–265.

［227］徐宁，陆欢，冯立国，等. HS-SPME-GC-MS 法分析卵孢小奥德蘑子实体不同部位挥发性成分及营养成分分析［J］. 菌物学报，2020，39（90）：1933–1947.

［228］严明，陈旭，王婷婷，等. 云南7种红菇科野生食用菌营养成分分析［J］. 中国食用菌，2019，38（85）：32–38.

［229］严明，高观世，游金坤，等. 云南省18种常见野生食用菌营养成分分析［J］. 黑龙江农业科学，2019（96）：119–124，127.

［230］杨林雷，李荣春，曹瑶，等. 金耳的学名及分类地位考证［J］. 食药用菌，2020，28（84）：252–255，276.

［231］杨琳. 榆黄蘑高产栽培技术［J］. 吉林林业科技，2017，46（6）：45–46.

［232］杨茜，卢海洋. 红托竹荪多糖提取及药理学活性的研究进展［J］. 东方药膳，2021（1）.

［233］姚清华，颜孙安，陈国平，等. 杏鲍菇废菌渣代料栽培对草菇营养的影响［J］. 食品安全质量检测学报，2019，10（03）：4314–4320.

［234］姚艺桑，朱佳石. 中药冬虫夏草和所含多种冬虫夏草菌拉丁名混用的历史和现状［J］. 中国中药杂志，2016，7.

［235］尹钰涵，刘迪，陈功鑫，等. 桦褐孔菌诱变菌株 ITS 分子鉴定及菌丝体活性成分比较［J］. 中国食用菌，2021，40（09）：54–60.

［236］应建浙，卯晓岚，马启明，等. 中国药用真菌图鉴［M］. 北京：科学出版社，1987，371.

［237］游洋，包海鹰. 不同成熟期大秃马勃子实体提取物的抑菌活性及其挥发油成分分析［J］. 菌物学报，2011，30（3）：477–485.

［238］游洋. 大马勃生药学研究［D］. 吉林农业大学，2011.

［239］于士军，何玲艳，程铭，等. 硒对蝉花孢梗束营养和功能成分的影响［J］. 浙江农业学报，2021，33（32）：2245–2253.

［240］于月，尤佳，杨柳，等. 瘦素信号转导通路在能量代谢平衡中的作用机制展

［J］. 2013, 02, 169–175.

［241］袁德培. 竹荪的研究进展［J］. 湖北民族学院学报（医学版）, 2006, 23（3）: 39.

［242］岳金玫, 蒲彪, 陈安均, 等. 不同分子质量块菌多糖的体外抗氧化活性［J］. 食品科学, 2013, 34（43）: 127–131.

［243］张冰茹, 邬雨季, 刘维明, 等. 灰树花多糖的制备及药理活性的研究进展［J］. 食药用菌, 2019, 27（72）: 99–105.

［244］张成瑞, 田泽园, 范琪, 等. 冬虫夏草资源发展现状及可持续利用分析［J］. 中国食用菌, 2021, 40（00）: 79–88.

［245］张帆, 王大可, 李爱欣, 等. 大马勃抗炎镇痛及体外抑菌作用的研究［J］. 中国食用菌, 2014, 33（3）: 3.

［246］张光亚. 中国常见食用菌图鉴［M］. 昆明: 云南科技出版社, 1999: 5, 66.

［247］张惠珍, 杨淑云. 姬松茸富硒培养研究［J］. 西南农业大学学报, 2004, 6（61）: 95–97, 104.

［248］张江萍, 范晓龙, 吴锐. 山西野生大马勃营养成分分析［J］. 山西农业科学, 2013, 41（1）: 456–457.

［249］张杰. 灵芝属部分真菌系统发育及药用成分的研究［D］. 贵州大学, 2006.

［250］张金霞, 陈强, 黄晨阳, 等. 食用菌产业发展历史、现状与趋势［J］. 菌物学报, 2015, 34（44）: 524–540.

［251］张俊, 颜新培, 李一平, 等. 不同来源和采收时期桑黄子实体的主要活性成分含量比较［J］. 蚕业科学, 2021, 47（76）: 568–574.

［252］张丽芳, 杨祝良, 杨俊波. 小奥德蘑属及干蘑属的分子系统学与生物地理学研究［C］. 中国菌物学会菌物学学术讨论会, 2003.

［253］张丽萍, 苗春艳, 许丽艳, 等. 金顶侧耳多糖PC-4的结构确定与抗肿瘤活性的研究［J］. 真菌学报, 1995（51）: 69–74.

［254］张树庭, P. G. Miles, 本刊编辑部. 关于中国香菇早期栽培的历史记载［J］. 浙江食用菌, 2010, 18（85）: 40–43.

［255］张晔, 李福子, 郅慧, 等. 不同产地血红铆钉菇主要成分测定及其HPLC指纹图谱的建立［J］. 食品工业科技, 2020, 41（11）: 241–246, 327.

［256］章灵华, 肖培根. 药用真菌中生物活性多糖的研究进展［J］. 中草药, 1992, 23

（32）：95-99.

［257］赵国芬，张少斌. 基础生物化学［M］. 北京：中国农业大学出版社，2014：9.

［258］赵靓. 云南野生大红菇多糖提取及抗氧化性和抑菌性研究［D］. 昆明理工大学，2012.

［259］赵静. 手术室电离辐射对护理人员的危害与安全防护［J］. 当代护士，2014（42）：150-151.

［260］郑惠清，郭仲杰，蔡志欣，等. 双孢蘑菇野生种质资源营养成分分析与评价［J］. 生物技术通报，2021，37（71）：109-118.

［261］周峰，王瑞娟，李玉，等. 珍稀食药用菌紫丁香蘑的研究进展［J］. 食用菌学报，2010，17（74）：79-83.

［262］周会明. 食用菌栽培技术［M］. 中国农业大学出版社，2017（75）：198-200.

［263］周庆珍，苏维词. 贵州野生多汁乳菇营养成分分析［J］. 营养学报，2003（32）：169-170.

［264］周婷婷，姜翔之，王颖，等. 安络小皮伞提取物特征图谱研究［J］. 中国药师，2013，16（63）：325-328.

［265］周新颖. 从中医古代文献比较痰饮成因、部位及其常见病证的范围［D］. 成都中医药大学，2007.

［266］朱锦福. 大马勃生物学特性初步研究［J］. 青海草业，2013（3）：10-13.

［267］朱丽娜，刘艳芳，张红霞，等. 不同来源的蛹虫草子实体活性成分的比较［J］. 菌物学报，2018，37（72）：1695-1706.

［268］朱田密，柳阳，陈树和. 树舌药材的质量标准研究［J］. 亚太传统医药，2021，17（74）：47-49.